MTB *BiCYCLE CLUB* 系列 登山車維修
MAINTENANCE

MTB擁有運動自行車的高性能，
如果能加上專業的調校，
騎乘樂趣與公路車相比有很大的差異。
車子和騎士的關係，基本上是讓車子來適合人體，
了解基礎設定、調整法和行前檢查的工作，
就能維繫車輛最佳狀態，
自己學會維修與保養，讓愛車永保優越的性能。
成就感更是無與倫比，花費的時間和精神都是值得的。

監修：永井隆正

PUBLISHING
樂活文化

CONTEN

MTB登山車維修
MAINTENANCE

T S

BiCYCLE CLUB 系列
登山車維修

Category | 瞭解 MTB 的種類 以及研發理念

下坡車、越野車、自由車等等，MTB 有許許多多的種類，不過為何要分得這麼細呢，乍看之下可能很難懂，接下來就為您分析其中奧妙。

MTB 的進化

當新的騎乘方式誕生 新的 MTB 也隨之產生

購入第一輛 MTB 之後，會因為騎乘環境或是使用方式的關係，讓騎士選用更適合自己的部品並加以改裝，而讓出廠時一模一樣的成車，隨著時間逐漸演變成各有特性的個人專屬車。MTB 的進化也是這樣，只不過像是工程浩大的「更改車架」就非得車廠來做不可。

現在的腳踏車用途劃分非常細，在腳踏車的黎明期，也就是大約 15 ～ 20 年前，頂多就是換換輪胎或變化騎乘姿勢而已，以同一台腳踏車參加 XC、DH 賽事的例子也不在少數。不過隨著避震器以及比賽場地的進化，在這 5 年中，更推出許多不以比賽為目的，僅以享受林道騎乘樂趣為目的的車款，MTB 種類越分越細。

重量更輕，爬坡力越好以輕量化為設計主軸的 XC，以及追求高剛性以及避震器行程的 DH 這兩種類型的腳踏車，可說是往各自極端的方向發展。不過這兩種腳踏車都不是以遊樂為取向，而是針對特定騎乘環境所設計，並配備適用的避震器等裝置。所以在挑選腳踏車時，應該先考量自己的騎乘條件和目的，再去尋找符合自己需求的車款，所以在挑選適合自己的車款才是最好的選車方式。

MTB 的始祖 Clunker

以補強巡航車車架並裝上機車用的煞車裝置所打造出來的車款。由喬‧佛力茲（Joe Breeze）、蓋瑞費雪（Gary Fisher）以及湯姆利奇（Tom Ritchey）等人從各種玩法當中，發展出下坡車。說 DH 車是 MTB 的始祖也不為過。

SANTA CRUZ
V10

1 → DH Racing

重視吸震效果與過彎速度的 下坡專用車

所謂的下坡賽就是比誰下坡時跑的最快的一種比賽。由於要求飛跳跟斜面路面還能夠擁有正確的操控性和穩定性，所以這種車的把手會比較傾斜，並且使用高剛性車架，並將前後懸吊都設計在約 200mm 的行程。各廠都會設計出不同的懸吊多連桿，市面上也會有許多輕量的車款可供選購。使用的用途也較特別，算是完全不考慮上坡的下坡車。

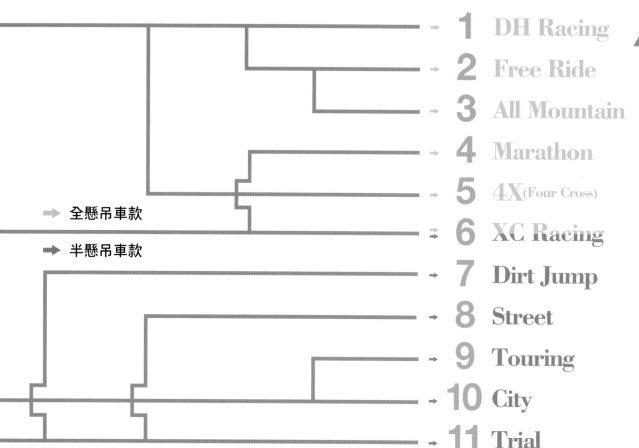

	1	DH Racing
	2	Free Ride
	3	All Mountain
	4	Marathon
	5	4X(Four Cross)
	6	XC Racing
	7	Dirt Jump
	8	Street
	9	Touring
	10	City
	11	Trial

➡ 全懸吊車款

➡ 半懸吊車款

行程量

近年來掀起風潮的就是 Free Ride。在人工設計的各種障礙物飛跳便是加拿大的遊玩風格。雖然車身會受到強大的衝擊，但由於車速不快，所以大多會選擇過彎性能優異的長行程懸吊，及動作靈活的 7 英吋行程車款。由於這種車多少都要上坡，所以有不少車款的前變速裝置採用內齒加上外齒的設計。

擁有專門用來吸收衝擊的長行程避震量
過彎性能量好，車身強度也是賣點

KONA
STINKY DELUXE 　　2 　↓ Free Ride

SANTA CRUZ
NOMAD 　　　　➡ All Mountain

3

上、下坡性能優異
顯出車廠功力的全能車款

全地形登山車是最能展現車廠功力的車款，不管上下坡性能都不錯，而且還能保持剛性，車身又輕，可說是極端的性能都聚於一身。此外最新款的零件都能裝在這台車上，算是台能充分享受林道樂趣的單車。儘管前輪懸吊僅有 5～7 英吋的行程量，不過騎起來相當輕快，高速下坡時也不會感到恐懼。可說是最適合在山林中徜徉的車款。

近年來蔚為風潮的馬拉松賽事大多要比 50～100km，所以這種車的基本配備跟 XC 比賽車就有很大的不同。有些適用於 XC 的配備在 Marathon 車上就看不到，不過讓上半身放鬆的輕鬆把手以及短龍頭，而且懸吊行程還會多 4～5 英吋的量，每個零件都考慮到長途騎乘時減少體力消耗的問題。避震器上還有可變行程以及可鎖死（lockout）裝置，是一款適合整天在山林中徜徉的車款。

不輸 XC 的強大爬坡性能
擁有長時間騎乘也不會疲累的功能

4

ORBEA
OCCAM CARBON 02 　 ➡ **Marathon**

CANNONDALE
SCALPEL TEAM 　 ➡ **XC Racing**

6

因重量輕所以不會消耗踩踏動力
擁有頂尖性能的賽車車款

越野登山單車是最能在嚴酷的比賽中大顯身手的車款。儘管以前的設計主流都沒有避震器，不過隨著車速的增加並為保持下坡所需的特性，現在國外都以配備有前後懸吊系統的車款為主流。近年來由於碳纖維科技的提升，現在的車款大多可兼顧剛性與輕量化，多數前後懸吊車款甚至不超過 10kg，次級則以鋁合金材質為主。前後懸吊行程量大多設定在 3.5～4.0 英吋。

MONGOOSE
EC-X 　 ➡ **4X (Four Cross)**

5

細緻的操控性以及可耐高速的高剛性
隨傳隨到的操控性是最大特色

4X 賽就像是 BMX 賽那樣有飛跳土台的賽事，並且同時 4 位選手一同競賽。為了好做動作，後懸吊行程設定為 4 英吋的短行程，而且這種車大多體積不大。雖然行程短但為了保有操控的特性，所以像 20mm 的龍頭軸以及輕量前叉等等零件，都會為了取得剛性以及重量平衡而存在。

這種擁有相當高剛性的半懸吊車是專門用於 Dirt Jump 的場地。前叉通常裝有懸吊行程達 100～130mm 的高剛性前叉，另外像車架、把手周邊也都會用高剛性的零件。由於要作動作所以上管的高度（Standover Height）都不會設計得太高，而且好處是動作失敗要跳車時車架也不會受到損害。這種車大多會在前變速系統處安裝保護蓋，另外也會採單一車速的設定，這種車款很能夠反應出車主的個性。

特點是堅固的車架與重視抗縱向扭力的運動性
除了鋁合金，其他材質也很受歡迎

7

CENTURION
H'BOCK 　 ➡ **Dirt Jump**

在半懸吊單車的世界中，這種車款可說是剛性最高的一台街車，它要面對的敵人不是樹木也不是砂礫，而是鋼筋水泥跟鐵柱。這種車不管是上管或是下管尺寸都很短，因為動作跟反應是這種車的最大訴求。當然一般的泥土地，公園甚至是技術場地都能輕鬆應付，非常值得推薦給想走極限風的玩家。

短短的上管以及直立的車頭角度
讓人一眼看出其優異的過彎性能

8

CANNONDALE
CHASE 2
→ Street

10

配備許多適合都市騎乘裝置的城市小霸王
配備光頭胎的舒適車款

這台強化市區性能的 MTB 單車在剛性上做了一番提升，以往在進化過程中的配備一樣能夠在這台車上看到。為了讓車輛能夠在柏油路上擁有輕盈的騎乘感，於是便配備了光頭胎，另外還有不會受到天氣的影響的碟煞裝置，安全配備相當豐富。另外有的車款還配備有內裝式的變速系統，考慮到通勤通學等日常生活的考量。

GIANT
GREAT
JOURNEY 3
→ Touring

9

配件皆以耐用舒適為考量
車上還備有可加掛行李的鎖點

休旅車必須要在出遊時做到人車一體的境界，旅行時短則數日，長則數月，所以挑選旅行伴侶時可馬虎不得。以前大多由RANDONNEUR 款休旅車及 CAMPER 款休旅車來負責這一塊的需求，不過這種車的需求轉到了對更堅固的零件以及更容易維修的渴望上。當然現在的休旅車依舊能夠在前置物架以及前土除上裝設行李袋，所以現在有很多廠商在作前置物架這一塊市場。

要達到在靜止狀態下還能從岩石跟樹木間飛來跳去，甚至要孤輪讓車輛保持位置，技術車必須要有獨自的一套法寶。由於技術車不講究速度，所以前變速系統的齒輪相當小，外部還裝有堅硬的齒輪外蓋。採用無懸吊系統的前叉主要著眼於傳達出最直接的車輛動態；寬大的車把，長長的龍頭都顯示出這車採用穩定的設定。另外，許多零件是技術車非用不可的，因此在廣大支持者的努力下，技術車依舊走著專屬於自己的道路。

位置偏低的上管以及長長的龍頭
整車的構造以及零件設計都很獨特

11

GIANT
TRIALS PRO
→ Trial

Anatomy

瞭解MTB的構造
以及各部零件

MTB 的各個部位都有各自的專有名詞，
DIY 派的玩家當然是不可不知。
仰賴店家的玩家更是要有基本的認識，
請用心記住每個名詞吧！

零件的名稱可不只有一種

　　保養維修 MTB 時務必要對零件的名稱有所認識。如果不知道自己要的是什麼，不管是自行購買所需零件或是仰賴店家都會很不方便。不過要注意，同樣的東西會有多種不同的講法，例如英語或美語說法就不見得相同；有些採音譯、有些採意譯，有些則是使用普遍流通的俗稱。

　　另外還有一些零件的情況是商品的型號或廠牌名，到後來也成為廣為人知的零件名稱。

　　當然只要意思通就 OK 了，不過當然都記起來是最好的。在這裡我們將從 MTB 整體構造開始，接著再詳細說明細部構造。

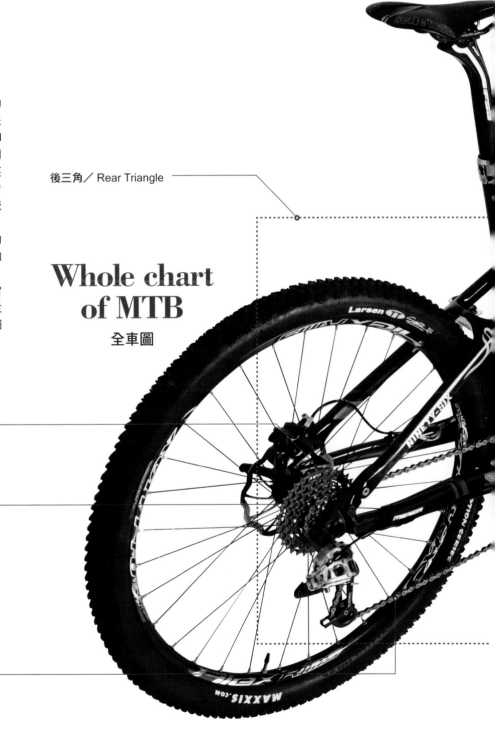

後三角／ Rear Triangle

Whole chart
of MTB
全車圖

飛輪／ Free Wheel

後變速系統／
Rear Derailleur

鏈條／ Chain

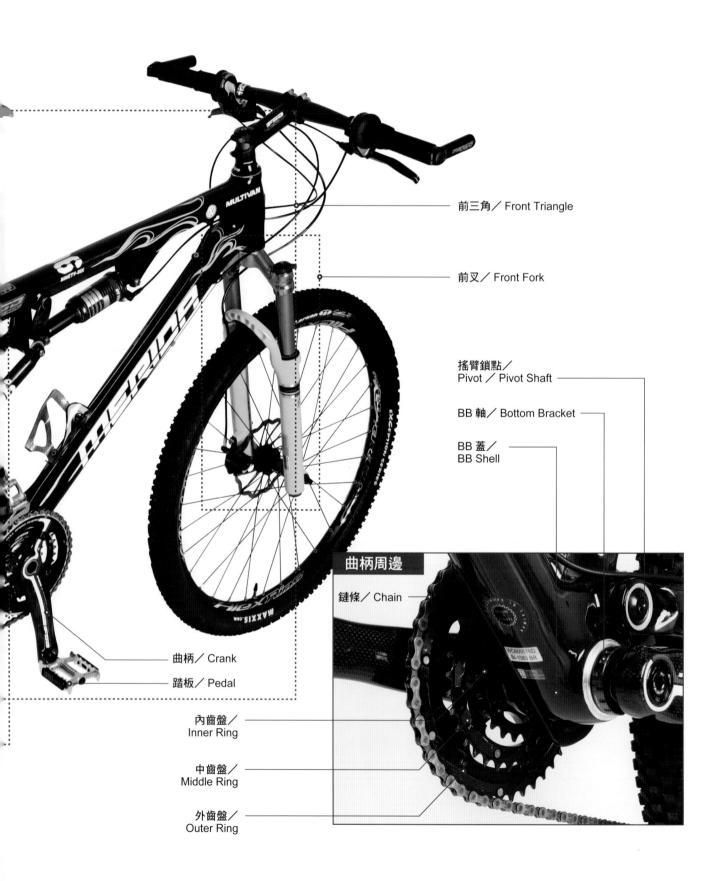

前三角／ Front Triangle

前叉／ Front Fork

搖臂鎖點／
Pivot ／ Pivot Shaft

BB 軸／ Bottom Bracket

BB 蓋／
BB Shell

曲柄周邊

鏈條／ Chain

曲柄／ Crank
踏板／ Pedal

內齒盤／
Inner Ring

中齒盤／
Middle Ring

外齒盤／
Outer Ring

Front Fork & Front Wheel

前叉與輪組

零件的主流名稱

前頁介紹的車架部位名稱都記起來了嗎？接下來要為您介紹更細部的特定名稱。例如煞車部位裡的煞車來令片，前叉裡面的阻尼墊片等等，都是保養維修的消耗品以及定時要注意的部位。

這裡所標示的名詞都是最被廣受使用的，不過依照廠商的不同稱呼也會有所差異，假如有這方面的疑問，不妨對照廠商的型錄或說明書一起閱讀。

握把／ Grip

車把手／ Handle Bar

煞車把手／ Brake Lever

龍頭／ Stem

煞車油箱／ Reservoir Tank

前叉鎖定旋鈕／ Lock Out

頭管／ Head Tube

前叉外管基座／ Arch

輪胎／ Tire

油封／ Seal

花鼓／ Hub

墊片／ Spacer

外蓋／ Cap

阻尼調整鈕／ Damping Adjuster

煞車油管／ Brake Hose

前煞總成

碟盤座

肩蓋／ Crown

前叉內管／ Inner Tube ／ Stanchion Tube

輪框

輻條銅頭

煞車卡鉗

輻條／ Spoke

前叉外管／ Outer Tube ／ Outer Case

煞車碟盤／ Brake Disk

Rear Suspension
& Rear Wheel

後避震器以及輪組

後避震器

NINETY-SIX

FULL SPEE

後避震器轉軸

線控固定桿／
Remote Lockout

上管／ Top Tube

下管／ Down Tube

坐墊／ Saddle

座弓／ Seat Rail

坐墊柱／ Seat Post

坐桿束／
Seat Post Clamp

避震器連桿
／ Link

後避震內管

後避震外管

座管／ Seat Tube

後避震器／
Rear Shock

連桿鎖點／
Pivot

後上叉／
Seat Stay

搖臂主轉點／
Pivot Shaft

快拆／
Quick Release Lever

後下叉／
Chain Stay

氣嘴／ Valve

認識工具以及各種保養劑

工具以及化學溶劑可是保養維修時不可或缺的東西，
建議選擇品質佳的商品。接下來就為各位一一介紹！

PHOTO：Akira KUWAYAMA　TEXT：Yozo YOSHIMURA、BiCYCLE CLUB 編輯部

Part ❶ Recomended Tools

本書中所用到的

工具 & 保養劑

在此介紹的工具以及保養劑都是在本書中
用到的嚴選工具。
當然這些也是一般保養維修作業中所不可
或缺的重要幫手。你，都準備好了嗎？

| Tools.1 | 工具 |

一般保養 & 維修作業中
用到的必要工具

數字標註讓你不會搞錯尺寸
球體造型的六角扳手

太極六角扳手組，每一種尺寸上方皆以數字標
註大小，拿取時不容易搞錯。從 1.5 ～ 10mm
的尺寸都有，相當齊全。末端的球體造型可以
讓旋轉更加順手。Birzman ／內六角扳手組

變速器的微調就靠他
一字型螺絲起子

變速器的微調作業大多仰賴螺絲起子，但十字
起子很容易造成螺絲滑牙，因此大多變速器都
採用螺絲溝槽較深的一字型螺絲。長長的握柄
可一邊看整體狀況一邊進行調整，調整變速器
的重責大任就靠它了。Wrench Force ／一字
起子

好握又不滑手的
開口梅花扳手

雖然扳手也有出咬合處以鏡面的方式處理的款
式，但是當沾附潤滑油時這種款式的扳手很容
易滑掉，所以推薦選用粗糙表面的款式。
Birzman ／開口梅花扳手

任何要需要轉動的地方都難不倒它
活動扳手

例如鎖緊螺絲等，在 MTB 上使用扳手的機會
已經漸漸減少了，現在比較多用於鏈條或修正
厚度較薄的板型材料。便宜、重量均衡、出力
大、好用都是它人氣不減的祕密。Birzman ／
活動扳手

減少手部負擔也不會損壞零件
膠錘

傳統的鐵鎚很容易破壞零件的外觀，膠錘就能
解決這種問題。不僅能吸收反彈力，還能減輕
手的負擔，用久了還能更換膠錘頭，可以長時
間放心使用的錘子。PB ／無衝擊力膠錘

輕輕鬆鬆就能拆卸輪胎
塑膠挖胎棒

這種萬用型挖胎棒適用於任何種類的輪胎，前
端角度特別，能深入輪胎與輪圈之間，瞬間就
將輪胎拆卸下來，而且塑膠材質不會對輪圈造
成損害，也不太會折傷。Birzman ／挖胎棒

讓你剪得俐落順暢
老虎鉗

一般老虎鉗用起來沒什麼成就感，好的老虎鉗
剪起東西順暢俐落就是不一樣。雖然刀鋒的銳
利度是重點之一，但是握持老虎鉗時的手感更
是不可忽視的一環。這把老虎鉗絕對能符合您
對手感的追求。Wrench Power ／老虎鉗

最重要的功能就是確實抓緊
剪線鉗

緊緊抓住目標物體是剪線鉗的最基本的用途，
這裡推薦的這款剪線鉗，握把採用容易出力的
設計，能輕鬆的剪斷線材，緊密的咬合力讓人
愛不釋手。Birzman ／剪線鉗

Dr.NAGAI

Part 1
Dr.NAGAI's tools & chemicals

Part 2
Other recomended tools & chemicals

Part 3
1 Day equipment

Part 4
Working Technique

在此所介紹的工具都是本書中會用到的，也是平常維修時就會用到的必備品，建議大家準備用起來順手、品質好一點的單品，有助作業順利進行。

可馬上換算空氣壓規格
數位氣壓計

比賽時必須非常講究輪胎氣壓的設定，這時能馬上換算不同規格氣壓值的數位氣壓計就很重要。當然最好還要能同時對應美式及法式的氣嘴。Panaracer／數位氣壓計

Mavic UST 輪圈的專用工具
Mavic UST 鋼絲座扳手

外表看起來像一般的輻條銅頭扳手，不過這是 Mavic UST 輪圈的專用工具。雖然不能使用於其他廠牌的零件上，不過使用這種輪圈的人，一定要準備一個。Mavic／鋼絲座扳手

想精確調整空氣避震器時
避震器打氣筒

近年來使用空氣避震器的車款越來越多，基本上只需調整空氣壓即可完成設定。這款打氣筒可針對前叉及後避震器做調整，兩段式氣密頂針抽離設計的氣嘴，可避免使用過程中避震器的氣壓流失，也利於收納，因此頗受歡迎。Topeak／專業避震器打氣筒

確認尺寸是調整的基本
捲尺

不是什麼很特殊的工具，但是調整車體時可少不了它。尤其是像坐墊、把手這類常常只憑感覺在調整的部位，有了捲尺就進行精確的微調，並紀錄安裝的位置，便宜又好用。

想將鋼管切的漂亮那就要用
手鋸

手鋸的基本條件是好握並能輕力施力，此外更應注意鋸刃的品質。Lenox 的鋸刃雖然有點硬，但相當具有彈性，可以減少力氣的浪費。Lenox／手鋸

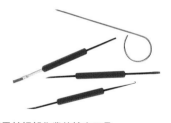

適用於細部作業的精密工具
手工工具組

這是用於細部的精密作業，仔細一看這些工具的前端造型各異，由 Dr. 永井親手以手工輻條加工製作的專屬工具組。當一般工具發揮不了作用時，這些小工具就能派上用場。Dr. 永井手工製造。

買需要的就行了
棘輪扳手 & 套筒

棘輪扳手以及套筒在汽機車的維修保養作業中常常用得到，至於在專用工具頗多的腳踏車世界裡，尤其像特別需要力量的 BB 軸拆卸作業中，棘輪扳手也能派上用場。Birzman／棘輪扳手套筒組

體驗原廠工具的便利性
鏈輪拆除器

組裝或維修部品時，要是有原廠提供的專用工具，就可以不必擔心相容與否，會非常方便。圖中所示的就是 Shimano 的原廠工具，根據使用者的建議，直接配備於曲軸上，更大大提高了實用性。Shimano／迫緊環拆裝工具

可將扭力確實傳達的
BB 軸專用特殊工具

要拆卸卡榫構造的 BB 軸需要相當大的扭力，再加上齒輪咬合點的溝槽都不會太深，所以拆卸時一定要 BB 軸專用的特殊工具才行。原廠提供的道具是最好的選擇。Shinoma／卡榫式 BB 軸專用特殊工具

Dr.NAGAI

| Tools.2 | 工具 |

若能再多準備這些東西
就能讓維修保養進行得更加順利！

除了前頁提到的必備工具之外，如果能再多準備這裡列舉的輔助道具，作業就能進行的更加順利無礙！不管是拿家裡就有的東西代用，還是準備自行車專用品都可以，一起來讓維修保養變得更有趣吧！

功能廣泛的工作桌
工作桌＋夾具台座
賽車車隊技師才會用到的專門工作桌，C 型夾扣能夠固定住車架，緊急作業時還能使用夾具台座進行固定工作，這種多功能工作桌還能摺疊，便於攜帶。工作桌、夾具台座、C 型夾扣

不讓螺絲滑牙的好幫手
花鼓、踏板軸心用固定夾
由於前後輪花鼓以及踏板軸的螺絲尺寸過小，要是直接用一般夾具去夾的話恐怕會崩牙或滑牙。這種鋁製的固定工具，不僅能確實固定，也不會損害螺絲。Park Tool ／重度作業用花鼓、踏板軸心用固定夾

廚房用品也能發揮強大功能
托盤
進行維修保養作業時，準備廚房用的托盤，不但可以維持工作台的整潔，還可以收納拆解下來的小零件，防止遺失，非常好用。不過鋁質托盤容易變形，建議使用不鏽鋼材質的托盤。不鏽鋼托盤

油壓煞車系統不可或缺的重要工具
吸油工具
主要作用就是讓廢煞車油引導進廢油收集罐中。雖然對維修作業效率不會變快，不過 Shimano 的廢油收集罐外面還多加了一個塑膠外殼，可有效防止廢油外滴。Shimano 吸油工具組

切得「正直」就是它的使命
煞車油管切斷器
切煞車油管時，常常發生切口不整齊的狀況，只要有了這個煞車油管切斷器，問題就能迎刃而解。將煞車油管切的整齊漂亮，是最基本的要求。煞車油管切斷器

保持輪圈行走正常的
輪圈中心檢測計
精確找出輪圈的中心，不光是 MTB，對所有的腳踏車都至關重要。這組輪圈中心檢測計可對應 16 吋至 29 吋輪圈。Park Tool ／專業級輪圈中心檢測計

種類、大小琳瑯滿目的工具
刷子
根據各種用途，使用的刷子材質以及刷毛面積也不盡相同，一般常見的材質有塑膠、鋼材等等。將兒童牙刷略加改造之後就能用來清潔零件的細小部位。刷子、兒童牙刷

消除髒污專用
海綿、洗潔劑
這種洗潔劑其實用途非常廣泛，除了廚房和衛浴設備之外，還可以用來清洗自行車的煞車卡鉗。不僅一般日常生活會用到，保養維修車輛時也是得力好幫手。中性洗潔劑、一般海綿

小小一台你家也可以是洗車場
洗車機
雜誌通販中常見的的洗車機。12V 的充電器可供應 5 ～ 6 分鐘的電力。這種簡易洗車機不僅便宜，水力又強，用途也不限於洗車。Air-Ace ／ Dirtworker

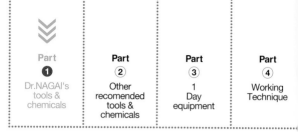

Part ❶ Dr.NAGAI's tools & chemicals
Part ② Other recomended tools & chemicals
Part ③ 1 Day equipment
Part ④ Working Technique

| Chemicals | 保養劑 |

用於MTB保養維修工作
琳琅滿目的工具和保養劑

用途廣泛的多功能保養劑
防鏽潤滑劑
這款防鏽潤滑劑的滲透性高，主要用於坐墊支柱、鏈條等部位的防塵和除鏽作業上，可以在短時間內大面積地達到潤滑效果。Wakos／防鏽潤滑劑

揮發快速的碟煞清潔劑
碟煞、零件專用清潔劑
採環保材料，不傷害橡膠和塑膠材質，主要用於碟煞盤及煞車系統，直接在碟盤上噴灑，灰塵及油脂滴落後就完成清潔作業。快速揮發不殘留。Chepark／碟煞、輪圈用清潔劑

省事省力的必備用品
多功能保養潤滑劑
如果想選擇一瓶涵蓋各種用途的保養劑，強烈推薦用這一支。能滲透進卡死的零件、螺絲，並形成保護油膜，還能清潔鏽蝕處，防止濕氣介入，保護車身。Chepark／滲透潤滑劑

不傷任何零件材質的
氟素潤滑油
這款是將法國杜邦（Dupont）公司的 Krytox 105 潤滑劑成功真空化的產品。最大的好處就是不會傷害、侵蝕任何零件的材質，連橡膠製品都能安心使用。Wakos／氟素潤滑油 105

惡劣的環境就靠它
矽質潤滑油
除了潤滑，還能在零件表面產生光澤，還有防鏽功能。雨天也能使用。如果騎乘前先在擋泥板上塗上一層，就能讓污垢更容易清除。Wakos／矽質潤滑油

維修時不可或缺的
固態潤滑油
固體型態的潤滑油最常使用在需要抑制潤滑油飛散的前後輪花鼓跟培林等部位，耐水性佳，也有防鏽功能。這款潤滑油硬度適中之外，絕妙的黏度也是受歡迎的原因之一。Dura-ace 固態潤滑油

讓零件變得亮晶晶
塑膠零件清潔劑
原本設計用在航空產業，並通過美軍的品質檢查標準 Fed.Spec.P-P560(專門塑膠零件洗淨、保養、拋光劑規格)的零件清潔劑。使用後不需要再擦拭一次，非常方便。JP Sport／塑膠零件清潔劑

小小一罐、大大效能
乾性鏈條潤滑劑
半乾性潤滑劑為競速中單車帶來使用的方便性，讓在不同氣候下的鏈條及變速器保持潤滑，直接噴在鏈條上就能起作用，但不可直接噴在齒盤上。Chepark／乾性鏈條潤滑劑

完全去除輪圈外側的頑固髒污
環保除油劑
沾附在輪圈上的橡膠殘垢相當的難以清除，使用圖中這款產品就能輕易解決煩惱。即使是塑膠或橡膠材質的零件也能安心使用，環保的菊精成分不會對環境造成傷害。Chepark／環保除油劑

無內胎式輪胎時的必需品
噴霧瓶
安裝無內胎輪胎時必須要將中性洗潔劑稀釋數10倍再用，這時就需要這種噴霧瓶，有些噴頭可大範圍噴灑，不過安裝輪胎時只需噴灑功能的就夠用了，選購時應注意噴頭種類。

Part ❷ Other recomended tools & chemicals
MTB維修所不可或缺的
工具・保養劑・雜貨

在此介紹的工具以及保養劑都是本書嚴選的工具。
當然這些也是一般保養維修作業中所不可或缺的重要幫手。你，都準備好了嗎？

| Tools | 工具 |

一開始
請備齊下列工具

精密的四角扳手
各型大小的四角扳手
用於拆卸前後輪花鼓的四角開口厚度從13～19mm都有，有些甚至精密到1mm。儘管車子的花鼓都是同一家廠商製作，但也會有前後尺寸不一的情況，所以建議備齊整組各種尺寸會比較好。Pedros／四角扳手

讓作業進行更加順暢
Y字型六角扳手
車把總成常常需要用到多種不同尺寸的六角扳手，設定時要一次準備多支並不停更換也挺麻煩的，如果使用具有4mm／5mm／6mm三種常用尺寸的六角扳手組合，就能讓設定工作變得較為輕鬆。Acor／Y字型六角扳手

麻雀雖小五臟俱全的迷你工具
摺疊式工具組
這種摺疊工具集各種工具之大成，從必備的基本工具到適用於不同用途的附加機能一應俱全，不管是林道騎乘時隨身攜帶、還是做為在家維修時的配備都很適合。Exustar／T07綜合工具

下坡車輪胎專用的
鋼材拆胎棒
DX和FR那種極粗的輪胎，由於胎壁堅硬，一般的塑膠材質拆胎棒會因硬度不夠而折斷，最好使用堅固的鋼材拆胎棒，只要將它塞入輪圈，再硬的輪胎也能馬上拆卸下來。Pedros／DX拆胎棒

高手用的專業級工具
踏板扳手
由於使用踏板扳手時相當需要扭力，建議選購適合自己踏板的尺寸。這組扳手由於虎口角度設計巧妙，所以可從任何角度進行腳踏板的拆卸工作。鉻鉬釩鋼(Chrome Vanadium)材質。Hozan／C-200腳踏板扳手

讓你的曲軸拆裝作業更為確實
大盤拆卸器
專門用來拆卸Shimano Octlink以及I.S.I.S規格的BB軸。即使是旋得很緊的曲柄軸都能輕鬆拆卸。Park Tool／大盤拆卸器

確實將扭力傳達出來
後齒盤拆卸工具
拆卸飛輪時，所需的扭力比想像中來得大很多。圖中這款是專門用來拆卸11／12T的飛輪拆卸工具。Pedros／後齒盤拆卸工具

修整管材切斷面的好幫手
斷面修整器
有了斷面修整器，只要讓刀刃前端沿著惱人的前叉和把手等處的斷面轉動就可以讓切面變得平整。Hozan／K-35斷面修整器

裁切管材的必需品
切管器
只要將切管器固定在管材上回轉一圈，黑色的圓形刀刃就會把管材切好。優點是裁切時不會產生粉末。Hozan／K-203切管器

⌄⌄⌄

Part
①
Dr.NAGAI's
tools &
chemicals

Part
❷
Other
recomended
tools &
chemicals

Part
③
1
Day
equipment

Part
④
Working
Technique

豪華又齊全的工具組
專業工具組
附有專業級的工具箱。選擇這種工具組的好處在於可以一口氣備齊所有需要的工具，價錢也比需要時再個別購入便宜。推薦給想在家中自己維修愛車的你。Pedros ／大師級工具組 2.0

固定車子方便維修
置車架
維修愛車時不可或缺的就是這種專業級的大型置車架。只要將車體固定在容易作業的角度，就能確實執行維修作業，還可以大幅提升作業效率。Topeak ／駐車架

提升工作效率
棘輪扳手
不管是煞車還是其他零件，8mm ／ 10mm 的雙頭棘輪扳手都能派上用場。雙頭設計不只利於施力，不論只要暫時固定、還是要確實旋緊都行。Park Tool ／雙頭棘輪扳手

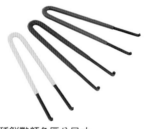

以三種鮮艷顏色區分尺寸
銷釘扳手 (Pin Spanner)
藉由三種鮮艷顏色的塑膠來區分各個尺寸，不僅能用在舊款 BB 軸碗的調整，還能用在 DX 車前叉的拆解作業上。材質為高碳鋼，壽命長久。Park Tool ／銷釘扳手

4 種尺寸 4 種顏色
輻條扳手
雖然輻條乍看之下尺寸好像都一樣，但是黑色多用於 DT、Wheelsmith 牌輻條，綠色則為除上二種之外的歐洲製品專用、紅色對應 14 ／ 15 號輻條、藍色則用於 12 號輻條。Park Tool ／輻條扳手

讓車頭碗安裝更確實
前叉上星狀物安裝輔助器
常被暱稱為 Anchor 的車頭碗，用這個工具就能將它從上方壓入，深度達 15mm。由於前叉上蓋車頭碗一旦彎曲便很容易破損，所以一定要確實安裝。Park Tool ／前叉上蓋星狀物

從老鳥到菜鳥皆適用
工具包
一開始只要準備一組像這樣的工具包，幾乎就能進行所有的維修作業。附贈的收納袋便於攜帶出門或掛在牆上，推薦給希望累積更多維修經驗的入門玩家。Tioga ／專業工具包

校正輪組是脫離菜鳥的第一步
輪組校正台
可在裝置著輪胎的狀況下，進行 16 英吋以上輪組的檢測校正。此作業具有相當難度，不過卻是脫離菜鳥行列的第一步。Park Tool ／輪組校正台、專用基座、附屬零件

可正確顯示扭力值
扭力扳手
如果想要正確安裝零件時，就不能缺少扭力扳手。像圖中這種扭力扳手在對目標物施力時，扭力表會慢慢地擺動，顯示當下的扭力值，有助於正確安裝。分 1-1/4" 以及 1-3/8" 兩種。Park Tool ／扭力扳手

| Goods | 雜貨 |

想要讓自己感覺更專業
就再多準備這些東西

連細小的污垢都能完全去除
零件清洗機
讓零件浸泡在洗潔劑中，連細縫中的髒污都可以清潔的乾乾淨淨。還有貼心的儲存槽存放用過的洗潔劑。Finish Line ／簡易零件清洗機

自行車迷不能錯過的配件
時鐘
使用輪胎和電鍍輪圈為素材打造出來的 Park Tool 品牌原創時鐘。用來布置維修空間，可增加維修保養時的樂趣。Park Tool ／時鐘

連打氣都很講究
打氣筒
為承受專業技師級的使用頻率和習慣，本體以耐用的鋼材製作，並採用手感極佳的軟質把手，提高打氣時的舒適性。Topeak ／專業打氣筒

營造出美式風格的維修空間
椅子
這款可利用氣壓調整高度的椅子，外型極具美式風格，常用來營造店內氣氛。椅腳附有滑輪，便於作業中隨時移動。Park Tool ／附滑輪椅子

簡易的後輪固定器
鏈條固定器
這是可防止拆卸後輪時鏈條下垂的固定工具。固定構造採取簡單的快拆裝置，可迅速固定或拆卸後輪，維修時很能派上用場。Pedros ／鏈條固定器

推薦給自行車迷的周邊商品
捲筒衛生紙架
也是 Park Tool 出品的自行車周邊商品。使用自行車的零組件打造出來的捲筒衛生紙架，採用與自行車一樣的快拆拉桿，可加快更換新紙的時間。Park Tool ／捲筒衛生紙架

讓工作環境看起來更專業
工作桌
專業技師在比賽會場中使用的工作桌款式符。重視站立時的作業效率，所以特別講究高度的設計，可摺疊。Pedros ／工作桌

清除鏈條上惱人的油污
潔鏈劑
一邊轉動踏板，一邊噴潔鍊劑，就能輕鬆去除鏈條上的惱人油污。噴頭採密封設計，不會把周圍弄髒。White Lighting ／潔鍊劑

使用專業支架
維修支架
這種支架可將工作枱面板任意固定在桌子或是牆壁上，所以可依個人需求打造專屬的工作枱。支架本身可 360 度轉動。Park Tool ／維修專用支架

造型獨特的實用工具
截鏈器
雖然本質只是個工具，不過卻仍經過精心設計。Shimano 的 HG 到 IG 等級的鏈條都能夠使用，相當實用。Topeak ／截鏈器

防髒之餘還能收納工具
專業技師級圍裙
這種技師級圍裙同時兼具功能性以及外型美觀，不但有充足的空間可收納工具，穿起來也相當合身。Finish Line ／專業級圍裙

不論何時何地都能進行維修
攜帶型駐車架
維修保養作業並不限於室內，有了這款攜帶型駐車架，即使是在比賽現場也能夠輕鬆維護愛車。Topeak ／攜帶型駐車架

Part ①	Part ②	Part ③	Part ④
Dr.NAGAI's tools & chemicals	Other recomended tools & chemicals	1 Day equipment	Working Technique

| Chemicals | 保養劑類 |

家用就買大罐裝
外出請選小瓶裝

潤滑槍潤滑油一次搞定
潤滑槍＋潤滑油組

潤滑油常常用於 BB 軸以及車頭碗、鏈條、腳踏軸心等需要轉動的部位上。此外還具有低黏度以及耐水性的功能，能夠有效抑制泥沙的侵入。Exustar ／ G01 潤滑油、T05 潤滑槍

避震器也能使用的輕度潤滑油
零件組裝用潤滑油

完全拆解前叉時使用這罐可有效抑制空氣漏出，提高使用壽命，還能讓避震器運作更加順暢，用途相當廣泛。Respo ／零件組裝用潤滑油

針對下雨狀況的潤滑油
雨天用潤滑油

為降低雨天騎乘時潤滑油從鏈條上流失的狀況發生，這款潤滑油的黏度比一般的產品要求的高。Finish Line ／雨天專用越野車潤滑油

可形成保護膜的潤滑油
含蠟潤滑油

眾多潤滑油的種類中有的也能夠形成保護膜，雖然這種潤滑油不適用於雨天，由於速乾性佳，所以不會弄髒衣物。Finish Line ／ Krytech 含蠟潤滑油

速乾性佳的清潔劑
零件清潔劑

不管是變速器、煞車碟盤、飛輪、鏈條甚至是輪框，只要塗上這款清潔劑，就能清除髒污，讓外表看起來亮晶晶。Chepark ／快乾型清潔劑

晴雨皆適用的潤滑油
全天候型潤滑油

這種不容易被雨水沖掉的的潤滑油，不論晴雨皆適用，浸透和潤滑效果都很好，各種路面上都可使用。Finish Line ／氟素潤滑油

有效去除手上的頑強油污
手部清潔劑

維修作業結束後，愛車變得亮晶晶，但手上卻髒兮兮，頑強的油污甚至會吸引更多髒東西，這種不需要水份的洗手劑，可以常保手部的清潔。Aloe Royal

不傷橡膠樹脂類零件
橡膠零件專用潤滑油

這支是完全不會傷害橡膠或樹脂零件的新型潤滑油，主要用於保護油壺的壽命。用於金屬上也能夠發揮優秀的潤滑力。Respo ／橡膠零件專用潤滑油

防鏽、潤滑一次完成
防鏽潤滑噴劑

洗完車後噴撒於鏈條上，優異的滲透力能讓零件內部的水份迅速揮發。雨天時塗抹於車架上還可以防止沾染泥濘。Respo ／防鏽潤滑噴劑

不會傷害地球的洗潔劑
環保清潔劑

想維持愛車的清潔如新，又要兼顧環保？這罐不會傷害環境的水溶性清潔劑就能滿足你的願望。塑膠及橡膠零件都能夠安心使用。Pedros ／天然洗潔劑

去除水份跟泥巴相當有效
防污劑

在充滿泥濘的路面騎乘之前，若能預先使用這款以矽質為基底、還能讓車子看來起更有光澤的防污劑，就能讓事後的清潔作業變得非常容易。Pedros ／防污劑

清潔潤滑一瓶就夠了
鏈條蠟

塗抹在鏈條上，去除髒污的同時還能將鏈條上蠟。此外這罐鏈條蠟能讓鏈條表面乾燥，還有不易沾染沙塵的效果。Pedros ／ Ice Wax

Part ❸ 1 Day equipment
一日行程的必備物品
MTB「簡易裝備」清單

就算臨時才決定行程,也能迅速整裝出發,這就是 MTB 一日行程的最大好處。
這裡介紹的「簡易裝備」可都是騎乘中不可或缺的必需品喔!

OPEN →

❶ 選擇大一點的背包才能裝得下所有裝備

雖然背包不見得一定要選擇騎乘專用產品,不過騎乘專用產品通常都會考慮到背部的透氣性,而採用網狀布料製成的襯墊,也會設計有能放得下打氣筒等必備品的隔層,建議大家不妨考慮看看。包包的容量上,如果能再收納少許備用衣物更,這款還附有水袋,可隨時在路途上補充水份。Birzman ╱背包

❷ 攜帶基本工具就能隨時進行維修作業

市面上的攜帶式工具從複雜的多功能產品,到簡單的陽春款都有,不過最重要的是挑選符合自己需求的商品,有些不必要或是用不上的工具就不必隨身攜帶。大致上來講,只要備齊六角扳手、螺絲起子、截鏈器、拆胎棒就已足夠。Topeak ╱簡易工具組

❸ 選擇能測量空氣壓大小適中好收納的打氣筒

打氣筒基本上只有爆胎時才用得到,所以只要以大小適中、能收納進背包裡為選擇重點即可,如果還附有簡單的氣壓計更好。Topeak ╱附簡易氣壓計打氣機

❹ 隨身攜帶空氣避震器打氣筒就能隨時調整空氣壓

如果愛車用的是空氣式避震器,只要稍微調整空氣壓,騎乘感便截然不同。若碰上需馬上將空氣放掉的突發狀況,使用打氣筒比較保險。此款還可充當後避震器,適用於 165mm 或 190mm 行程,並附上可拆除避震器套管工具。Topeak ╱攜帶型避震器打氣筒

❺ 飲水袋讓水份補給更有效率

飲水袋在自行車世界中相當普遍,因為不光可以讓水份補給變得更有效率,水袋構造還能保護騎士的背部。由於騎乘中每隔一段時間就要攝取水份,強烈建議連同可收納水袋的背包一起購入。Exustar ╱ BBW01 水袋

❻ 飲用水不只用來喝還能用來清理傷口

即便已經準備了專供水份補給的飲水袋,最好還是準備一瓶水隨身帶著比較保險。不小心受傷時,可以用來沖洗傷口,在各種突發狀況也可以派上用場。

❼ 使用無內胎輪胎也要隨身帶備胎

儘管車上使用無內胎輪胎,還是務必隨身攜帶內胎備用比較保險。嚴重的爆胎通常很難靠自己修復,所以最好帶備胎以利更換。自行車氣嘴有三種(英式╱美式╱法式),購買備用內胎前要確認清楚。

❽ 簡易急救包是保護自己的必需品

出門在外會發生什麼事很難說,行囊中準備急救包才是預防萬一的最上策。另外最好養成常常檢查內容物的習慣,如有需要就隨時更新或補充,以免要用時才發現用完或過期。

Part ①	Part ②	Part ③	Part ④
Dr.NAGAI's tools & chemicals	Other recomended tools & chemicals	1 Day equipment	Working Technique

Part ④ Working Technique

動作快、技術好
工具的正確使用方法

再高檔的工具，如果使用不當，就無法發揮性能，
嚴重時甚至還會弄壞零件，所以先來學會工具的正確用法吧！

1 ≫ 螺絲起子

邊施力輕壓、邊轉動螺絲起子

首先要注意的是螺絲跟起子的規格是否相符，尤其是十字型螺絲起子更是要小心，要確實檢查起子大小是否和螺絲上的十字溝槽大小相符。另外要注意的是轉動時，起子是否會從螺絲頭跑掉，若有這種現象，容易造成螺絲頭的損害，即俗稱的「滑牙」。正確的使用方法是讓螺絲起子和螺絲保持垂直的角度，微微施力輕壓同時轉動螺絲起子。請記住轉的力量不可以比壓的力量大。

讓螺絲起子和螺絲保持垂直的角度

不滑牙的秘訣就是讓螺絲起子垂直對準螺絲。如果起子和螺絲沒有保持垂直，施加的力道就沒辦法旋緊螺絲，反而容易造成滑牙，不可不慎。

調校變速系統，建議使用一字起子

變速系統所用的通常是十字跟一字起子皆適用的螺絲，不過如果用一字起子可以更加深入到螺絲溝槽內，比較容易施力。雖說用哪種螺絲起子都沒差，不過如果想讓維修進行的更加確實，還是建議使用一字起子會比較好。

千萬不要忽略螺絲溝槽的清潔工作

例如煞車油箱等部位的細小螺絲上，常有洗不掉的污垢，最好先用尖銳物體徹底清除上面的污垢之後，再進行接下來的作業。雖然只是小螺絲，只要輕壓螺絲的力氣比轉動的力氣大，就不易造成滑牙。

Column 01 ≫

螺絲起子也是有分尺寸的

其實十字起子跟一字起子也是有分尺寸的，要是尺寸不對，不僅容易造成滑牙，力量也不能確實傳達，所以一定要配合螺絲上的溝槽大小，選用正確的螺絲起子。由於一字起子並沒有明確的標準規格，所以得跟螺絲上的溝槽一個個比對，才能找出合用的起子；至於十字起子因為有明確的1、2、3號規格，而且螺絲也是以相同的規格製造，相較之下比較沒有不能確定尺寸的困擾。

十字起子的前端以及握柄上通常都會記載明確規格，使用上較為便利。而一字起子記載的多半是尖端的長度或寬度。

2 》 六角扳手

調整握的位置以控制出力

公路車上常用到六角螺絲，所以六角扳手是維修時的必備工具。基本上不管是要鎖緊還是鬆開都可以使用較短的那一邊，至於長端則用於只要稍微固定、不需要完全鎖緊，或是短端難以作業的部位。有些產品長端會做成球體設計。

**握持位置不同，
功能也不同**

其實就是槓桿原理，藉由手的握持位置來調整施力的大小。如上圖手握住距離較遠處可施予較大的力量，下圖握得較近，力道就會比較細緻。

有沒有確實插入螺絲也很重要

雖然比滑牙的機會已經比一般起子少很多了，但如果插入螺絲的方法不正確，還是會滑牙，所以插入螺絲時的動作務必要小心。

已經鬆開的螺絲就用長端快轉

螺絲如果已經鬆開用長端快轉，作業效率會較好。如果用的是末端為球體設計的六角扳手，效率又會更好。

3 》 開口扳手

開口扳手有方向上的差別，請多加注意

一般來說登山車用到開口扳手的機會較少，不過有些部位還是必須使用開口扳手，根據廠商不同，這些部位多半分布在煞車油管的連結部或是輪圈的軸心鎖點等處。開口扳手也會因製造商的不同，而設計成和螺帽僅有 2 或 4 個接觸點，所以是容易造成滑牙的工具，建議各位在使用前先有這樣的認知，使用時務必確定扳手有確實咬住螺帽，動作也要以小心謹慎為上。另外也要注意到開口扳手不管是用於鎖緊還是鬆開，都有特定的出力走向，使用時千萬別搞錯。

**注意施力方向
並小心迴轉**

上圖是要鬆開螺帽，下圖則是要鎖緊，當然隨著製造廠的不同，正確的方向可能跟圖片完全相反，選購時可向店家確認清楚，以免事倍功半。

**扳手和螺帽
一定要確實咬合**

像圖中這樣扳手沒有確實咬住螺帽，會讓原本就很少的接觸面變得更少，更容易滑牙，就算施力方向正確也沒有用。

4 »» 老虎鉗

不要用於「拉」以外的動作

老虎鉗主要功能是拉住徒手難以抓住的線材或小面積零件，多用於調整或是更換新零件時。有些旋得很緊無法徒手鬆開的螺絲或螺帽，就算搞錯工具，也千萬不可以用老虎鉗夾取、轉動。因為老虎鉗的尖端，為了容易抓住細小物體，而設計有尖銳的凹凸刻痕，如果直接用老虎鉗施力於螺絲或螺帽上，這些刻痕就會造成螺紋的損傷；材質不夠堅硬的物體甚至會因此造成變形，增加零件作動的困難度。簡單說，絕對不能以老虎鉗取代扳手或起子使用，這點一定要記住！

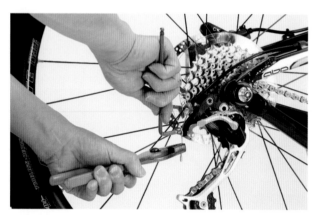

老虎鉗是想拉住線材時最好的幫手
老虎鉗最大的優點就是可以確實拉住細細的線材。例如徒手絕對拉不動的變速系統的線材　等等，老虎鉗就非常能派上用場。

不得已的時候先鋪毛巾再用老虎鉗
不得已要借老虎鉗之力來鬆開旋得很緊的零件時，一定要先在零件上包覆毛巾再以老虎鉗施力。這是沒辦法中的辦法，沒到最後關頭千萬不要這樣做。

損壞螺絲的錯誤示範
調整螺絲或是固定用的螺帽等多是鋁合金材質，要是用老虎鉗去夾很可能讓零件因此變形。所以說再怎麼難轉，也不要拿老虎鉗去旋轉零件。

5 »» 活動扳手

找出好施力的位置吧

活動扳手可對應的尺寸相當廣泛，在緊急情況下可發揮莫大影響力，不過現在活動扳手的使用頻率不比以往，大概只能用於飛輪的拆卸作業上。再加上活動式的開口很容易傷害到與螺絲的接觸面，不過這個問題其實跟施力點有關。一般最耗力的位置大致是手腕向下動作約 30 度一帶，從這個位置開始施力的話可以產生極大的扭力應付作業所需。

最理想的施力點就是這個位子
鎖緊螺絲時，圖中的位置就是最理想的施力點，從這個位置開始將手往下動作。在鬆開螺絲後，即便不再需要扭力，但扳手的位置一定要保持正確。

活動扳手也要注意施力方向
鎖緊螺絲時一定要把活動扳手的開口調整到合適的尺寸，開口處可活動的部位要位於下側，至於開始施力的位置也跟照片一樣。

錯誤的方向導致無法正確施力
就跟上圖一樣，手明明要往下施力，但卻將扳手開口的可活動部位放在上方，這樣就無法正確施力。不只如此，還可能分散扳手活動的力量，甚至讓扳手滑出去。

About the tool and the chemical
認識工具以及各種保養劑

Part ①	Part ②	Part ③	Part ④
Dr.NAGAI's tools & chemicals	Other recomended tools & chemicals	1 Day equipment	Working Technique

6 》 T字扳手

一定要讓扳手跟螺絲軸呈垂直

如同圖中所示，T字扳手就是在握柄中間，連接一根延長棒狀物，讓外觀呈現 T 字型的一種扳手。由於使用 T 字扳手時需要極大的力氣，所以提醒各位，一定要用雙手作業！只用單手的話，身體離工具太遠，甚至要用到腳來輔助作業，都會破壞工具或是螺絲，一不小心還會傷到身體。像在拆裝煞車碟盤時就需要相當大的扭力，所以務必要讓 T 字扳手和螺絲呈現垂直的狀態再行作業。

✕

其實推壓零件的力量比迴轉的力量要來的重要

像碟盤螺絲這種需要大扭力來進行固定的零件就需要 T 字扳手上場。不想造成滑牙就一定要讓 T 字扳手與螺絲呈垂直，另外作業時推壓零件的力量跟迴轉的力量約呈 7：3。

7 》 扭力扳手

拆裝碳纖維零件的必需品

最近的登山車使用的碳纖維部品，如把手、坐桿等的機會越來越多，安裝時務必使用扭力扳手，確實遵守建議扭力安裝以保護零件本體。如果只憑感覺安裝，很可能造成零件破損或扭力不足，引發零件固定不良的情況。例如肩蓋部份要是鎖太緊會影響避震器的作動順暢度，扭力不足又無法確實固定避震器。由於前述零件都是高價品，要保護零件，建議還是準備一組扭力扳手比較保險。

當扭力值到達設定點後，LED 燈便會亮起

最近市面上的扭力扳手，已經出現適合自行車用、可對應小扭力值，有的款式一達到設定的扭力值，告示 LED 便會亮起。由於功能及價格各有千秋，建議選購前向店員仔細洽詢。

標準扭力值

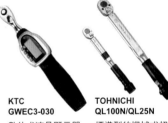

螺絲名稱	安扭力值
M2	0.176N・m
M2.5	0.36N・m
M3	0.63N・m
M4	1.50N・m
M5	3.00N・m
M6	5.2N・m
M8	12.5N・m
M10	24.5N・m
M12	42N・m

KTC GWEC3-030

數位式液晶顯示器，到達設定的扭力值時，便會亮起 LED 和警示聲提醒。

TOHNICHI QL100N/QL25N

標準型的機械式扭力扳手，把柄上有個旋鈕可進行扭力值的設定，操作簡單。

* 標準扭力值沒有換算成 kgf・cm 單位（資料來源：株式會社東日製作所）

Column 02 》》

MTB 上存在著「逆向螺絲」

鬆開螺絲時，不管怎麼轉如果都沒有動靜，不妨試著反向操作看看，也許它就是所謂的「逆向螺絲」。逆向螺絲不管要鎖緊、還是鬆開，方向都跟一般螺絲相反。有的零件會同時配置在車體左右兩邊的情況下，為了配合作業性及壓力，就會在其中一邊配置逆向螺絲。右邊這幾張圖都是配置正向螺絲，另一邊就是逆向螺絲。有的 BB 軸或是踏板軸固定螺絲還會標示螺絲的行進方向，不過究竟是要花費力氣操作，建議施工前還是要注意。

BB 軸（右側）

BB 軸的右側採用逆向螺絲，所以要鬆開時必須朝順時鐘方向轉動。不過由於螺絲的行進方向跟 BB 軸左側一樣，所以施工時兩側都會跟著放鬆或是鎖緊。

左踏板

以踏板扳手逆時鐘向後施力，就能鬆開右側踏板；而且由於左側踏板用的是逆向螺絲，所以用拆卸右側踏板一樣的方式，就能拆卸左踏板了。

右踏板軸心

右踏板軸心的螺絲雖小，但是左右螺絲的走向都是相反的，雖然有些螺絲有標示方向，不過還是要記得右側用的就是逆向螺絲。

Chapter / **1**

準備篇

行前準備……

專業車店都會為消費者進行讓車體合乎身材的設定，
如果不幸選到一家不夠專業的車店，
就很有可能買到一輛根本不適合自己的車。
以下的準備篇，就能解決以上問題。

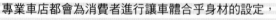

車體基本設定
坐墊調整／扣片調整／把手調整／煞車調整／避震器調整／兒童用腳踏車調整

只需10分鐘的行前檢查
確認有無鬆脫／輪胎及胎壓／車頭碗／把手及坐墊／鏈條／
前後避震／煞車／快拆裝置／變速系統

MTB
MAINTENANCE

Chapter /
準備篇

position
set up

1

配合自己的身材
設定騎乘位置

想讓MTB像自己的手腳一樣操控自如、將性能發揮至淋漓盡致
就一定不可忽視最重要的騎乘位置。以下就教你如何正確調整＆設定愛車。

Tool 工具＝六角扳手、一字起子、美工刀、測量計、量尺、白色膠帶

STEP 1 // BB軸跟曲柄各有不同

1 適當的坐墊高度

利用坐墊桿就能上下調整坐墊高度。固定方式為快拆式的車款，請參考 P57 的說明；以螺絲固定的請用六角扳手進行調整。

讓足弓正好踩在踏板的正中間，這時候踏板位於最低的位置（也就是所謂的下死點）。

腳微微伸直，但要保持膝蓋部位還能自由活動。建議踏板設定在讓雙腳微伸之後，膝蓋還能自由活動的高度即可。

基本中的基本

MTB 設定的第一步就是調整坐墊的高度。像是 DH 車及 4X 車這種下坡車款大多將坐墊設定得比較低，不過一般還是以 AM 車～ XC 車系的設定為基準。不管哪種車款，坐墊設定都是基本中的基本。

對初學者來說，多半會因為害怕腳構不到地面而將坐墊設定得較低，不過這樣的設定會讓影響踩踏動作的順暢，而且在山路中也會變得較不容易操控。除非真的是剛入門的超新手，否則都應該著重於騎乘時的舒適性，將坐墊設定在最適合騎乘的高度，而不是把焦點放在停車時的狀態。

適當的坐墊高度應該設定在當曲柄到達下死點時，可以以足弓部位踩住踏板中心，同時膝蓋仍保有自由活動的空間，調整到這樣的程度，就算達成 Step 1。接下來使用 SPD 踏板的讀者請繼續進行 Step 2 和 Step 3；使用一般踏板的請直接進行 Step 3。

2 坐墊過高，腳會構不到下死點

坐墊高度若設定過高，踩踏時不僅會造成身體的左右搖擺，踩踏效率也不好。還會導致體重將腰部往後拉，造成騎乘時的阻礙。

3 坐墊太低，踏板達上死點會壓迫腹部

騎乘位置接近淑女車般的設定就太低了，踩踏時腳會壓迫到腹部。就連普遍設定偏低的下坡車也不會設得這麼低。

STEP 2 // 安裝扣片

1
全新的卡踏專用車鞋底部會有一個保護外殼，不取下就沒辦法裝上扣片。一體的保護外殼可用美工刀直接切開。

2
完成第一步驟後，就裝上固定扣片用的底座，再裝上扣片，這時還不需要將扣片完全旋緊。

4
除了可標示腳拇趾根部位置之外，也可以直向貼上白色膠帶，確保左右腳的扣片位置一致，讓設定更精確。

扣片對準腳拇趾根部再行安裝

　　由於坐墊的前後調整必須要穿著鞋子才能進行，所以建議使用卡式踏板的人，在調整坐墊前後位置之前，就要先完成卡踏的設定。

　　扣片的安裝位置位於腳拇趾根部略微偏後之處，在車鞋底部找到腳拇趾根部的位置，往後退1cm裝上扣片，並實際坐上車子，一邊試騎、一邊進行微調。

　　至於腳拇趾根部究竟位於鞋底的哪一點？穿上鞋子之後，很難找出它的正確位置，這時候可參考下面的圖片，把鞋底對準腳掌，在拇趾根部的位置以白色膠帶標示出來，這樣比較容易掌握正確的安裝點。另外要對齊左右兩腳的扣片安裝位置時，膠帶也可派上用場。

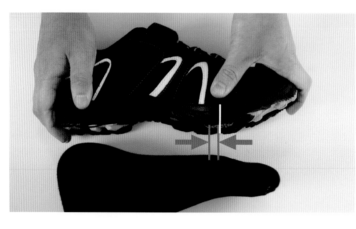

3
鞋底對準腳底，找出腳拇趾根部的位置，貼上白色膠帶做記號，將扣片固定在腳拇趾根部往後1cm之處。

STEP 3 // 坐墊的前後調整

1
讓膝蓋內側跟踏板中心連成一條與地面呈現垂直的直線，再調整坐墊的前後位置。圖中這個位置最利於維持踩踏動作的平衡。

藉由曲柄水平觀察膝蓋內側的垂線

　　設定好坐墊高度後，接著就來調整坐墊的前後位置。首先就是將曲柄保持水平，以腳拇趾根部踩住踏板的中心，將坐墊位置調整到，膝蓋的內側到踏板中央可連成一條與地面垂直的直線狀態這就是坐墊前後位置的基本設定。

　　接著回到 Step 1，以足弓踩住踏板，來到下死點的位置，原先的高度設定在這時候應該多少有點偏移，請進行修正，接著再次讓曲柄呈現水平，再次調整坐墊的前後位置。重複 Step 1 跟 Step 2 幾次，就能找出最適當的坐墊位置。

　　不過這個方法也只是設定的基本原則，實際上每個人的關節活動習慣和喜好都不盡相同，建議實際騎乘並進行微調，以找到最適合你的騎乘位置。

2
調整坐墊前後位置時，也要確認坐墊表面是否呈現水平，以此為基本原則，下坡車系可設定前端略微偏高，長途用車款則將前端調至略微偏低。

騎乘位置的個人設定

Tool 六角扳手、量尺、束帶、避震器打氣筒

STEP 4 // 調整把手寬幅和高度

1

把手只要一經裁剪，就不能回復原來樣貌，所以建議邊試邊切，一次切一點點就好了。另外記得隨時測量並且記住每個尺寸抓握起來的感覺。

2

把手的高度可藉由調整龍頭上下墊片的數量達到調整的目的，當然也別忘了調整一下車頭碗（請參考 P60）。

3

龍頭下方放入墊片的樣子。現在不僅腋下不會那麼緊繃，上半身姿勢也可以抬得比較高，算是休閒兜風取向的設定。

肩寬＋1個拳頭寬＝基本寬度

把手主要的調整重點在於寬幅、高度和龍頭長度三點，騎士保持略微前傾雙手打開與肩同寬，再加上一個拳頭左右的寬度，就是基本的把手寬幅設定。根據這個原則再綜合個人喜好或需求，調整至比基本設定略寬或略窄皆可。

此外，把手高度則要視騎乘方式調整。如果是林道騎乘，把手高度稍微調高一點，騎起來比較輕鬆；賽車則因為講究速度感，建議高度調低一點。只要調整龍頭上下墊片的數量，就能輕易調整把手的高度。

由於龍頭的價格頗貴，不能隨心所欲想換就換的零件，所以建議在確定已經無法調整的狀況下再考慮更換。

4

假如在龍頭上方放入墊片，便會降低把手的位置，雖說較有利於施力，不過也會增加腹部肌肉的壓力。

STEP 5 // 煞車拉桿的調整

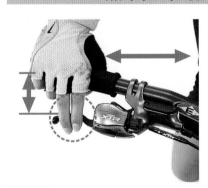

1

拉桿位置過高的話，手背會呈抬起的狀態，雖然這個設定可以將腰部抬升，站立時的操控性卻會大幅降低。

2

拉桿要進行調整的重點有 Reach 以及位置兩個。拉桿內側多半都會設有調整器。

3

跟上圖完全相反，拉桿過低雖然能提高站立踩踏時的穩定性，但坐定踩踏時反而容易造成騎乘姿勢前傾，不利維持平衡。

找出好操控的位置

把手總成設定的最終階段，就要調整煞車拉桿及變速器操縱桿的角度以及位置。尤其是煞車拉桿的位置，要是配置到不合適自己的位置，就需要使出多餘的力氣去操作煞車，會引起手腕不適，甚至無法隨心所欲地煞車。

最理想的設定是當騎士跨上車且手放在把手上，拉桿的角度位在手腕的延長線上。切忌將拉桿位置設定得太高或是太低。

像是女性騎士等手比較小的騎士，還要進行把手 Reach（即把手上緣〜下拉桿之高度差）的調整。先將煞車拉桿設定在兩根手指可握住煞車拉桿的最外側部位的位置，進行調整時首先確認這個位置是否適合自身需求，然後在利用調整器進行微幅調整。

4

理想的拉桿角度就位於手腕的延長線上，不論站立踩踏還是坐定踩踏平衡感都很好，操控性能也不錯。

STEP 6 // 調整避震器

調校避震器，讓效能百分百發揮

　　體重 100kg 或是 50kg 的人，避震器的負荷程度會顯著不同。100kg 的人騎 50kg 的人的腳踏車，避震器會過度下沉，反之則是避震器會太硬；也就是說避震器要針對騎士的體重進行調整才能發揮它性能的極限，即所謂的「調整避震器的標準負載量」。假如避震器是彈簧形式，就調整彈簧的預載，空氣避震器的話就調整空氣壓。

　　所謂的下沉量差指的是空車時跟騎乘時，避震器下沉量的差異。重點是當騎乘時去測量避震器的下沉量，將避震器調到原廠建議的下沉量為止，空氣避震器就用打氣筒調整避震器的加減壓。

　　僅僅數釐米的誤差就有可能讓避震器無法發揮應有的性能，由於調整的工作頗為嚴謹，建議調整時兩個人一起會比較好。

後避震器本體
後避震器內管上的行程測量 O 環是方便測量避震器行程量的，利用這個 O 環來測量空車以及乘車時的避震下沉量，並且讓下沉量調到原廠的建議值。

POINT

用一根手指碰觸牆壁
抓下沉量差時建議穿著完整的裝備騎在車上，用一根手指碰觸牆壁，這麼一來調整才會準。但並不能將體重集中在手指上，記得要保持穩定的姿勢。

POINT

一定要全副武裝
全副武裝時可以抓到更精確的避震下沉量差。通常背上後背包、裝備以及鞋子後，體重會提升幾公斤。

盡可能兩個人一起設定
一個人抓設定時，通常從腳踏車下來時會不自覺地去踩到腳踏板，然後讓避震器產生多餘的下沉動作。這麼一來就會前功盡棄。所以建議抓設定時兩個人一組比較好，有朋友幫忙，抓的設定會更精確。

前叉的設定
抓前叉設定可以藉由前叉內管上的膠圈來算出下沉量。跟後避震器一樣，將前叉的下沉量調到原廠建議值。

下沉量設定值

　　以下沉量的設定值來說，彈簧式避震器跟空氣避震器的調整不太一樣，而且就算是同一家廠商出的避震器，也會有構造上的差異。下沉量的設定值都會紀錄在說明書中，建議參考說明書的建議值。另外像右表，行程長短跟騎乘目的的設定值也會有所差異，敬請注意。

前懸吊架 (FOX TALAS)

行程量	XC/Race FIRM	FREE RIDE PLUSH
90mm (3.5 inch)	12mm	20mm
110mm (4 inch)	15mm	25mm
130mm (5 inch)	20mm	33mm

後緩衝組件 (FOX FLOAT)

行程量	建議下沉量值
5.5 inch	6.4mm
6.0 inch	7.9mm
6.5 inch	9.5mm
7.25 inch	11.1mm
7.85 inch	12.7mm

騎乘位置的個人設定

Tool | 軟尺、六角扳手

STEP 7 // 紀錄騎乘位置

1
由於把手到坐墊的距離很容易讓人搞混,建議以「把手內側」和「坐墊的最前端」設為測量基準點。

2
建議也要測量地面到坐墊的距離。坐墊的測量位置是坐墊支柱的正中央處。測量時要將量尺與地面垂直。

3
BB～坐墊的測量基準點以「坐墊頂端中心」為佳,由於這個部份最好記,正好適合做為測量基準。

4
記住地面到把手的距離,日後就能簡單地視自己的騎乘習慣或目的調整把手高度。只要按照基準數值,適度調高或調低即可。

5
有標示刻度的坐墊支柱,不管坐墊前端往上調或是往下調都很方便。還能紀錄最佳位置。

記住正確騎乘位置的數值

假如抓到了適合自己的騎乘位置,一定要把數值紀錄下來。由於登山車在遊玩過後拆解車輪或是坐墊,甚至更換把手都是家常便飯,只要手邊有資料,就不必再一邊調整一邊試騎,可以馬上將車輛回復到拆解前的最佳狀態。

需要紀錄的數值有很多,不過最重要的還是「BB～坐墊」這部份。有的技術車玩家還會將坐墊調得比一般車種低,如果能在坐墊支柱上做個記號,就能隨時將坐墊調整到最適合自己的位置。

此外,紀錄正確數值時有一個重點,就是要確保測量的基準點是相同的。例如把手到坐墊的距離,到底該從把手的前端開始量?還是後端?是量到坐墊的最前端?還是中央?像這類的測量基準點一定要確定好,否則光記住正確的數值也沒有用。一段時間沒有調整車子,偶爾會有想不起來「這個零件當初是從哪邊開始量起」的情況,所以紀錄正確騎乘位置時,也不要忘了把測量的基準點也一併紀錄下來。

7
坐墊支柱的延伸長度也有必要紀錄起來。有些車的坐墊柱上會刻有記號,或是利用印在上面的車廠 logo 也可以當成長度的紀錄。

6
把手寬幅一樣用量尺測量。有了這項數據,日後在更換新把手時馬上就能將設定調到最適合自己的設定。

KIDS BIKE
兒童用腳踏車的注意點

1
假如煞車拉桿可以調整，盡可能調整至靠近手指的位置。以兩隻手指可以輕鬆握住的位置為佳。

2
安全帽的尺寸一定要適合，後頭部如果可以調整一定要讓它完全服貼頭部。另外固定帶要避開耳朵，並且讓它與耳朵保持水平狀態。

3
曲柄軸上附有調整器的話，就能調整曲柄軸長度。配合兒童的成長狀況適時調整，不要讓小朋友感到車子變小難騎。

讓孩子體驗安全而快樂的騎乘

　　近年來帶著小孩一起享受 MTB 騎乘之樂的大人越來越多，但是玩得正起興的小朋友根本就無法判斷眼前的事物是否正確，面對危險時也不如大人般小心，所以小朋友在享受 MTB 樂趣時，建議大人最好在場陪同。

　　人身部品來說，最重要的還是安全帽與頭型服貼與否，以及耳朵附近的固定相當重要。配戴安全帽時，切勿讓帽緣妨礙視線。雖然圖中小朋友穿的是 T-Shirt，而且也沒有戴手套，但是在室外遊玩時，建議還是讓小朋友穿上長袖、長褲，並戴上手套及保護用具比較安全。

　　坐墊的高度要考慮到踩踏的動作，建議坐墊的高度稍微低一點，大約是小朋友的腳剛剛好可以碰觸到地面的高度，這樣的設定可讓腳馬上著地取得平衡，遇到突發狀況時也比較放心。至於煞車拉桿，務必符合小朋友的小手，抓握到拉桿的距離是調整時的重點，由於小朋友的握力尚弱，建議煞車拉桿越接近手越好。

　　騎乘 MTB 可說是能夠持續一生的優質運動，最好從小開始就讓他們騎乘確實設定過的車子，養成良好的騎乘習慣。

4
選購腳踏車要注意，站立時上管是否會抵住小朋友的胯下，也就是上管設定偏高。另外車子的尺寸也是考慮的重點之一。

5
由於小朋友根本還搞不清楚 MTB 跟人身裝備的意義究竟是好還是壞，所以大人的教導相當重要。

只要10分鐘
行前檢查法

出發前一定要進行車輛的檢查,想在外面好好享受腳踏車的樂趣,
那麼平常的維修作業就要做好。例行檢查很簡單,10分鐘就相當足夠。

Tool | - -

Check 4　安裝與調整坐墊

Check 6　後懸吊系統

Check 2
胎壓

Check 3　車頭碗狀態
Check 4　安裝與調整把手

Check 6　前叉的狀態

Check 1-5　曲柄軸的狀態
Check 5　上鏈條油
Check 9　變速器的狀態

Check 1-1　前後輪
Check 1-4　輪圈輻條的張力

Check 8　快拆裝置是否有鬆開
Check 7　煞車的作動狀況

Check 1 // 先看看各部位有沒有鬆脫的地方

例行檢查能縮短往後檢查時間!

　　騎完路況不佳的路面後,有些零件就會產生鬆脫的現象,像是 DH 以及 4X 等等騎乘條件較為激烈的車款,產生零件鬆脫的機率更是大增。由於零件一鬆脫影響的層面極大,建議在騎乘前一定要檢查一下以策安全。畢竟一旦到了戶外,準備的工具就不如家裡完備,修理的難度也會跟著提升,一旦發生問題,就要馬上打道回府也頗為掃興,所以最好事前做好詳細的檢查。

　　檢查的重點首先放在容易產生鬆動現象的部位。像是前叉這種激烈來回作動的部份、承受極大力量的曲柄軸,還有容易讓人忽略的輪圈等都是要特別注意之處。此外腳踏車有時會從高處躍下,做這個動作時,不妨仔細傾聽車體所發出的聲音,也可做為判斷車體狀況的依據。

　　假如每次都能確實檢查,即使是細小的變化都能很容易發現,例如車輛從高處躍下時的聲音、抓握時的手感等等,利用全身的感覺幫助判斷,相信也能以縮短檢查的時間。

1-1　前後輪

**一邊按壓連結處
一邊擺動輪組**

檢查後輪花鼓的耗損狀況時,可不要跟檢查避震連結點的方式搞混。檢查時壓住避震連結點的軸心,然後開始搖動後輪輪組,這樣就能輕易知道狀況了。

**一邊壓住前叉
一邊擺動輪組**

一隻手握住前叉,另一隻手搖動輪組,可檢查花鼓耗損狀況。如果發現耗損時,就要調整一下輪組固定處,情況嚴重的話,就要更換培林了。

1-2 後輪總成發出怪聲

確認車體落下時有沒有發出怪聲

後輪狀態是否異常，可把車抬高之後往下放，藉由車子落地時發出的聲音來判斷。手抓住坐墊，將車體抬高，然後放手讓車子落地，注意避震連結點跟後避震器有沒有發出怪聲。

1-3 前輪總成發出怪聲

檢查時將車體抬起約30cm高再放下

方法跟檢查後輪的方式差不多，首先握住把手，將車頭抬高約30cm，接著放手讓車子落地，注意是否發出怪聲。假如有怪聲，就檢查看看有沒有螺絲鬆脫之類的狀況。直到車體完全落地為止，都要仔細傾聽。

1-4 輻條的張力

用雙手握住左右的輻條

檢查輻條的張力狀況，先用雙手去握住左右兩根輻條，看看鬆緊度是否正常。如果已經出現張力太鬆的狀況，請參考P128，旋緊銅頭，讓張力回復正常的狀態，前後輪的檢查方法一樣。

1-5 曲柄軸的狀態

以下管做為檢查時的支點

單手握住下管，然後壓住曲柄軸拉拉看，檢查曲柄軸的狀態。鎖緊曲柄的方法請參考P102～，也要順便檢查踏板。

只要10分鐘
行前檢查法

Tool ┃ 胎壓計

Check 2 // 檢查輪胎有無破損、確認胎壓

這些都是會左右騎乘的重要部位

　　想完全發揮輪胎的性能，那麼胎壓就要配合騎乘的狀況（詳細請見 P60）進行設定。輪胎狀況不佳不僅會成為爆胎的罪魁禍首，還會讓車輛的性能無法完全發揮。檢查時建議順便連輪胎的兩側，胎上的胎塊以及輪胎消耗狀態也順便確認一下。更換輪胎的方法請參考 P66。其實輪胎的更換不難，也不難照顧，有用心騎乘就能感覺到效果，最好讓輪胎隨時保持在最佳狀態。

確認胎塊的殘量
輪胎是否有龜裂

輪胎的兩側，常常會因為岩石以及樹枝的摩擦而產生龜裂現象，假如用的是無內胎輪胎就會馬上漏氣；有內胎的輪胎假如繼續騎下去，那麼最糟糕的狀況就是爆胎。此外確認輪胎狀況的同時，檢查胎塊的紋路以及消耗狀態，就能預測更換輪胎的時間。

確認胎壓是否
符合道路的狀況

調整胎壓的第一步要訣就是調整騎乘的習慣。新手確認胎壓時，務必使用胎壓計確實測量。等到漸漸習慣這項動作後，用手摸一下，大概就可以知道需打入了多少單位的空氣。

Check 3 // 確認車頭碗是否鬆動

任何一種車頭碗調整方法都一樣

　　當車頭碗零件鬆動，車子的細微震動都會傳達到把手上，騎起來當然會覺得不舒服，而且還會成為車頭部位磨損甚至是破損的罪魁禍首。不想發生這樣的狀況，就一定要在騎乘前好好確認車子的狀況（車頭的調整方式請參考 P56）。調整的方式不分任何形式的車頭碗皆適用。

將車輛前後動一動
看看有沒有鬆動的狀況

簡單確認車頭是否鬆動的方法：先將車頭切到 90 度的位置，右手放在前煞車拉桿的地方，然後再將腳踏車往前後方向搖動一下，利用壓住車頭的左手確認有無鬆動的狀況，如果有，就需要進行車頭的調整。

從上方觀察
車頭的耗損狀況

請注意圖中左手的動作。由於車頭前後會搖動，這時可用食指跟拇指抓住車頭碗的前後，在這個狀態下利用握住把手的右手將車體往前後方向搖動，就能清楚瞭解車子的振動狀況。右邊的煞車拉桿設定成後煞車的人，檢查時就將把手朝向左邊。

Check 4 // 確認把手跟坐墊的安裝狀況

有正確的安裝才能正確騎乘

　　把手以及坐墊都是直接與身體接觸的重要部位，安裝的精確度會直接對騎乘造成莫大的影響。坐墊如果沒安裝好，會影響踩踏的順暢度；把手沒裝好，則無法精確操控車子。

　　檢查的重點不只是安裝的精確度，各部位的螺絲有無鬆脫也是檢查的要項，確實鎖緊所有螺絲，可避免騎乘途中不慎鬆脫的狀況發生。

以凸起部位做為檢查把手時的基準點

確認把手安裝的精確度時，將前叉的凸起部位作為基準點，比較方便。從上方觀察把手時，建議比較一下把手、煞車拉桿基座或是車頭軸心等容易辨認的目標物，藉此將左右的零件調整到位。雖說偏短的龍頭比較難搞，但如果是用這個方法處理起來就很簡單。不過要注意的是，已經變形的把手不管你怎麼調永遠都是歪的。

**以目測方式檢查
就將把手轉個方向**

跨上車時，很難看出把手是否安裝正確，不妨將把手轉個方向，到可看清楚輪胎的角度，看看把手有沒有歪掉，有歪的話就調整至正確位置。

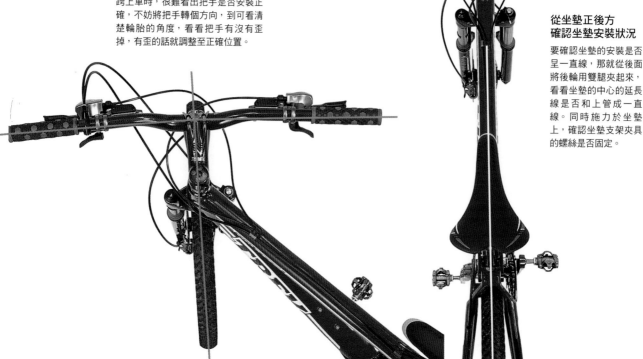

**從坐墊正後方
確認坐墊安裝狀況**

要確認坐墊的安裝是否呈一直線，那就從後面將後輪用雙腿夾起來，看看坐墊的中心的延長線是否和上管成一直線。同時施力於坐墊上，確認坐墊支架夾具的螺絲是否固定。

只要10分鐘
行前檢查法

Tool │ 潤滑油

Check 5 //
上鏈條油

養成騎車前上鏈條油的好習慣

上鏈條油的重要性可不低於檢查胎壓。鏈條要是潤滑不足，不但會增加摩擦力，騎乘時還會發出令人不舒服的怪聲。市面上的鏈條油種類很多，也可以以維修用的保養潤滑油代用，只要上點油，就能感受到截然不同的騎乘感。當然達成這項要件還有一個前提就是：鏈條必須是乾淨的狀態。（鏈條的清潔法請參考 P52）

上油時記得用毛巾擋一下
避免潤滑油亂噴

就算是簡單上一下油，也務必記得用毛巾擋一下，由於潤滑油很容易沾附沙塵，所以盡可能別讓其他零件沾附上潤滑油。畢竟在泥巴地的路況下騎乘，鏈條是很容易髒的。

前避震器

按住前煞車的同時，將身體重量加載於前叉上以進行加壓，確認前叉是否作動順暢、有沒有漏油的狀況。

Check 6 //
前後避震器的作動
以及狀況

看看作動是否順暢、是否出現怪聲

前後避震器的行前確認要點在於，加上了體重後避震器是否還作動順暢，檢查時一定要前後避震器個別進行。由於避震器的修理不是初學者可以處理的，假如發現異狀，請找專業的店家解決問題。

假如後避震器是空氣避震器的話，要檢查的地方像是空氣壓是否在規定值內。假如是彈簧式避震器，那就看看彈簧預載是否在正確的位置，也可以順便檢查避震器連結點是否出現怪聲。

後避震器

檢查時請將體重加載於坐墊上，並對避震器進行加壓的動作。作動順暢且沒有怪聲的話就 OK 了。

Check 7 // 煞車效能的檢查

煞車可是保命的重要裝置

油壓的碟式煞車的問題可大可小，有的甚至是沒辦法馬上解決的，所以平常就要養成隨時確認煞車總是否有混入空氣，以及檢查煞車來令片的殘量還剩多少的習慣，另外還要依照自己手的大小去調整拉桿的位置。煞車的檢查重點不外乎，按壓煞車時煞車卡鉗是否確實咬住煞車碟盤，以及煞車裝置有無漏油或是煞車油管破損等狀況。如果發現異常就要馬上處理，甚至要有整天可能出不了門的心理準備。

Check 8 // 檢查快拆裝置是否有鬆脫

檢查各個快拆桿是否有固定好？

MTB 會用到快拆設計的部位包括前後輪組的軸心，以及坐管束的部份。假如快拆裝置有鬆脫情況的話，不僅輪組有可能脫落，坐墊位置也有可能越騎越低，讓你越騎越不舒服。不想碰到這種惱人的情況，就一定要將快拆裝置給固定好（確實固定好快拆桿的方法請參考 P54 開始的內容）。安裝快拆裝置時要盡量用力，確實固定快拆桿。

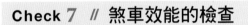

Check 9 // 確認變速裝置的狀況

一邊變速，一邊檢查驅動裝置的整體狀況

假如變速裝置沒有調整好的話，上坡時將無法確實發揮牽引力，在平地和下坡路段也會很難操控。建議騎車前一定要檢查仔細（變速裝置的調整請參考 P100）。檢查時建議向右圖一樣用置車架進行作業，並順便檢查鏈條以及飛輪的耗損狀況。

一邊轉動腳踏板
一邊看著各檔齒輪的狀態

觀察變速裝置的時候，使用駐車架作業會輕鬆許多。假如是檢查後變速裝置時，建議用左手轉動曲柄，用右手換檔，看看有沒有變速不順的狀況。

清潔懸吊系統

清潔懸吊系統的行程部份最為關鍵。如果將髒污放任不管，泥沙可是會侵蝕避震器的油封。情況嚴重時就需要把整個懸吊系統拆開進行維修，費時又費錢，建議平常就養成清潔的習慣比較好。

● FOX 後避震器維修法 P148

清潔作業

只要在泥土地上騎乘 MTB 幾乎是逃不了髒兮兮的命運，所以騎完車後馬上洗車是上上策。另外車架內部的積水不易排除，建議偶爾將坐墊柱拆開，讓積水排出。

● 洗車 P44
● 鏈條清潔 P52

更換線材

線材會突然斷掉的原因，有很大一部份在於線材內部積滿了淤泥。假如常騎車的話建議一個月清潔一次。另外線材算是消耗品，定期更換比較理想的。

● 煞車線 P94
● 變速線 P96

調整線材

新車以及剛換好的線材都會有一段「伸展期」，所以必須要在騎乘過一段時間後再次進行調整。切記新品也是要經過一段適應期的。

● 前變速裝置 P100
● 後變速裝置 P103

潤滑前後輪花鼓

迴轉部份的重要角色—花鼓，建議定期進行拆解保養。由於花鼓本體很容易進水，而水份又很難跑出來，放任不管會導致軸承的動作不順暢。

● Shimano 花鼓的潤滑 P128
● Hadley 花鼓的潤滑 P132

煞車的檢查

確認煞車來令或煞車皮的耗損狀況是相當重要的工作。油壓式碟煞則建議定期更換煞車油，可提昇煞車效率。

● 油壓式碟煞 P78
● 機械式碟煞 P86
● V 型煞車 P88
● 懸臂式煞車 P90

看看KOOWHO 作業日誌裡維修頻率最高的項目是哪項

KOOWHO 最常進行的維修作業就是更換各種線材，接著是車身的清潔，另外更換煞車來令片以及煞車油也不少。線材的更換作業，其實常常發生在成車以及便宜車款身上。因為這種車常常使用鐵製的線材，加上水份的入侵，容易出現生鏽的

情況，只要換上不鏽鋼材質的線材，就能提升順暢度，還能延長線材的壽命。

車身清潔方面，像是車架、避震器，還有變速裝置上所沾附的油污或泥濘都是清潔重點。清潔同時也可以進行各零件的檢查，像是車頭碗沒有確實調整好的情況相當多，以這種狀態持續騎乘的話，最後就需要花費大把金錢將之整個換掉，所以建議出門前一定要再三檢查。

至於煞車部份，重點就是煞車皮或來令片，假如超過使用限度還繼續使用的話，可能會導致碟盤或輪圈磨損，反而得不償失。由於 MTB 可動的部份相當多，所以一些消耗、磨耗是無法避免的，日常生活中，如果可以持續進行簡單的保養工作，就能延長零件的使用壽命，常保良好的車況。

Taipei International Cycle Show

TAIPEI CYCLE

CyCle

think BICYCLE   think TAIWAN

TAIWAN - Where Bikes Set the Future!

March 17-20, 2009

TWTC NANGANG Exhibition Hall

Organizer:

 TAITRA
www.taipeitradeshows.com.tw

Co-organizers:
Taiwan Bicycle Exporters' Association
Taiwan Transportation Vehicle
Manufacturers Association
Taiwan Rubber Industries Association

IN CONJUNCTION WITH
 TaiSPO
Taipei Int'l Sporting Goods Show
MARCH 19-22
Venue:TWTC Exhibition Hall 1

Sponsored by
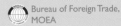 Bureau of Foreign Trade,
MOEA

www.TaipeiCycle.com.tw

Chapter / **2**

初級篇

一切的一切
都從這裡開始！

接下來就進入維修保養的「初級篇」，
包括清潔愛車的方法、化學溶劑的使用方式、
幫輪胎打氣，還有拆卸踏板的方法。
只要學會上述作業，就可躋身運動自行車的好主人行列喔！

清潔愛車／快速潤滑保養／
前後輪的拆卸以及快拆裝置的使用方法／更換把手以及龍頭的鎖緊方法／
如何裁切把手／車頭碗的調整以及檢查／
更換車握把／坐墊的安裝＆調整方法／
拆卸踏板／正確的輪胎打氣法／空氣避震器的空氣壓調整法

騎乘後&維修前
要進行的清潔作業

車輛清潔是保養維修的第一步
讓愛車常保潔淨更是防範未然的良策!

Tool | 毛巾、拋光清潔劑、保養用潤滑油、刷子、維修用置車架

STEP 1 // 車子還不太髒時的輕度清潔

1

清潔前叉時
要從油封處往上擦

附著在前叉內管的髒污請用乾毛巾輕輕擦拭,用力擦拭有可能對零件造成傷害。若將髒污往油封的方向擦拭,髒污很可能因此累積而縮短油封的壽命,所以也要注意擦拭時的方向。

2

以拋光清潔劑
擦拭車架

擦拭車架時,請在毛巾上倒入兼具清潔和拋光效果的產品,輕輕將車架上的髒污去除。有的清潔劑甚至還有防止髒污附著或車架掉色的功能。

3

清除卡式飛輪中的髒污

在越野場地騎乘後鏈條多半會沾附上泥巴以及野草,這時就要出動卡式飛輪 (Cassette Sprocket) 專用清潔刷了,另外有些地方由於含有油份,所以清潔的時候要特別仔細。

4

清掃後避震器油封的髒污

做法跟前避震器一樣,由於髒污很容易跑進油封,一定要從油封方向開始擦,良好的清潔能延長油封的壽命。

建議一週清一次車

日常維修作業都是以清潔車體的作動部份為主。鏈條、變速系統以及避震器不光只有騎乘時會常時作動，由於含有油脂就算平常不騎也很容易沾附塵埃，每天騎車的人，建議務必每個禮拜清潔保養一次。

①避震器內管上沾附有潤滑油的部位很容易囤積髒污。
②仔細擦拭，減少污垢殘留。
③要是不清潔飛輪，就算鏈條是乾淨的也會很快變髒。
④在雨中騎車後一定要擦拭污垢。
⑤用輪圈式煞車的騎士一定要將煞車屑給清掉，用乾毛巾輕

輕擦拭即可。
⑥由於導輪用的是樹脂材質，所以要定期確認磨耗狀況。
⑦後避震器的連結桿很容易囤積泥濘，放任不管會成為磨損的主因，不可不慎。
⑧潤滑油要是塗太多，不光是騎車時多餘的油會被甩出來，也很容易沾附髒污，請務必將多餘的油擦乾淨。
⑨雖然照片中只有清外齒輪，其實中齒輪，內齒輪也都要以相同方式清潔。

有個簡單的置車架，維修就會方便許多。另外再用厚紙板隔開鏈條的部份，就可以保持鏈條周邊零件的整潔，也可有效提升作業效率。

鏈條的輕微污垢可以潤滑油簡單清除

騎乘路線若以柏油路為主，鏈條多半不會太髒，所以在噴潤滑油時，只要在鏈條上稍微多噴一點油，然後再用毛巾將多餘的油和髒污一併擦掉就行了。

徹底清除齒盤上的油污

鏈條齒盤內側是清潔時很容易被忽略的部位，因為很容易附著泥濘和塵埃，可以慢慢轉動曲柄，一邊用毛巾拭除髒污。

難清除的部份請用毛巾小心擦拭

車架內側以及熔接部份很容易殘留髒污，但是手又很難伸進去清潔，建議將毛巾剪成大約2cm的寬度進行擦拭。

輪胎側面以及輪圈的清潔

雨天騎乘後輪圈通常都會變髒，騎完車要確實清理。可以跟車架使用相同的拋光清潔劑，但如果用的是用輪圈式煞車，之後別忘了去除油脂的手續。

清除鏈條導輪的油污

清潔的秘訣在於一邊用手逆轉踏板，一邊用毛巾將殘留在導輪(Guide Pulley)以及張力輪(Tension Pulley)上的油污清除。導輪跟張力輪一旦沾染上油污會影響到變速性能，不可不慎。

MTB
MAINTENANCE

Chapter /
初級篇

bike
cleaning

2

騎乘後&維修前
要進行的清潔作業

Tool | 中性洗潔劑、海綿、刷子、毛巾、洗車機、洗臉盆

☐ 維修保養從洗車開始
☐
☐　　洗車需要的用品，多半都可以以日常生活中所用的
☐ 清潔用品或汽車專用產品代替。車子髒兮兮的對維修保
☐ 養百害而無一利，所以在維修保養前務必先將車子洗乾
☐ 淨，洗車後也務必要上油。
☐ STEP 2-1 推薦使用起泡力和含水力俱佳的海綿，讓車
☐ 子佈滿泡沫。

STEP 2 // 用水和清潔劑徹底把車洗乾淨

首先用清潔劑清洗車身

1 用大量泡泡洗車

以海綿取用適量的清潔劑，充份起泡後清洗整輛 MTB，通常這個步驟就足以將水沖不掉的污垢去除。清洗順序從上到下。

2 用刷子清除躲在胎塊間的髒污

由於海綿很難去除頑強的污垢，可以利用刷子刷淨。清洗輪胎時，最好順便檢查輪胎兩側與胎塊的磨損狀態，以及是否有外傷。

拆下輪組，清潔平常看不到的地方

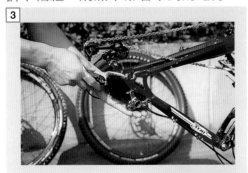

煞車卡鉗內部用刷子清洗

碟煞周邊以及煞車卡鉗內部常常附著煞車來令片的碎屑，清潔時要更加仔細。除了洗車用的刷子之外，也可以準備兒童用牙刷來清潔細小部位。

BB 軸內側以及鏈條支架的內側

將腳踏車整個倒過來，拆下輪組，連難洗的地方都徹底清潔。尤其是 BB 軸周圍以及鏈條支架的內側，最容易堆積從輪胎噴濺出來的泥濘和塵埃。像這種平常很少注意到的地方，一定要把握機會好好洗乾淨。

煞車碟盤的髒污也可用清潔劑洗淨

煞車碟盤也是沾附煞車來令片碎屑的重要地點，想要常保煞車作動穩定、避免煞車失靈的狀況發生的話，要洗的地方絕對不只是來令片而已，碟盤的支撐臂也是洗淨的重點，以沾了清潔劑搓揉至充份起泡的海綿徹底清潔。

STEP2-2 假使髒污相當頑強，建議將輪圈整個拆下仔細清洗。

STEP2-3 煞車卡鉗假若殘留污垢，卡鉗活塞很有可能沒辦法歸位，造成卡鉗的作動不順暢。建議洗車時順便檢查煞車來令片的磨損狀況。

STEP2-4 在雨天或是泥濘路面騎車後，輪胎附近很難清洗的部位常會附著髒污，千萬不要忽略這一點。

STEP2-5 確認煞車碟盤有沒有變形、耗損或是鬆脫的現象。

STEP3-1 洗車順序從上到下，假如是用水壓較高的水柱清洗，就不必依照上到下的順序清洗。

STEP3-2 從車架的熔接部份以及凹凸部份開始，一邊檢查一邊將水份擦乾，發現異狀建議趕快請車店檢查。

STEP3-3 讓輪組來回觸地反彈，以瀝乾水份。

STEP3-4 零件內部的水份如果沒有弄乾，會造成作動不順暢甚至是生鏽，不可不慎。

☐
☐
☐
☐
☐
☐

STEP 3 // 將清潔劑沖乾淨、去除水份

清潔劑要充份起泡

　　洗車時拿一般廚房用中性清潔劑就可以了。之所以強調要「充份起泡」的原因是，泡泡可以確實附著在車身各部位，能防止清潔劑一下子就流失，而無法發揮清潔效果。

在浴室用的水盆中注入適量的水和清潔劑，用手充份打出泡泡。

1

沖掉泡泡時別用高壓水柱
洗全車時建議使用一般水管將泡泡慢慢沖掉即可。用高壓水柱沖洗會讓車上的潤滑油過度流失，另外像BB軸以及避震器的油封等部位也會進水，這點必須特別注意。

2

使用毛巾將車上的水份擦乾淨
洗完後用毛巾將車子擦乾，否則不只在維修保養時還會滴水，乾了之後還會在車上留下水痕，所以盡可能地將水份擦乾。擦車時也可以順便檢查一下車上有無刮痕。

■ **Column** ■

靈活運用各種刷子

刷子要視情況靈活使用才能提升洗車的效率，尤其在處理手難以伸入的狹窄地帶或是輪胎部位，洗車時建議多準備幾種大小以及形狀不同的刷子備用。

連細縫都能清得一乾二淨。雖然市面上售有MTB專用刷子，不過在百元商店或一般汽車用品店就能買到尺寸齊全又好用的刷子。

3

讓車輪來回反彈，以瀝乾水份
車子水份擦得差不多後，記得稍微讓輪胎在地面彈幾下，把水份充份瀝乾後再安裝回去，如圖所示，可以按後煞車甩動車身，徹底去除水份。

4

去除坐墊柱內的水份
洗車時水多半會滲入車架內側，這時先將車子正立起來以方便拆卸坐墊柱，然後再將車子整個倒過來，讓積水從車架內部流出。

MTB
MAINTENANCE

Chapter /

初級篇

quick lub
maintenance

2

只需潤滑油就能簡單完成
快速上油教學

久置不用的車子、或是剛洗完車,都會讓各零件的油份變得不夠。
如果不處理,就會增加磨擦,讓零件無法發揮原本的效能,需要適量補充潤滑油。

Tool 維修保養用潤滑油、含氟潤滑油

需要注入潤滑油的重點部位

後避震連桿周邊
含氟潤滑油

變速器鎖定桿
維修保養用潤滑油

後變速系統
維修保養用潤滑油

變速線
鈦質潤滑油

後變速系統
維修保養用潤滑油

SPD踏板
維修保養用
潤滑油

鏈條
維修保養用潤滑油

前變速系統
維修保養用潤滑油

常上油是維持車況不二法門

　　像是變速裝置、避震器以及煞車等等,MTB有許多零件都很仰賴油的潤滑,以維持功能。當潤滑不足,甚至是潤滑油用盡,當然會讓車子的性能減低。再加上MTB常常都在越野地面行走,騎乘時揚起的塵土泥濘很容易沾附在潤滑油上,就這麼放任不管的話,就會變成難以去除的頑固髒污。尤其是變速系統以及鏈條會黑到令人作嘔。

　　所以只要一看到髒污就應該進行清潔(如果是林道騎乘建議騎完後都要洗車),這時也請順便上個油。此外,雖然近年來使用鋁合金成為MTB的風潮,但部份零件仍是鐵製,潤滑作業對於防鏽也很有效果。只要確實且不厭其煩地進行洗車跟上油的動作就能夠維持MTB的性能。

　　不過也不是說不分青紅皂白,用力狂噴潤滑油就行了,化學溶劑必須要適材適用,所以必須準備好幾種不同的化學溶劑。有些新型避震器,油封會被潤滑劑侵蝕;專用於碟煞的清潔劑也是有可能傷到避震器油封,所以在使用化學溶劑前,一定要詳細閱讀說明書。另外因為多餘的油會沾染髒污,上油之後務必將多餘的油擦拭掉。花了時間洗車、上油,可不要讓這讓這些作業反而對車子性能造成不良影響,所以作業時盡量謹慎。

前變速裝置

前變速裝置的上油作業僅限於可動部位的連結點,這裡使用維修保養用的潤滑油即可。連結部位總共有上下共計4個可動軸要上油,油量點到為止就好,不需過多。由於這裡頗容易沾染塵埃,所以務必要將多餘的油給擦拭掉,避免逐漸累積成為日後的頑固污垢。

後變速裝置

後變速裝置的上油作業有4個連結軸、兩個導輪軸以及導輪的根部,另外變速裝置的安裝點也要上油。使用的潤滑油跟前變速裝置一樣,維修保養用潤滑油即可。另外導輪要上黃油,所以要控制潤滑油的使用量,以免使用過量漏出來,大約按一下噴頭的量就夠了。

後避震器連桿周邊

後避震器連桿周邊用含氟潤滑油就夠了。假如上的油太多,可能會傷及油封以及推動部的橡膠零件,甚至會有潤滑油滲入軸承的可能性,所以用油量盡可能少。避震器連結的部份尤其是 DU 部份千萬別上油。想要防止生鏽的話在避震連桿上的螺絲稍微上點油就行了。

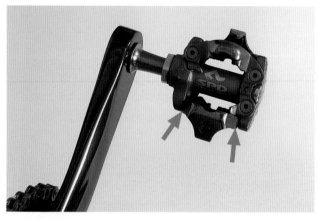

SPD 踏板

SPD 踏板內部的彈簧部位,需要上點潤滑油。就算泥巴在縫隙中硬化,還是可以清掉。如有頑固的髒污附著在裡面,洗車時可用中性洗潔劑清洗就能脫落。至於踏板軸的部份,如果上太多油反而會讓內部的油流失,所以要多加注意。當踏板迴轉不順暢時,不妨整個拆下來進行保養了。

煞變把手

使用變速桿跟煞車拉桿合而為一的煞變把手時,只要在變速桿的根部和煞車拉桿軸稍微上一點油就可以。另外記得打開變速線的保護套,在變速線上稍微上一點油,上太多油只會讓車子沾染更多髒污而已。由於清潔的手續繁複,所以潤滑油少量即可。

變速器鎖定桿

大部份安裝在把手上的線材都會露出內線,要是潤滑不足很容易生鏽,進而造成變速裝置的操作不順暢,要在這裡上點油比較好。使用維修用潤滑油即可,剩下的就跟其他零件一樣,一定要把多餘的油給擦乾淨。

MTB
MAINTENANCE

Chapter /
初級 篇
quick lub
maintenance

2

只需潤滑油就能簡單完成
快速上油教學

Tool | Shimano Dura Ace 特殊潤滑油

變速線的潤滑作業

把變速線拉出來，確實上油

　　變速桿如果好操縱，變速反應靈敏，可以
讓騎乘變得輕快許多。由於內線和外管的潤滑
油會逐漸減少，而在野地騎乘時常碰到的狀況
像是沾附塵土，漸漸地還會磨損外管的內部。
只要能夠定期清潔、上油保養，就能維持操控
變速時的輕快感。

　　變速線上油時要特別注意，內線不需要全
部上油，只需針對被外管覆蓋住的部份上油就
好。如果連曝露在外的部份都一起上油的話，
騎乘過程中容易沾染塵埃或砂土，並隨著變速
桿的操作，入侵到變速線外管內部。

2

建議使用 Shimano 的專用油

潤滑產品推薦使用 Shimano 最新的
Dura Ace 潤滑油，摩擦力低，又含有
矽質，所以摸起來不黏手。

Shimano Dura Ace
特殊潤滑油

變速線用了之後，
順暢度將有驚人的
提升。Dr. 永井相當
推薦。

1

把變速線拉出來

將飛輪和大盤調至最大盤，不要迴轉曲柄軸，直
接操控變速桿，內線就會鬆開。就可以把內線從
外管當中拉出來。

3

曝露在外的變速線
用毛巾擦乾淨

將位於上管一帶、曝露在外
的內線，用毛巾擦拭乾淨。
如果真的很髒，可用毛巾沾
取適量零件清潔劑之後，將
污垢徹底清除。

4

移除外線

在第一步驟讓內線鬆開之
後，外管就能從外管架上輕
易解開。建議將外管整條抽
出來以利潤滑作業進行。

5

直接用手指
塗上潤滑油

隱藏在外管內的內線要塗滿潤滑油。另外像是變速桿附近、坐管附近以及變速裝置附近的部份也都要上油，前後變速裝置都要上油。

6

潤滑外蓋部份
具有提升防水的效能

建議在銜接外蓋的內部塗滿潤滑油。這麼一來能提升防水的效能，也能防止髒污的入侵。

7

上完油後
將一切回復原狀

將外管勾回外管架，以手指勾住外露的變速線、微微施力，可以跟讓外管和外管架確實固定住。然後將變速設定回復原狀。

V型煞車的潤滑作業

在煞車基座及夾器的可動部位上油

　　利用煞車線來控制煞車動作的V型煞車，跟變速線一樣，只要減少摩擦力就能讓操作變得靈活順暢。所以可在煞車線上塗上 Dura Ace 潤滑油（機械式碟煞也一樣），另外V型煞車的V型煞車力臂基座部位以及導引線也要上油，這麼一來就能讓V型煞車力臂的動作更加順暢。

　　上油時要注意千萬不要讓輪圈和煞車片皮沾到潤滑油，沾取一點點潤滑油仔細塗抹為上。假如真不小心沾到了，可用煞車零件清潔劑將油擦掉。另外煞車拉桿的纜線部位也要上點油，可讓拉桿操作起來更加順暢。

1

只要一拉拉桿
就能看到煞車

只要一按煞車拉桿，就能看到煞車線的線頭部份，在這個部份塗上保養用潤滑油。如果也在調整器上上油，那麼不僅能防止硬化，還能讓操控變得順暢。

2

煞車夾器
只需要針對可動
部份上油即可

刷子要視情況靈活使用才能提升洗車的效率，尤其在處理手難以伸入的狹窄地帶或是輪胎部位，洗車時建議多準備幾種大小以及形狀不同的刷子備用。

MTB
MAINTENANCE

Chapter /
初級 篇
quick lub
maintenance

2

只需潤滑油就能簡單完成
快速上油教學

Tool | 維修用潤滑油、爆胎工具組、鏈條清潔器(Cyclone)、毛巾

清除鏈條上的污垢

清鏈條時需保持周圍乾淨

　　鏈條上的污垢多半是油垢和泥巴混合累積而成，頑固又難以清除。不僅會提高摩擦力，讓車子騎起來不順暢，還會加速鏈條與齒盤的損耗，縮短驅動系統零件壽命。所以最好養成常常清洗鏈條的習慣，降低污垢累積生成的機會。清潔鏈條時髒污會往下掉，因此建議如右圖所示，先在地上鋪一層紙箱之後，再進行清潔作業。

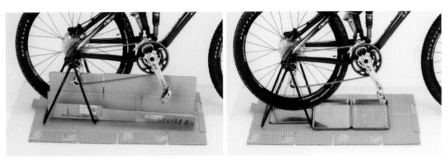

清潔鏈條前的準備工作

左圖為在車體周圍鋪上打開的紙箱，作法雖然簡單，卻已經很夠用。如果想讓事後的清潔工作變得更輕鬆，建議在鏈條正下方多加一層金屬托盤，如右圖就是最理想的狀態。

輕度髒污以維修用潤滑油就可去除

輕度跟重度髒污使用不同清潔產品

　　鏈條的清潔方法會隨著髒污的程度而有所差異。使用維修用潤滑油就足以清除一般休閒或通勤騎乘時造成的輕度髒污。而且維修用潤滑油的好處在於，清潔同時還能保有潤滑度，可以一油兩用。不過如果是重度髒污，使用潤滑油之前，先用洗淨效果高的零件清潔劑，依照以下的方式清潔鏈條，之後再以維修用的潤滑油或鏈條油來補充鏈條所需的油份。

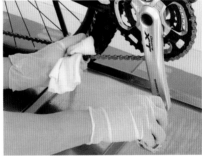 

2

上油之後再擦幾下就能清除髒污

以海綿取用適量的清潔劑，充份起泡後清洗整輛 MTB，通常這個步驟就足以將水沖不掉的污垢去除。清洗順序從上到下。

3

上完最後一道潤滑油之後要將多餘的油擦掉

鏈條上的髒污完全清除之後，最後再以維修用潤滑油收尾。跟清鏈條的方式一樣，一邊上油一邊用毛巾擦拭掉多餘的油份。

1

用毛巾擋住其他部份再噴潤滑油

用毛巾在鏈條下擋住其他部位，再噴潤滑油，手上最好戴上塑膠手套，可以防止沾染油污。

想洗得更乾淨，可用鏈條專用清潔器

可自動清洗鏈條的好幫手

　　歷經雨中騎乘或是林道越野的路面後，建議用鏈條清潔器清洗。各家廠商都有開發這種商品，操作原理一致相同。首先在清潔器裡倒入洗淨液，然後安裝在鏈條之上，接著只要逆轉曲柄軸，清潔器內部的刷子開始轉動，就能自動將鏈條上的污漬清洗得乾乾淨淨。如果還有清除不掉的污垢，可用零件清洗劑並參考左頁的作業流程進行更細部的清潔作業。

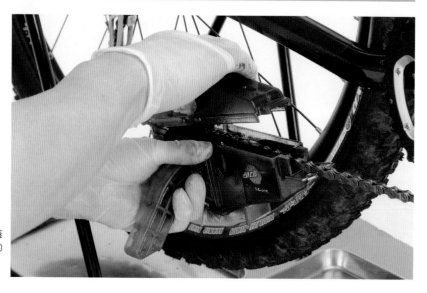

1

將清潔器安裝於鏈條上

首先將鏈條清潔器的蓋子打開，夾住鏈條後再蓋好。Dr. 永井愛用的產品是 Park Tool 的 Cyclone。

2

從開口處注入洗淨液

洗淨液並沒有廠牌上的限制，Cyclone 的注入口設計在清潔器的上方，洗淨液的量不可超過上面標示的容量限制。

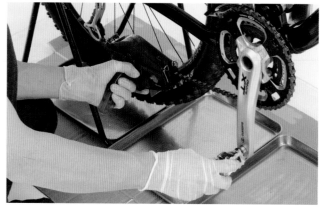

3

接著只需轉動曲柄軸

將曲柄軸慢慢地逆向迴轉，鏈條就會變得亮晶晶。清洗前要注意齒盤和變速器的設定，確定逆轉曲柄不會讓鏈條發生問題。

4

用毛巾將多餘的洗淨液擦乾淨

洗乾淨後請移開鏈條清潔器，然後用毛巾將殘留在鏈條上多餘的洗淨液擦拭掉。

5

飛輪上的髒污也一併清除

順便將附著在鏈盤和飛輪上的洗淨液擦乾淨。可不要這樣就收工，清洗乾淨的鏈條還要上油，也別忘了將清潔器清洗乾淨。

拆卸、安裝前後輪組和
快拆桿的使用方法

拆裝輪組可說是維修保養作業中的基本功夫。
瞭解快拆裝置的構造,學會正確拆卸、安裝輪組的方法吧。

Tool | --

STEP 1 // 先將車子倒立

後輪

前輪

將車子倒立,比較方便作業

在沒有置車架的狀態下,想拆卸前後輪組,
把車子倒立起來,作業會比車身正立還來
的容易進行。尤其是拆卸後輪的時候,正
立車身可能會招致變速裝置的損害。

STEP 2 // 後輪的拆卸方法

將飛輪和大盤都調到最小盤

將車輪從斜上方拉出
一邊壓著變速裝置,一邊將車
輪往斜上方拉,把卡在飛輪上
的鏈條移開。動作正確的話,
不需太用力就可以拆下。

這樣是沒辦法拆下的
光是鬆開快拆桿是沒辦法拆卸後輪
的,首先要把前後齒輪比調到最小,
讓鏈條鬆開來,比較容易拆卸。

壓住後變速裝置
由於會碰到變速裝置的導輪,所以將
輪胎拉起的同時,要把圖示①的部份
往後拉,讓輪組從車架的溝槽脫離。

拆裝後輪的小訣竅

　　快拆裝置的特點就在於容易拆卸，但如果安裝方法不對，很可能造成輪組脫落的意外。尤其是後輪更是需要一點訣竅，方法錯誤勉強安裝上去，不僅傷鏈條，也有可能弄傷車架，所以這項作業嚴禁使用蠻力，拆裝時不慎卡到鏈條，整個動作重來一次就行了。

Step2-1　由於齒輪比設到最小，鏈條不容易卡上飛輪，建議別讓變速裝置繃的太緊。

Step2-2　飛輪以及變速裝置的接觸點的處理，請將變速裝置往後拉，可避免導輪卡到飛輪。

Step2-3　輪圈拉上來後請再次確認飛輪的下面有沒有確實離開鏈條，將輪組往斜上方拉。

1　拆卸鏈條時假如卡到不同齒輪的鏈條，鏈條便會斜向拉緊，這麼一來便難以密合，所以拆裝輪組時務必養成將前後齒輪比都調到最小的習慣。

2　假如無法輕鬆安裝後輪，請想想是不是哪個動作沒做好，或是確認是不是快拆系統沒鬆開。

3　確認後輪安裝完成後，將快拆桿壓緊即可完成。假如是使用夾式煞車的車款，別忘了將煞車線安裝回去。

壓住輪胎，將鏈條掛到飛輪上

將飛輪放在在鏈條之間
將後變速裝置伸展開來後，鏈條就能往上拉，飛輪置於鏈條之間，和拆卸時一樣，把鏈條掛在最小齒的飛輪上。

稍微往後拉
保持將變速裝置往後輕壓的狀態，將花鼓軸心插入，順便確認煞車碟盤有沒有插入煞車來令片中。

確實往深處插入
確認左右兩邊都以水平的姿態插入尾部。此時要是偏掉千萬別硬來，只要再次將輪圈輕輕抬起就能重新插入。

Column

夾式煞車
就要將夾器給鬆開

假如愛車使用的是夾式煞車，一定要將前後煞車夾器鬆開，不然無法拆卸輪組。首先按住左右的煞車臂，拉起煞車線，讓 L 型導線固定裝置鬆脫，才能將輪組拆下。假如是懸臂式煞車的話，就移動沒有螺絲那一側，將之取下。

從左右握住①的部份，煞車線就會鬆開，再輕拉②，就能將煞車夾器拆卸下來。

Chapter 1　□車架

Chapter 2 / 初級篇
wheel

Chapter 3　□傳動

Chapter 4　□煞車

2

拆卸、安裝前後輪組和
快拆桿的使用方法

Tool --

□ 前輪的拆裝以及快拆裝置
□
□　　快拆裝置不光是用於拆裝輪圈，還可以用於固定坐
□　墊柱。快拆裝置要是栓太緊，之後就很難打開，所以知
□　道栓緊快拆裝置的扭力值是很重要的，請親自並多次
□　來回開閉快拆裝置，進行確認。
□　　STEP 3-1 快拆桿要是沒有回到正確位置，很可能一碰
□　到就鬆脫，所以拆卸零件時，一定要確認栓緊時的快拆

STEP 3 // 前輪的拆卸和安裝

熟記快拆裝置的基本操作方式

拉起快拆拉桿
首先完全將快拆拉桿拉起，接著迴轉
另一邊的螺絲，請務必慢慢轉，這樣
才能避開前叉鉤爪。

將輪圈往上抬起
放鬆的差不多後，請將輪圈筆直地往
上抬起，假如覺得有點卡卡的，就將
快拆拉桿的螺絲再鬆開一點。

安裝時的重點
與拆卸時相反，確實將花鼓安裝進前
叉鉤爪，請確認花鼓軸是否有完全插
進左右兩邊的前叉鉤爪當中。

STEP 4 // 快拆裝置的正確使用方法

務必將快拆桿鎖到底
利用大拇指的根部去壓快拆桿，圖中
顯示的是正要對快拆桿施力的狀態。

熟記壓緊時的扭力
將快拆桿壓到底時通常
手掌都會出現壓痕，假
如快拆桿太鬆可能會成
為產生怪聲的罪魁禍
首，建議多來回操作幾
次確實記住整個感覺。

桿的狀態。

STEP 3-2 前輪的拆裝比起後輪要來的簡單，操作正確的話不用 10 秒動作就能完成。使用夾式煞車的車款，請別忘記鬆開煞車夾器。

STEP 3-3 花鼓軸要是偏掉，只要稍稍往上提就能重新安裝。

STEP 3-4 一邊開閉快拆拉桿，一邊迴轉①處的螺絲，調整過後就能輕易掌握到正確的鎖緊扭力。

STEP 3-5 像 DH 車這種會在車上裝設 20mm 軸心的前叉的車款，請將固定花鼓軸心的螺絲以及花鼓軸心附近的螺絲一併拆下，裝回去時務必在螺絲上塗點潤滑油。

STEP 4-1 鎖緊時，要是快拆桿卡住就表示鎖太緊了。請確認應鎖至哪裡，鎖好時手掌上恰好留有快拆桿的痕跡的話，就表示力道剛剛好。

20mm 軸心螺絲的鎖緊順序

鎖緊螺絲的順序

首先鎖緊①，接著依順序將②～⑤以均等的扭力鎖緊。由於這一部份沒辦法一次就上緊，所以必須要逐次施力好幾次。①的地方的螺絲由於位置吻合，所以不用花太多力量。

快拆桿的鎖緊動作

一邊確認快拆桿的鬆緊度，一邊將快拆桿上鎖。轉動①處的螺絲，同時以正確的扭力調整快拆桿。假如動作接近正確，那麼大約讓角度轉到 10 度時，鎖緊快拆桿的扭力就會開始產生變化。

快拆裝置的構造

快拆裝置主要仰賴快拆桿進行開閉的動作，扭力的調整則仰賴螺絲，因為如果以快拆桿調整扭力，會隨著鎖緊的地方的不同，而無法控制鎖好時的位置，而螺絲比較能夠進行細微的調整。

鎖好的快拆桿如果能和車架以及前叉呈現水平狀態，操作時較容易出力，拉快拆桿時也比較不會出現問題。另外將快拆裝置軸心 (SHAFT) 拆下時建議整體塗上一層薄薄的潤滑油。

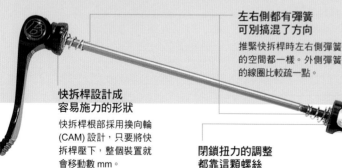

左右側都有彈簧可別搞混了方向

推緊快拆桿時左右側彈簧的空間都一樣。外側彈簧的線圈比較疏一點。

快拆桿設計成容易施力的形狀

快拆桿根部採用換向輪 (CAM) 設計，只要將快拆桿壓下，整個裝置就會移動數 mm。

閉鎖扭力的調整都靠這顆螺絲

採用迴轉快拆桿的方式調整扭力時，因為難以進行細部調整，所以建議利用另一邊的螺絲。

輪組拆下後記得在卡鉗上放一片墊片

碟煞要是沒有煞車碟盤可咬的話，握住煞車把手時煞車卡鉗的活塞可是會跑出來的，這麼一來不僅來令片會咬在一起，還會失去讓碟盤插入的空間。假如輪組拆下後馬上裝回去，那倒沒關係，不過要是將輪組拆下後要花時間進行維修保養作業或是移動，建議在卡鉗中夾片墊片，以避免錯誤的發生。

如果來令片已經合在一起，可以用一字起子輕輕撬開。

MTB
MAINTENANCE

Chapter /

初級篇

handle &
headset

2

更換把手以及
鎖緊龍頭時的注意事項

更換把手,可以微微調整騎乘時的位置。
改用高把(RISER BAR)就能以直立姿勢騎乘。

Tool | 六角扳手

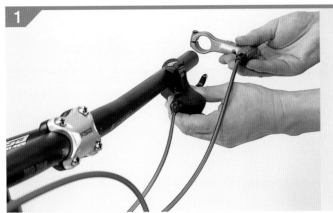

將龍頭鬆之前

首先將握把、左右煞車拉桿以及變速
器的螺絲鬆開,假如線材沒有很緊
繃,也可以直接拆下來。

拆卸把手

將固定在龍頭以及把手上的螺絲鬆
開,注意不要讓龍頭上螺絲掉落,一
邊壓著、一邊將把手拆下來。

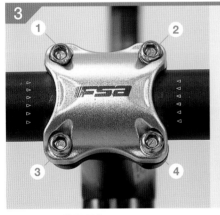

龍頭螺絲的鎖緊順序

先將把手置於正中央,螺絲不必完全鎖上,只要能
略微固定把手即可。調整好把手的安裝角度後,依
照照片中的順序,以平均的力氣逐一鎖緊螺絲。

上下間隔要保持均等

最後檢查龍頭上下的間隔是否一致,
以確認螺絲是否確實鎖緊。

Column

安裝碳纖維把手時的
注意點

安裝碳纖維把手時,要注意不要讓
龍頭傷到碳纖維。近年來零件多半
都是完成品,請注意龍頭跟把手的
接觸部位,如果是設計成有角度的
樣子,就必須適度進行加工。此外
安裝時,嚴禁使用過度的扭力,以
免傷到碳纖把手。

粗線部位是會
跟把手和龍頭
接觸,如果像
這樣有角度的
話,就用砂紙將
這些部位磨得
圓滑一點。

騎乘位置的簡易改造法

XC 車款多半以平把為標準配備,而以下
坡為中心的林道和運動型騎乘當中,抬起上半
身較利於上半身的活動。建議隨著騎乘的場地
不同,更換適用的把手。

1 假如煞車線和變速線有點緊繃,卻不想拆除
煞車跟變速器,可鬆開龍頭螺絲,左右搖動把
手,就能將把手拆卸下來。

2 將螺絲上的老舊潤滑油清除乾淨,再重新塗
上一層新的潤滑油,就能有效預防螺絲鬆脫。

3 安裝把手前,別忘記確認把手左右是否等
長。如果已經鎖好了才發現到這一點,就全部
拆掉按照步驟重新安裝一次。

4 鎖緊螺絲之後,如果龍頭上下間隙不均等,
就表示鎖得太緊了,這時請鬆開螺絲從步驟 1
重新開始。

MTB
MAINTENANCE

Chapter /
初級篇
handle &
headset

2

用鋸子裁切把手

高把多半都會為了讓騎士依需求裁切而設計得較長，
配合自己的實際需求，進行適度裁短的作業吧！

Tool 軟尺、固定夾具、鋸子、銼刀

Maintenance location

首先測量把手的長度

首先拆掉握把，以便正確測量把手的
長度，建議實際騎上車握握看，考慮
看看到底需要切除多少。

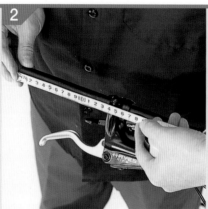

確認切除後的長度

預想切除之後，是否能正確安裝煞車
跟變速器，記得安不可以安裝在把手
彎曲處。

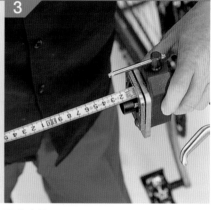

設定夾具

測量把手尾端到欲缺斷的部份，接著
裝上夾具。當然左右的切除量是一樣
的。還有，請別切過頭。

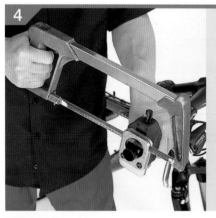

鋸子上場

裝好夾具後，接著就開始切除把手。假如
手邊沒有夾具，請用膠帶代替，標示出要
切除的部位。切除把手時務必慎重行事。

整理切口處

切除面如果不夠平整，摔車時可能會
導致受傷，所以進行此作業時，務必
將內緣跟外緣磨平。

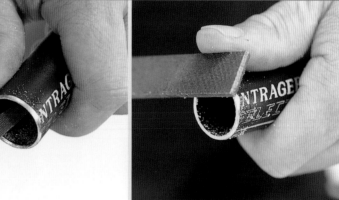

一次切一點有助找出最佳位置

如果把手的長度無法配合自己的騎乘姿
勢，難免會發生障礙物或是難以施力的情況，
所以務必將把手符合自己的習慣。高把的長度
大約剛好是一個人的肩膀寬度，不過由於每個
人的習慣都不盡相同，所以切勿大量切除把
手，建議一點一點慢慢的切比較有助於找出最
佳位置。

1 在騎著腳踏車的狀態決定切除量。建議以肩
膀寬度加一個拳頭寬的距離為標準。
2 測量切除量以及車握把的安裝空間，另外還
要加上煞車跟變速器的位置。
3 如果要切的直請務必配合夾具進行切除作
業，沒有的話請用膠帶代替，不過請小心行事。
4 鋸子鋸齒以垂直的方向與把手呈垂直狀態。
5 務必做好事後處理，以防意外的發生。
建議維修保養時全都檢查一遍。

MTB
MAINTENANCE

Chapter /
初級篇
handle &
headset

2

車頭碗的調整以及鬆動確認方法

煞車時前輪會有「咚、咚」的聲響，
建議這時進行車頭的調整作業。

Tool | 六角扳手

確認車頭碗的狀態

將把手轉到底，一邊操作前煞車，一邊前後晃動車身，手分別觸碰車頭碗的上部以及下部，感受會更明顯。

鬆開龍頭

若發現鬆動的現象，就要調整車頭碗。首先將固定龍頭跟轉向柱的螺絲鬆開。

調整固定螺絲

鬆開車頭碗時請將固定螺栓 (Anchor Bolt) 栓緊到完全不會鬆動為止，但要注意不能栓得太緊。

鎖緊龍頭

調整結束後，將固定螺絲多轉個1/8 ～ 1/4 圈，接著將龍頭側端的螺絲上緊。

確認把手的狀態

抬起車子後，將把手左右轉動，看看作動是否順暢。

激烈騎乘時的檢查

煞車時如果感到車頭有鬆動的現象，首先要檢查的就是車頭碗的周邊區域。狀況嚴重時，就要更換整組車頭碗零件，所以騎乘前後都要進行檢查。

1 前後出現鬆動的狀況時，有時也有可能是其他地方，務必伸手碰觸、感覺各個部位，確實找出有問題的地方。

2 龍頭要是沒有完全鬆開，不管將螺絲旋得再緊也沒辦法調整。

3 固定螺栓鎖太緊的話會對操控性有不好的影響，建議反覆進行1、3、4步驟，一點一點地調整。

4 如果感覺卡卡的，有可能是因為螺絲鎖得太緊，或是培林的耗損所引起。

5 在最後一個步驟將固定螺栓再鎖緊一點，可對零件施加壓力，可有效防止零件鬆脫。

MTB
MAINTENANCE

Chapter /
初級篇
handle &
headset

2

LOCK-ON 和 STD
握把的更換方式

握把是跟人體最直接接觸的零件之一，
建議換成適合自己且握起來舒適的款式。

Tool 六角扳手、一字起子、零件清潔劑、黏著劑

Maintenance location

更換 STD 握把

使用零件清潔劑

拉起握把，插入一字起子，再噴入零件清潔劑，就能輕易取下握把。

零件清潔劑乾掉之前卸下握把

像按摩一樣揉捏握把，讓零件清潔劑均勻分布在握把中的各部位。然後轉動握把，一口氣將握把拔出。另一手抓住龍頭會比較好使力。

安裝握把

在握把的開口處塗上一圈黏著劑，讓黏著劑均勻分布在握把內側，再以轉動的方式，將握把裝到把手上。

LOCK-ON 握把的安裝

鎖緊螺絲時務必小心

只要將 LOCK-ON 握把末端的螺絲鬆開，就能簡單拆卸。不過由於螺絲尺寸偏小，記得不要鎖得太緊。

別忘了底端的蓋子

握把安裝到把手上之後，只要蓋上蓋子就大功告成。不僅能防止摔車時泥巴侵入，還能防止意外。

請親自找尋適合自己的商品

　　由於握把種類繁多，從緩衝力強的到講究直接的騎乘感的偏硬款式都有。建議以手的大小以及個人偏好的使用感進行選購。更換握把的作業不難，建議多嘗試各款握把之間的差異，以找出最適合自己的一款。
下 1 六角螺絲溝槽很容易外露，安裝時最好注意一下方向，避免摔車時泥巴淤積。

下 2 有不少外蓋都是用鋁合金的改裝品，算是值得改裝的物品。
上 1 如果不打算重覆使用，不妨直接以美工刀切開，更容易拆除。上 2 握把難以拔除時，可再多噴一點零件清潔劑
上 3 安裝時將握把一口氣筆直地推入，在黏合劑乾掉前，對好把手要安裝的位置和 LOGO 的方向。

MTB
MAINTENANCE

Chapter /
初級篇
saddle &
pedal set up
2

安裝坐墊並調整
前後位置、水平角度

正確的騎乘姿勢取決於坐墊的設定。
以下就來看看坐墊的前後位置和角度的調整方法。

Tool | 六角扳手

雙螺絲款

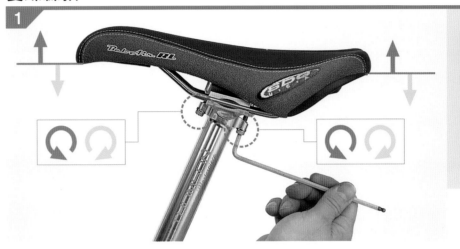

**可進行微調的
雙螺絲坐墊**

鬆開坐墊前後的兩根固定螺絲就
可進行坐墊前後位置的微調整。
決定坐墊的前後位置後，一邊鎖
上螺絲，一邊決定坐墊的角度。
不過鎖上螺絲時先鎖其中一邊，
就會出現往前或後傾斜而無法達
到水平的現象，所以鎖緊坐墊固
定螺絲的動作要前後交互進行。

單螺絲款

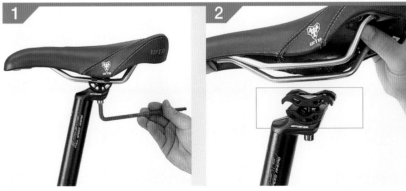

調整簡單的單螺絲版本

由於構造簡單，所以只靠一根螺絲就能
完成拆裝跟設定的動作，不過相反地，
角度的微調整就要花點時間適應。

拆卸單螺絲坐墊的秘訣

拆卸坐墊時不必將螺絲整個取下，只要鬆開之後將
坐墊固定座迴轉 90 度就行了，這樣做就不必怕拆下
來的螺絲或其他零件不見，也方便作業。

—— Column ——

單臂式的I-BEAM坐墊
僅需一根螺絲就可調整

由 SDG 廠所設計的 I-BEAM 坐墊採
用自成一格的坐墊支架。只需要一
把六角扳手就能輕鬆進行坐墊的拆
裝、角度以及前後位置的調整作業，
不管在維修保養還是設定方面都很
簡單，還很輕盈。

鬆開固定座，調整坐墊角度

　　鬆開連結坐墊與座管的固定座，只要稍微
施力就能輕易調整坐墊角度。坐墊基本要與地
面呈水平，不過像 DH 車、越野飛跳車 (Dirt
Jump) 以及 4X 車前方稍微偏高，目的在於煞
車或是作動作時比較不會卡到臀部。
　　上 1　決定前後位置後，將坐墊鎖到動不了為
止。盡量一邊用均等的力道鎖螺絲，並且一邊

進行角度的微調，最後再一鼓作氣鎖緊。
　　下 1　對初學者來說使用單螺絲的坐墊比較容
易入門，只要稍微固定一下螺絲，就能調整坐
墊的前後位置以及角度，等到調到最佳位置再
確實把螺絲鎖緊即可。坐墊鎖緊後如果發現角
度偏掉，就要重新作業。
　　下 2　一邊壓住下面的螺絲，一邊將手指放在
支架之間，抓住坐墊固定座上方的零件，迴轉
90 度就能輕易拆下坐墊。

MTB
MAINTENANCE

Chapter /

初級篇

saddle &
pedal set up

2

安裝與拆卸踏板的注意事項

要將MTB裝進攜車袋或汽車時，都要拆下踏板，
請注意右腳踏板是正向螺絲，左腳踏板則是逆向螺絲。

Tool ┃ 踏板專用扳手、六角扳手、潤滑油

┃ **Maintenance location**

使用踏板扳手拆除踏板的方法

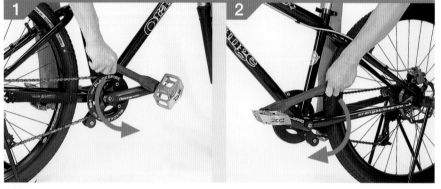

曲柄軸側 (右側) 是正向螺絲

將踏板扳手置於曲柄和踏板之間，另一手輕輕
固定住另一邊的曲柄，不要讓它亂動，以逆時
針方向轉動扳手即可拆下右側踏板。

注意左側踏板是逆向螺絲

由於左側通常使用逆向螺絲，也就是需朝順時針
方向轉動扳手，必須特別小心。若轉錯方向導致
踏板鎖得太緊，很有可能拆不下來。

安裝時的注意點

確認左右腳踏

幾乎所有腳踏的螺絲軸根部都會R、
L 的標示，所以安裝時要確認一下。
這個是騎士跨上車時的標示。

使用六角扳手拆卸踏板的方法

無法使用腳踏板扳手的情況下

無法使用專用扳手的踏板，就用六角
扳手處理。作業務必要確實。

注意迴轉的方向

由於得從曲柄的內側進行作業，所以
很容易將螺絲的方向搞混，務必確認
清楚之後再進行作業。

螺絲要塗上潤滑油

安裝時，在踏板的螺絲部位塗上適量
的潤滑油，可有效防止騎乘時出現怪
聲的狀況。

確實分清楚踏板的左右

踏板有分左右，為了避免在踩踏的過程
中，不小心導致踏板鬆開，所以通常會將鏈條
的相反側 (即左腳) 踏板採用逆向螺絲。拆卸
時要是搞錯方向可能會反而鎖得更緊而拆不下
來；安裝時如果搞錯還硬裝，還會弄壞曲柄軸。
此外安裝前還要在螺絲上塗上潤滑油，另外安
裝時一開始先用手轉螺絲，接著再用工具將螺

絲上緊。
上 1 首先確認螺絲的轉向，左右螺絲的上緊
方向其實都跟輪胎的轉動方向相同。
上 2 設定好工具後，另一手稍微抓住另一邊
的曲柄軸，固定住，找出容易施力的角度。
下 1 有些踏板上設計有不需專用扳手也能以
六角扳手拆卸的溝槽。
下 2 上半身越過上管，比較容易出力。

Chapter 2 /
saddle & pedal set up
／ 初級篇

Chapter 1
Chapter 3
Chapter 4

正確的打氣方式

正確的胎壓是最有效也最簡單的調整作業，
騎乘前務必檢查、調整至適宜的胎壓。

Tool ┃ 打氣筒、攜帶式打氣筒

STEP 1 // 一般打氣筒的使用方法

Bontrager
打氣筒

採用鋼材打氣柱，
可讓空氣充份送入
輪胎。此外，氣嘴
採用可同時對應美
式及法式規格的最
新設計。

還附有可隨意調整
刻度的胎壓計，將
刻度設定在平常使
用的胎壓，做為調
整的基準值，使用
上相當便利。

法式氣嘴要先重新設定一次

法式氣嘴要先將尖端鬆開，由於有時
內部會有點卡卡的，建議先壓一下再
進行作業。

將打氣嘴確實插好

接著請將打氣筒的氣嘴確實插在輪圈
氣嘴上，接著扳起氣嘴上的固定桿，
將之固定。

打氣時請用體重加壓

打氣時別用手腕出力，用體重加壓的
方式，就能用少量的力氣獲得極高的
效率。

STEP 2 // 攜帶式打氣筒的使用方法1

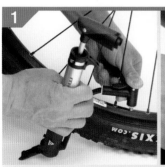

將打氣向的氣嘴固定於輪圈的氣嘴上

將打氣嘴確實插在輪圈氣嘴上，扳起固定桿，固定桿具有
固定位置的功能，不必擔心氣嘴跑掉。

用掌心進行加壓

先用腳踩住打氣筒讓它固定住，接著
用大拇指根部的掌心進行打氣的任
務，氣嘴接近地面比較容易作業。

Topeak
迷你打氣筒

外型雖小，但是操作方式跟一
般打氣筒相同，非常便於使用。

將氣嘴頭筆直地鬆開

鬆開打氣嘴時，可用左右手大拇指，
將打氣嘴頭從氣嘴上直直地推出來。

胎壓檢測是MTB最重要的檢查項目

　　藉由設定不同胎壓，可讓騎乘感整個截然不同，想讓騎乘變得更愉快，建議對胎壓採取吹毛求疵的態度，最好是每次騎車前都進行檢查，並針對不同的騎乘目的隨時調整。打氣筒大致分成大型打氣筒以及輕便的攜帶式打氣筒兩種，近年來打氣筒的設計越來越好，打氣作業也越來越容易，雖然性能上差異不大，不過第一次購買的人，還是建議選購構造簡單又能確實打氣的大型打氣筒，而攜帶型還是在戶外騎乘時使用就好了。

STEP1-1　法式氣嘴要壓一下才能打氣，美式氣嘴則是直接固定於輪圈氣嘴上就可以。

STEP1-3　打氣時最重要的就是用體重來加壓，重點不是以手腕出力，而是保持膝蓋彎曲，這麼一來就能以最少的力氣，獲得最大的效率。

STEP1-5　胎壓高，可減少輪胎轉動時的阻力，但相對地輪胎抓地力就會變差，胎壓低則是恰好相反。由於騎士的體重有時會稍稍往前或是往後，所以建議適當的胎壓要依體重調整，比例約 20 ～ 30%，當然還視實際騎乘過的感受調整。假如有不清楚的地方可請教專業車店的意見。

Maintenance location

小心呵護氣嘴頭

以水平角度拆卸氣嘴，斜斜的拆會造成氣嘴前端破損，請務必小心。

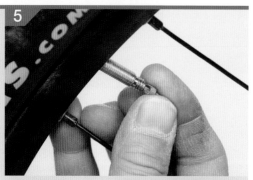

確認完胎壓後就將氣嘴鎖好

最後確認胎壓是否正確，正確的話就將氣嘴前端的螺絲，以順時針的方向鎖緊。

想正確設定胎壓，就少不了胎壓計。只要用左手食指壓住這個按鈕就能進行減壓。

━ **Column** ━

胎壓的設定

胎壓請遵照輪胎側面所標示的建議值進行設定。幾乎所有的輪胎都是設定在 250 ～ 450Kpa 之間，雖然可調整幅度很大，不過 Off Road 之類路面盡量不要設低於 250Kpa，柏油路面別超過 450Kpa。依照騎乘條件調整胎壓為基本原則。

250-450 Kpa
2.5-4.5 BAR
35-65 PSI

攜帶式打氣筒的使用方法2

以氣管連接打氣筒與氣嘴

這款打氣筒的打氣嘴是從打氣筒本體拉出來的，用螺絲與輪圈氣嘴固定，可同時對應美式跟法式氣嘴規格。

Lezyne
攜帶式打氣筒

外型小巧輕便，卻擁有最大 120PSI 加壓能力的高性能打氣筒，便於攜帶也是魅力之一。

將打氣筒本體連結到氣管上

用氣管將步驟 1 的氣嘴跟打氣筒本體結合，可有效防止空氣洩出。

一隻手固定一隻手打氣

將左手肘貼緊側腹部固定住，用右手打氣。

━ **Column** ━

MTB的氣嘴規格分有美式跟法式兩種

假如愛車使用的是夾式煞車，一定要將前後煞車夾器鬆開，不然無法拆卸輪組。首先按住左右的煞車臂，拉起煞車線，讓 L 型導線固定裝置鬆脫，才能將輪組拆下。假如是懸臂式煞車的話，就移動沒有螺絲那一側，將之取下。

法式規格　　　美式規格

美式氣嘴要是不小心被泥土塞住，就無法打氣，所以一定要蓋上保護蓋。法式氣嘴雖然不會塞住，但是為了防止破損，還是蓋上保護蓋比較好。

MTB
MAINTENANCE

Chapter /
初級篇

air
suspension

2

避震器
空氣壓的調法

藉由調整空氣避震器的空氣壓，
可大幅改變騎乘感。

Tool 避震器用打氣筒

Maintenance location

後避震器的加壓

將專用打氣筒安裝在避震器的氣嘴上

首先將避震器的氣嘴外蓋拆下，將避震器專
用的打氣筒深深插入，最後加壓到指定的空
氣壓後停止。

**打完氣後
拆下打氣筒**

完工後就可以小心
地將打氣筒拆下，
不過要注意的是，
拆卸時若不慎壓到
氣嘴，會使空氣外
洩，請務必小心。

前叉的加壓

請確認正確的空氣壓

先依照自身的體重以及騎
乘方式，參考說明書找出
正確的空氣壓。

搞清楚氣嘴的位置以及功能

徹底了解各種氣嘴的位置與功能，
有些氣嘴會被保護蓋遮起來，請務
必檢查仔細。

配合體重設定避震器的空氣壓的

假如空氣壓設定不正確，空氣式避震器便無法完全
發揮效能，適切的空氣壓在說明書以及避震器上都
有記載，所以調整前一定要詳讀。

騎士的體重	正向彈簧	避震器的初期下沉量 (Sag)	
		XC	Racing
～55kg	70～80psi	70～80psi	40～60psi
55～65kg	80～100psi	80～100psi	60～80psi
65～73kg	100～120psi	100～120psi	80～100psi
73～82kg	120～140psi	120～140psi	100～120psi
82kg～	140～160psi	140～160psi	120～140psi

以 ROCKSHOX ／ SID WORLD CUP 為例

空氣式避震器的調整範圍很廣

空氣式避震器用空氣來代替傳統彈簧，不
僅重量輕、調整也很容易。雖然空氣壓的管理
稍嫌麻煩了點，但是可滿足各種體重的騎士這
點，其實相當不錯。不過閒置一段時間之後，
會出現漏氣的現象，所以就算是一般市區騎乘

也建議一個月要檢查一次，如果是長途行程則
一定要在出發前進行檢查。

上1 按著打氣筒的按鈕才可以開始加壓，務
必要遵守建議的設定值

上2 拔開打氣筒後雖然會有一點漏氣的聲
音，但其實那是打氣管中的加壓空氣跑掉的聲
音，所以不需要擔心。

下1 假如前叉沒有標示建議值，就參考說
明書，看看適合自己體重的胎壓是多少。

下2 如果有好幾個氣嘴，例行維修時每一
個都要檢查到。

Chapter / 3

中級篇

換胎 &
煞車維修

學會換輪胎、保養碟煞、
甚至還會調整前後變速裝置，
就足以證明你已經是位真真正正的 MTB 騎士了。
這項作業挑戰性高，學會技術就能更上一層樓，
若能自己動手，成就感更是無與倫比。

更換無內胎式輪胎／修理無內胎式輪胎漏氣／修理傳統輪胎漏氣
更換碟煞來令片／更換煞車碟盤／碟煞排氣法(適用於 Shimano 品牌)
碟煞排氣法(適用於 Hayes 品牌)／機械式碟煞的維修保養／V型煞車的安裝與調整
懸臂式煞車的安裝與調整／煞車內線末端的焊接處理／煞車線的走線／煞車線的更換
變速線更換／更換鏈條／安裝與調整前變速裝置／調整後變速裝置

無內胎式輪胎的拆卸和安裝

騎車的人一定要學會自己換胎,以下介紹的無內胎式輪胎的更換技巧,
跟傳統輪胎差不多。學會之後就能自己應用在各種輪胎上了。

Tool | --

STEP 1 // 拆卸無內胎式輪胎

1

先將輪胎自輪圈咬合處推開

將輪胎放氣後先將其中一邊胎壁,自輪圈咬
合處推回輪圈中央的凹槽,注意另一邊暫時
維持原狀即可,否則作業難度會變高。

2

將胎壁推往一邊

從已推開的這邊,將輪胎拆下。用左手拉住
輪胎並往上施力,右手將輪胎一點一點地推
向另一邊。

5

運用體重一口氣將胎壁推出來

把輪胎拆到至少不會再彈回輪圈的地
步之後,就可以放手,改變身體姿勢
從上方以體重加壓,繼續將輪胎拆下
來。像上圖那樣只以指尖抓住輪胎是
錯誤示範。拆輪胎時要以手掌、尤其
是大拇指的根部施力。

6

將手指滑進輪框跟胎壁之間

將輪胎自輪圈中鬆開 1/3 左右之後,就可以
把手指伸入縫隙之間輕輕滑動,這麼一來單
邊的輪胎就能完全自輪圈中脫離。

作業重點就是將輪圈和輪胎分開

　　拆卸輪胎作業的重點就是將輪圈和輪胎這兩個同心圓分開。無內胎式輪胎只要將單邊胎壁推至輪圈中央的凹槽，就能跟輪圈分離。

STEP 1-1　假如不小心將兩側胎壁都推回中央凹槽，建議幫輪胎打氣讓胎壁鼓起，再將單邊胎壁推至中央，會比同時拆兩邊還要節省時間。

STEP 1-2～4　拉起胎壁的手（圖片中為左手），要時常保持將輪胎往上拉的動作。反覆進行2～3的動作是很重要的關鍵，假如這裡的作業夠謹慎，

就不太需要挖胎棒的輔助。幾乎所有輪胎都可以以這個方式，徒手拆下。只有使用鋼材胎壁輪胎的DH車，因質地較硬，所以是例外。

STEP 1-4～5　需要很多力氣時，以手掌尤其是大拇指根部確實壓住輪胎，就很容易施力，而且還不會滑手，相當安全。

STEP 1-6　到了這一步驟幾乎可說是完工了，拆除單邊胎壁的作業比較辛苦。

STEP 1-7　將留在輪圈溝中的另一邊胎壁也拆卸下來。

在輪圈跟胎壁間做出一點空隙

請仔細觀察圖中的左手。將胎壁稍微推開後，輪圈跟輪胎之間就會產生空隙，這樣比較容易將輪胎拆下來。

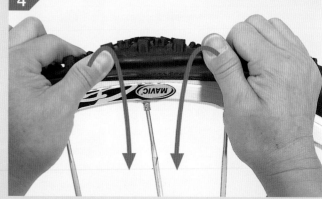

將輪胎從輪圈中拉出來

左手繼續抓住輪胎，確保胎壁跟輪圈間的空隙，接著用雙手將輪胎從輪圈中拉出來。

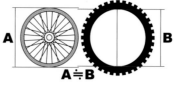

拆開相反側的胎壁

將另一邊還卡在輪圈咬合處裡的胎壁往內壓。將體重集中至手掌上就能輕易將胎壁拆下。如果使用的是有內胎的傳統輪胎，就得先將內胎拆下，才能進行以上作業。

■ Column ■

輕鬆拆胎的要訣
就是先將輪圈和輪胎分開

　　不論是無內胎還是有內胎的輪胎，拆裝手法基本上是一樣的。本書中沒有特別提到的有內胎輪胎，也是將胎壁往輪圈中央推擠之後，就能簡單拆下，另外再應用上述之步驟2～5的技巧，相信能讓拆胎作業變得更加容易。

A　　　　　B

A≒B

輪圈跟輪胎（胎壁）的直徑幾乎是相同的（嚴格來講輪胎的直徑比較小）。換句話說就是藉由分開兩個同心圓的方式，簡化拆胎作業。有內胎的輪胎的情況下，將兩側胎壁往中央推擠下去是拆胎的秘訣。

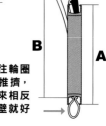

B

A

將胎壁往輪圈的中央推擠，這麼一來相反側的胎壁就好拆了

無內胎式輪胎的
拆卸和安裝

Tool | 打氣筒、噴霧瓶、
可調整鬆緊的緊縮帶

☐ 將胎壁往輪圈中央推
☐
☐　　安裝無內胎式輪胎的困難點就在於將胎壁擠
☐ 進輪圈內側。由於胎壁實在太硬，所以有不少人
☐ 習慣委託車店處理或是以挖胎棒輔助。不過使用
☐ 挖胎棒很可能傷到胎壁，所以不只本書、連原廠
☐ 也不建議這樣做。
☐　　安裝輪胎跟拆卸時一樣，重點就在於重複

STEP 2 // 安裝無內胎式輪胎

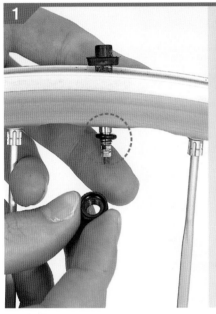

1

2

噴上稀釋過的洗潔劑

將稍微會起泡的中性洗潔劑稀釋後裝入市
售噴霧瓶中，均勻噴灑在輪圈跟輪胎的胎
壁部份，這樣不僅能讓輪胎容易安裝，也
可同時檢查輪胎有無漏氣現象。

3

確認氣嘴上的 O 環

安裝輪胎前務必確認氣嘴上的 O 環是
否有破裂的情形，另外還要將氣嘴螺
絲鎖好。

從氣嘴側開始安裝輪胎

確認輪胎的方向後，從氣嘴側開始安
裝，輪胎上印的 logo 如果能符合前後
方向，外觀就會很好看。

━ Column ━

Outer Seal 輪胎如果漏氣
從外側進行修理即可

Outer Seal 型輪胎如果漏氣，跟一
般輪胎一樣在內部貼上補胎片即
可。不過 Inner Seal 型輪胎則需用
到特殊填充物或接著劑。假如是暫
時性的緊急處理，也可以使用布面
膠帶代替。

Panaracer 的補胎
商品使用方法，
以專用針頭將細
橡膠條插入輪胎
中，再用接著劑
將之固定。

Hutchinson 加入纖
維的特殊補胎
劑。補胎劑尖端
可塞入破洞中，
使用相當便利。

6

將胎壁往輪圈中央擠壓

當兩側胎壁都嵌入後，用手輕輕擠壓胎壁，將
胎壁擠往中央。假如沒有做防漏氣措施就會像
右圖一樣胎壁無法向上膨起。檢查輪圈內部的
氣嘴頭有沒有確實位於輪胎內，如果沒裝好，
怎麼打氣都打不到輪胎裡，這點請特別注意。

Step2-4 的動作，也就是讓輪胎跟輪圈回復為同心圓的狀態。

Step2-3 照片中有一邊的胎壁已嵌入輪圈中，由於這段動作並不難，所以省略說明。

Step2-4 先跳過還在裝的胎壁，將已嵌好的胎壁用大拇指扭進輪圈的上方。這個動作完成後，左手拉住輪胎的所產生的間隙會更大。

Step2-6 無內胎輪胎用的輪圈的中央凹槽呈四角形而且深度很深，由於凹槽的兩側為胎壁的支柱可防止空氣的洩出，不過有時空氣也會從胎壁處漏出。

Step2-7 如果一開始漏氣狀況嚴重，可用能調整鬆緊的緊縮帶綁住輪胎，提高輪圈和胎壁之間的密合度。如果有送氣量大的打氣筒最好。假如輪胎跟輪圈配合得好，就算用攜帶式的打氣筒也沒問題。

4

將胎壁擠進輪圈
接著單手握住輪胎（圖中為左手），將還沒有嵌進去的胎壁往上拉，再用另一隻手將輪胎往塞進輪圈中央。

5

用雙手將胎壁壓入
重複進行步驟 4，並且用單手（圖中為左手）拉出間隙。最後用雙手抓著胎壁，並將胎壁壓入輪圈中。

Column

無內胎式輪胎有 2 種構造

腳踏車用的無內胎式輪胎跟汽車和機車的大致相同，不過又分「inner seal」和「outer seal」兩種，前者在輪胎內壁覆有一層丁基橡膠 (Butyl Tire)；後者則使用複合式橡膠並將之延伸至胎壁部位。整體來說，inner seal 型的比較好用。

Outer Seal 型 　　 Inner Seal 型

◎一般來說，重量較輕　◎空氣保持性高
△空氣保持性較差　　　◎胎塊脫落空氣也不
△漏氣時較難處理　　　　會洩掉
×胎塊一掉，空氣就　　◎漏氣時好修理
　會跑掉　　　　　　　△重量偏重

7

加壓到 4 個氣壓就行了
通常空氣打入到 4 個氣壓的程度就行了，假如到 5 個氣壓可能會對胎壁跟輪胎有不好的影響。當胎壁的空氣洩出且輪胎漲不起來的時候，請用緊縮帶將輪胎捲起來，就能提升輪圈跟胎壁的密合度，空氣也比較好打進去。

8

×

○

確認胎壁是否有膨起來
打氣後原本扁扁的胎壁（如上圖），會因為發出聲音，並漸漸地膨脹起來（如下圖）。

無內胎式輪胎
漏氣時的補救對策

無內胎式輪胎漏氣或是破胎時,會造成車子完全無法動的嚴重問題。
不過,只要注入無內胎式輪胎專用的密封劑,就能有效防止漏氣。
建議使用無內胎式輪胎的車主,最好都做好這樣的預防措施。

Tool STAN'S 輪胎密封劑、打氣筒

Maintenance location

**STAN' S TIRE
SEALANT
輪胎密封劑**

無內胎式輪胎的救星。
只要塗在輪胎內部,就
能產生一層保護膜,有
效防止漏氣。

1

先將輪胎洩氣

使用前必須先將輪胎拆卸下來,首先
將輪胎洩氣。

2

**將左右胎壁從輪圈
咬合處鬆開**

將整條輪胎的左右胎壁
從輪圈咬合處完全鬆
開,再從輪圈上拆下一
小段,做為密封劑的注
入口。

3

使用前先搖勻

使用前將密封劑搖個1
～2分鐘後再使用。接
著將密封劑塗抹在步驟
2 拆下輪胎的注入口。

4

將輪胎恢復原狀

將注入密封劑的部份置於正上方,將
輪胎恢復原狀,慢慢地轉動輪胎,讓
密封劑流遍輪胎內部。

5

打入空氣就算大功告成

將輪胎安裝到上輪圈上打入空氣,接
著再次轉動輪胎,讓密封劑確實遍佈
於輪胎內部即可。

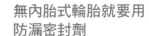

無內胎式輪胎就要用
防漏密封劑

　　不管組裝得多麼仔細,也使用無內
胎專用的輪圈和輪胎,但還是會發生一個
禮拜之後空氣就漏光,或明明前後輪都使
用同牌產品,卻只有前輪會漏氣等狀況。
這並不是零件品質不好,而是輪圈跟輪胎
安裝上的密合度問題,這時候無內胎式輪

胎專用的防漏密封劑就可以派上用場。
　　近年來有很多廠商都推出多款防漏密
封劑,本書使用的是 Dr. 永井所推薦的
STAN' S TIRE SEALANT,不論是一般
的漏氣狀況,或是輪圈跟輪胎 (胎壁) 間
密合不足所產生的漏氣問題都能解決。只
要不是輪胎嚴重破損,也可以減緩無內胎
式輪胎的破胎漏氣。防範於未然,預先塗
在輪胎上可說百利而無一害。

3 防漏密封劑的注入量,應依輪胎的空氣
容量進行調整。一般來說,越粗的輪胎,
注入的劑量就越多。
5 注入防漏密封劑後,請轉動輪胎,讓密
封劑能夠遍佈輪胎各角落,轉動時間約5
～ 10 分鐘即可。進行林道騎乘時,建議
在出門前使用。

3

傳統輪胎的
漏氣修理

林道騎乘中，破胎可說是家常便飯
所以騎車的人一定要學會處理破胎。
剛開始也許會花點時間，一定要確實學會修理技巧。

Tool 挖胎棒、打氣筒、補胎工具組

Maintenance location

STEP 1 // 拆卸內胎

將空氣完全釋放
打開氣嘴後，擠壓輪胎，讓輪胎內部
的空氣徹底排出。如果是美式氣嘴，
就要一邊擠壓氣嘴的中央部位才能順
利排氣。

讓胎壁脫離輪圈
利用雙手的大拇指指腹擠壓輪圈旁的
胎壁，好像要將胎壁擠至輪圈中央般
的感覺，讓胎壁脫離輪圈。

將整條輪胎的胎壁鬆開
重複進行步驟2，將整條輪胎的胎壁
從輪圈上鬆開，兩側胎壁都要進行一
樣的作業。

將胎壁集中於一點
先用右手抓住胎壁，一點一點將胎壁
推向左邊，這麼一來左邊的胎壁就會
鬆脫。

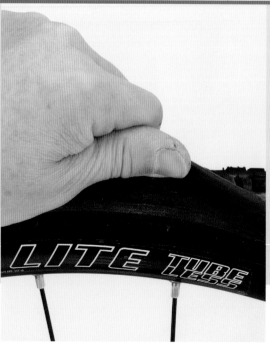

以左手固定、右手抓住胎
壁，訣竅跟拆卸無內胎式輪
胎時一樣。

將胎壁拉起
將步驟4中集中於一點的胎壁用雙手
拉起，拉著胎壁越過輪圈。

傳統輪胎的漏氣修理

Tool │ 挖胎棒、打氣筒、補胎工具組

☐ 學會不用挖胎棒拆、裝輪胎
☐
☐ 　　近年來雖然無內胎式輪胎的市佔率越來越
☐ 高，但是憑藉著漏氣時簡單的修理以及可靠耐用
☐ 的優勢，再加上可選購的種類繁多，還是有不少
☐ 死忠的騎士選擇有內胎的輪胎。
☐ STEP 1-1 拆卸方式跟無內胎式輪胎一樣，以不仰
☐ 賴挖胎棒為原則。假如能夠用手解決的話，不但

STEP 1 // 拆卸內胎

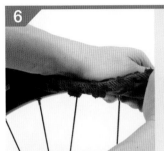

用掌腹擠壓輪胎
用手掌壓住在步驟 5 中已經脫離輪圈的胎壁，這麼一來胎壁會更進一步自輪圈。

**左手維持不動
以右手擠壓**

將步驟 6 中用來壓住輪胎的左手維持不動，用右手抓住胎面將輪胎往下壓，輪胎就會慢慢脫離輪圈。

接下來的作業就很簡單
進行到步驟 7，將胎壁的 1/3 自輪圈上鬆開之後的動作就很簡單。之後只需要用少量的力氣就能將輪胎。

用指腹將胎壁拆離輪圈
將指尖伸入輪胎中，輕輕滑動，就能讓胎壁脫離，以這種方式將單邊胎壁完全自輪圈鬆脫。

STEP 2 // 使用挖胎棒

先插入第一支挖胎棒
用左手將輪胎往下壓，在空隙中趕快插入第一支挖胎棒。

**第二支的位置
盡量接近第一支**
插入第二支挖胎棒的位置，盡量接近第一支，大約是胎壁跟輪圈開始連接之處即可。

切勿插得太深入
挖胎棒插入後，讓裡面的內胎完全洩氣，建議讓前端稍微插入就行了。

**安裝輪胎時
將挖胎棒固定在輪圈上**
照片為使用挖胎棒安裝輪胎的作業，拆卸時以胎壁為前端，安裝時則將挖胎棒固定於輪圈上。

能減少隨身攜帶的工具，一樣的技巧還能應用在無內胎式輪胎上，所以最好要學會。
STEP 1-9　手伸入胎壁內滑動時，小心不要讓胎壁割到手，作業時務必謹慎小心。
STEP 1-11　內胎拆下後，請仔細確認輪胎內部是否殘留有玻璃片或是尖刺類的東西，如果沒有清理乾淨，剛換好的內胎很快會再破掉。
STEP 2-2　使用挖胎棒時，第二支挖胎棒的插入位置最好盡量靠近第一支。想說插得遠一點，可以一口氣蹺起一大段，並沒有想像中容易，反而會花上更多時間。另外第一支挖胎棒建議使用圖中可鉤住輻條的款式，可以提升作業的效率。
STEP 3-1　假如破損的部位在氣嘴周邊，就算貼上補胎貼布，效果也不大。不如放棄修理直接換條新內胎比較好。

最後從氣嘴上將內胎拆下
整條內胎都拆開後，最後將內胎自氣嘴上拆下來。作業時左手將輪胎往下壓，露出與氣嘴相連的部份之後，用右手將內胎從氣嘴上拉出來。

拆下內胎
內胎的拆卸位置起點從氣嘴的相反側開始，首先將手指伸入輪胎內，然後將內胎拉出來。

Column

當出現「蛇咬」時
請更換全新內胎

胎壓太低時，內胎很容易被路面突起跟輪圈夾住而導致破胎，這種狀況會造成兩個小洞，類似毒蛇的咬痕，所以被稱之為「蛇咬」(Snake Bite)。

由於蛇咬會造成兩個破洞，很難以同一枚貼布修補，除了出門在外不得已的狀況之外，建議儘快更換新的內胎。

STEP 3 ∥ **修理、安裝內胎1　先將破洞變得平整**

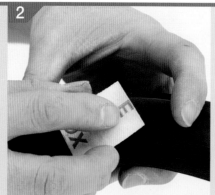

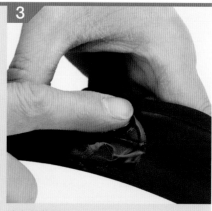

稍後將破損處磨平
依照補胎貼布的大小，將破洞附近磨平，盡量減少補胎之後跟正常胎面的高度差。

找出破洞處
將空氣打入內胎後，用敏感的指腹找尋細小的漏氣處。找到後先塞住破洞，接著再看看還有沒有其他地方也會漏氣。

塗上黏著劑
將磨平破損處時產生的碎屑清除乾淨，薄薄塗上一層黏著劑，要等到乾了之後再將貼片貼上。乾燥時間夏天約1〜2分鐘，冬天約2〜3分鐘。

Chapter 1

Chapter 2

Chapter 3 / tire

中級篇

Chapter 4

傳統輪胎的
漏氣修理

Tool 挖胎棒、打氣筒、補胎工具組

☐
☐
☐
☐
☐
☐
☐

最好能了解內胎修理法

　　破胎的內胎其實補一下就可以再使用，不過現在全新的內胎大多相當便宜，情況容許的話，破胎時直接更換全新內胎，再將破損的內胎修理好，就能當做外出騎乘的備用內胎。

STEP 3-5　先塗一層黏著劑，在貼上貼片前都別去

STEP 3 // 修理、安裝內胎

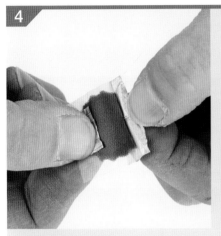

小心撕下貼片的背紙

切勿一口氣整張撕下，如圖所示只撕下一部份，手就不必碰觸到貼片的黏膠。

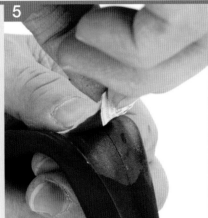

將補胎貼片貼在破洞處

補胎貼片的中央與對準破洞處後貼上。還沒打開的背紙暫時先別撕下。

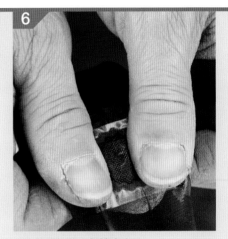

從中間開始將空氣擠出來

從補胎貼片的中央開始用手指往左右擠壓，將空氣擠出。確認好沒有氣泡之後就可以將背紙完全取下。

安裝時注意不要扭到內胎

將內胎裝回輪胎內時，千萬不要扭轉到內胎，否則容易造成破胎。安裝時一邊注意內胎有沒有扭到，一邊將內胎裝回去。

從氣嘴處開始安裝輪胎

把輪胎裝回輪圈時，也要從氣嘴處開始安裝，胎壁要確實塞入輪圈內側。

將胎壁慢慢地擠入

一手壓住氣嘴部份的胎壁，一點一點將胎壁塞入輪圈中，裝得差不多後，就可以用雙手進行作業。

觸碰,否則會減弱補胎貼片的固定力。
STEP 3-11 拆裝傳統輪胎的內胎時,氣嘴部位相
當關鍵,拆胎時要從氣嘴位置的另一邊開始作業,
安裝時則要從氣嘴的位置開始。
STEP 3-15 XC以及林道車用輪胎多採用柔軟的
設計,所以也比較容易用手進行拆裝的作業,但
像胎壁以及胎面兩側較為堅固的下坡車用胎,就

不太可能徒手進行,這時請用挖胎棒。
STEP 3-16 安裝時,胎壁定要確實裝入輪圈內,
但有時氣嘴部位會因橡膠層太厚,而難以安裝。
這時只要將氣嘴往裡面壓入,胎壁就能簡單裝入。
此外也請確認氣嘴跟輪圈是否呈現垂直狀態。如
果氣嘴不正,很有可能從根部斷掉。

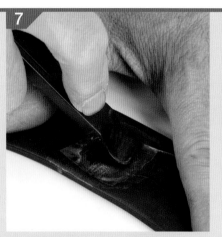

將貼片確實壓緊

利用挖胎棒的平把處,用力擠壓補胎
貼片,讓內胎與補胎貼片更加密實。

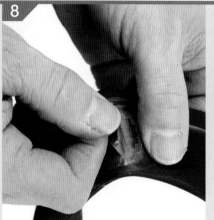

最後取下貼片上的保護膠

補胎貼片確實緊貼於內胎上之後,就
可以將貼片表面的保護膠片撕下,並
且確認是否有空氣洩出。

安裝內胎時先從氣嘴開始

接著就把修補好的內胎安裝回去。先
找到輪圈上的氣嘴和內胎上的氣嘴
孔,將內胎裝到氣嘴上。

最後用雙手的拇指作業

最後一步請用雙手拇指將胎壁往上壓
入輪圈,假如步驟13做得確實,這
步驟就很輕鬆。

真的裝不進去的話

根據輪圈與胎壁種類不同,如果徒手
實在難以安裝的話,就用挖胎棒輔助
作業。

安裝輪胎

將輪胎裝入後,胎壁跟輪圈間的空隙
就會變窄,這時一邊抓住胎壁,一邊
安裝,作業會比較容易進行。

檢查氣嘴部位

由於氣嘴部份的內胎比較
厚,所以會比較難安裝。這
時不妨將氣嘴壓進去,安裝
應該會變得比較容易。

更換碟煞來令片
以及清洗卡鉗

到了該更換煞車來令片時，通常煞車卡鉗也已經髒不溜丟了，
建議更換煞車來令片時，順便連煞車卡鉗本體以及卡鉗活塞一同洗乾淨。

Tool 一字起子、花鼓專用扳手、老虎鉗、卡鉗活塞擋片、牙刷(以兒童牙刷稍微加工)、中性洗潔劑

STEP 1 // 更換煞車來令片

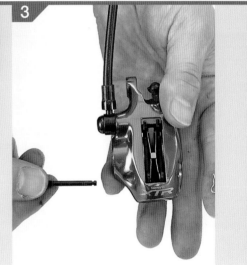

打開油箱的蓋子

將卡鉗活塞推回去前請先將油箱外蓋
打開，此時可能會有煞車油漏出來。

將卡鉗活塞推回去

使用工具將卡鉗活塞推回去。一般都
是用螺絲起子，不過用前緣平整的花
鼓專用扳手更好。

取下來令片插銷

使用一字起將來令片插銷取下。有些
廠商不是用這種柱狀插銷，而是用分
柱式插銷，則需動用老虎鉗處理。

STEP 2 // 清洗煞車卡鉗

請用中性洗潔劑清洗

以牙刷前端沾取稀釋過的中性清潔
劑，接著用牙刷清洗煞車卡鉗內部或
是煞車活塞。請注意有些中性洗潔劑
會傷害油封。

確認卡鉗活塞的髒污狀況

隨著長時間的使用，煞車活塞一定會
沾染上污垢，污垢不但是影響煞車把
手回壓順暢度的元兇，更會影響煞車
的操控性。

千萬別讓煞車來令片碰到油

　　煞車來令片只要一沾到油脂，油脂就會深入煞車來令片的底層，儘管沒有磨損也不能用，需進行更換，所以切勿讓全新的煞車來令片碰到油脂。同樣地就算洗過手也不要徒手觸摸煞車來令片，而煞車碟盤也務必進行去除油脂的作業。

STEP 1-1　不用調整煞車油量也能夠更換煞車來令片。請注意將活塞押回去時，煞車油，可能會從煞車油封中漏出來。

STEP 1-2　工具上的油脂也一定要完全去除，尤其

是還要使用於煞車來令片時更要特別注意。前緣尖細的一字起子可以從斜向將煞車卡鉗活塞推回去。

STEP 1-6　鎖好油箱外蓋之後，就可以裝上新的煞車來令片。來令片的固定插銷若還要繼續使用，別忘了清潔乾淨，有助於維持良好的操控性。

STEP 2-2　請將兒童牙刷的刷毛稍微剪短一些，就可讓牙刷容易伸進卡鉗縫隙中。假如牙刷進不去活塞內部，請將毛巾剪短，並捲在卡鉗活塞上，就能用來擦拭、清潔活塞。

4

取下煞車來令片

將老舊的煞車來令片取下，以Shimano 為例，來令片在磨到約剩0.5mm 時，就應該更換。

5

放入擋片

接下來要重新設定卡鉗活塞的位置了。在這裡所用的擋片是專門用來重新設定活塞位置的，排氣時也會用到。

重新設定卡鉗活塞的位置

接著來回重複按壓煞車把手，直到覺得變緊為止。此外順便檢查油箱的油面，如有必要就把煞車油加足。

6

Hayes 牌卡鉗的清潔方法

1

斜斜地將煞車來令片取出

Hayes 牌的煞車卡鉗並不使用圓柱式或是分柱式插銷。只需推擠卡鉗中央的煞車來令片，就能將煞車來令片取出了。

2

請用鉤子將卡鉗活塞的凸起給塞回去

煞車來令片裏的插銷會勾住卡鉗活塞，所以當放入新的活塞時請用鉤子將卡鉗活塞給塞回去。

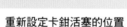

■ Column ■

一樣都叫「擋片」但形狀、功能各有不同

隨著機種不同，擋片的長相跟功能也是五花八門。除了可以預防拆下輪胎時，活塞飛出去的擋片之外（如Shimano、Hayes 的產品），也有可兼用於重新設定煞車卡鉗活塞位置以及活塞阻絕功能合一的擋片（如Magura）。

上面的紅色擋片為Shimano 的產品。下段為 Magura 可兼用於重新設定活塞位置的擋片產品。右邊是 Hayes 的產品。下段右邊的是 Shimano 製，可用於活塞位置重新設定之產品。

Chapter 1 本書篇

Chapter 2

Chapter 3 brake ／ 中級篇

Chapter 4

更換煞車碟盤

如果沒有很操車，其實煞車碟盤的使用壽命很長。
但是假如因為摔車，讓煞車碟盤變形，
就算當下有作緊急處置，還是建議儘快更換碟盤為上。

Tool 飛輪拆卸工具、活動扳手、T25 扭力扳手

中央鎖定式碟盤

確認碟盤走向

碟盤的外側一定會有碟盤走向的刻印，安裝前請確認碟盤的走向。

可使用飛輪專用拆卸工具

接著將碟盤插入花鼓側的溝槽。轉動固定碟盤的工具可使用飛輪專用拆卸工具。

注意活動扳手的施力方向

最後用活動扳手上緊，雖然是運用體重來出力，但是也別鎖得太緊。圖中的活動扳手為正確的施力方向。

國際六孔式碟盤

建議使用 T 字型扭力扳手

隨煞車套件附贈的小扭力扳手很容易讓螺絲滑牙。使用扳手頭較大的 T 型扳手會比較好施力，且不容易產生滑手或是讓螺絲滑牙的狀況。

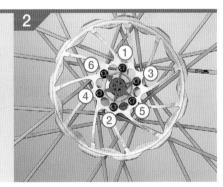

請以對角線的方式鎖上螺絲

跟其他零件一樣，鎖螺絲時的順序以對角線的位置為基準（如圖標示）。以這個方法鎖不但不容易鎖偏，螺絲也很難鬆開。

請注意碟盤的走向是否正確

先確認說明書上關於碟盤的更換時間。像是 Magura 的擋片上設計有溝槽，假如碟盤進入這個溝槽就表示該換了。

上 2 手持碟盤的時候，千萬不可以徒手直接碰觸煞車來令片，由於手上的油份很容易從碟盤轉移到煞車來令片上，這麼一來會降低煞車來令片的效能。建議安裝碟盤前務必用零件清潔劑徹底去除碟盤上的油脂。此外本頁使用的飛輪專用拆卸工具不能用在 Shimano 以及 Saint 的產品上。因為這兩家產品的花鼓溝槽口徑太大，需要特別的特別工具才能處理，可用手先轉一下。一開始就用需出力的工具的話，很容易不小心對螺絲造成傷害。

下 3 重複使用的螺絲上，建議塗抹 Loctite 的螺絲膠，以確保有確實鎖緊。

去除煞車系統裡的
空氣 (Shimano 篇)

接下來介紹Shimano碟煞煞車系統的排氣方式。
這項技巧也能應用在其他廠牌的碟煞煞車系統，一定要學起來喔！

Tool 煞車油洩油工具組、複合扳手、十字起子、煞車卡鉗活塞擋片、
膠鎚、六角扳手、橡皮筋

Maintenance location

① 煞車油箱外蓋
② 油封墊片
③ 煞車油箱 (煞車主缸)
④ 煞車油管
⑤ 煞車油管接頭
⑥ 扣環
⑦ 煞車來令片
⑧ 回彈彈簧
⑨ 卡鉗插銷
⑩ 油管螺絲
⑪ 煞車卡鉗
⑫ 煞車卡鉗活塞擋片
⑬ 卡鉗螺絲
⑭ 花鼓
⑮ 煞車碟盤
⑯ 固定環&固定環墊片

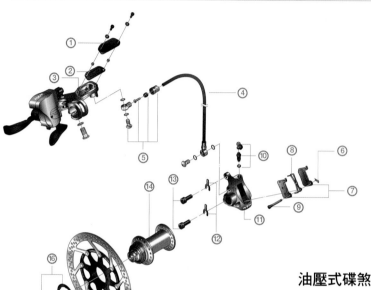

油壓式碟煞的構造

碟煞的構造以煞車油管連結煞車主缸
跟卡鉗之間，油管中填充著煞車油。
如果當中跑進空氣或是溫度太高造成
空氣膨脹，都會使煞車無法發揮效能。

STEP 1 // 安裝洩油工具組

煞車油箱保持水平
打開油箱外蓋之前，應先將煞車油箱
保持在水平位置，然後才開始補充煞
車油。

將車子固定好
首先用置車架將車子穩穩固定住。另
外將煞車碟盤跟來令片拆下，以免沾
到油污。

將油管接頭設定為垂直方向
為了讓煞車油容易洩出，請將煞車油
管的接頭設定成垂直方向。煞車來令
片拆下後記得放入擋片。

去除煞車系統裡的
空氣（Shimano篇）

Tool 洩油工具組、7mm複合扳手、十字起子、煞車卡
鉗活塞擋片（用來調整卡鉗活塞位置）、膠錘、六
角扳手、橡皮筋、礦物油

不常騎車也要每年更換煞車油

其實不能完全以使用的狀況來更換煞車油，
就算平常少騎車，煞車油也會逐漸劣化，所以建
議最少一年更換1～2次。如果常常參加比賽，
那當然更換週期就要縮短，也可以趁更換煞車來
令片的時候，順便更換煞車油。

STEP 2 // 排放空氣

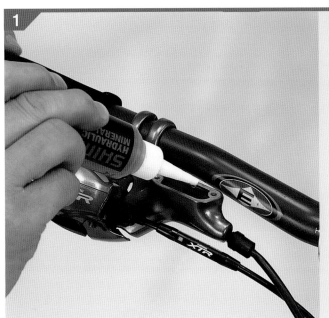

一般按著煞車拉桿、一邊注油

先將煞車油管螺絲鬆開約 1/8 圈後，
來回按壓煞車拉桿，同時注入煞車
油。

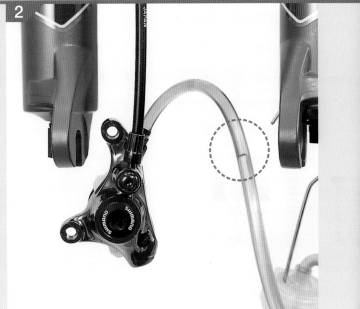

確認空氣跟煞車油的狀況

輸送煞車油時可藉由透明的煞車油管
觀察輸送狀況，不過觀察的同時也別
忘了繼續加入煞車油。

開始有手感的話就代表快好了

反覆進行步驟 2、3、4 的作業，按壓
煞車拉桿的手感如果逐漸變緊，就代
表快好了。用橡皮筋固定煞車拉桿。

稍微打開一下卡鉗洩油螺絲

煞車把手用橡皮筋固定好了，就將煞
車卡鉗螺絲稍微鬆開一下（約 0.5
秒），然後馬上關起來，這麼一來可
一口氣洩光卡鉗內部的空氣。

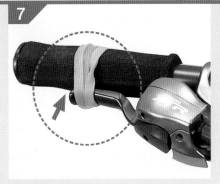

補滿剛剛放掉的油

接著繼續補充油量，煞車把手依舊保
持拉住的狀態。這項作業也可以找朋
友幫忙。

STEP 1-1　先將煞車油管螺絲鬆開約 1/8 圈後，就可以將煞車油排出。照片中所用的煞車油收集罐是改裝過、可提升作業效率的專用品。通常洩油工具組都有附有集油用的塑膠袋。
STEP 2-1　務必隨時保持煞車油全滿的狀態。
STEP 2-3　持續慢慢按壓煞車拉桿，隨著空氣的排出，按壓的手感會越來越緊。

STEP 2-6　殘留在煞車卡鉗內的空氣會隨著煞車油的快速流動從煞車油管螺絲跑出。
STEP 2-7　可以用托盤接住溢出來的煞車油，記住別將煞車主缸墊片弄反了，最後將螺絲平均鎖上。
STEP 3　要讓煞車卡鉗跟煞車碟盤呈平行，建議使用專用工具去磨一下卡鉗鎖點這項作業。固定卡鉗應該沒有問題，但還是建議交給車店處理。

空氣會從煞車主缸的流入孔跑出來

接著將煞車油箱螺絲上緊，持續按壓煞車把手，讓空氣從煞車主缸的洞中跑出來。

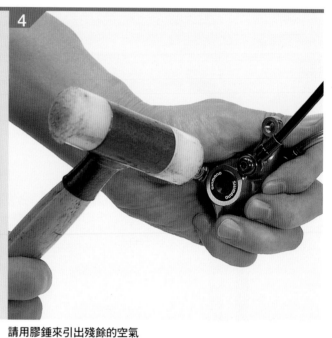

請用膠錘來引出殘餘的空氣

用膠錘輕輕敲打煞車卡鉗，或是用手指彈卡鉗的方式，讓卡鉗處的空氣向上移動。

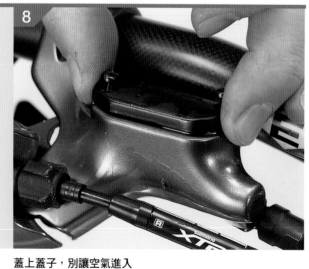

蓋上蓋子，別讓空氣進入

最後將煞車油箱的油加滿，蓋上煞車油箱缸外蓋，這時會有一些煞車油漏出來，用毛巾擦乾淨就可以了。

STEP 3 // 將煞車卡鉗置於中央

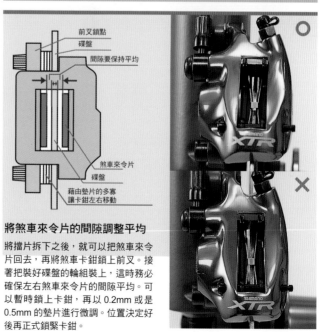

前叉鎖點
碟盤
間隙要保持平均
煞車來令片
碟盤
藉由墊片的多寡讓卡鉗左右移動

將煞車來令片的間隙調整平均

將擋片拆下之後，就可以把煞車來令片回去，再將煞車卡鉗鎖上前叉。接著把裝好碟盤的輪組裝上，這時務必確保左右煞車來令片的間隙平均。可以暫時鎖上卡鉗，再以 0.2mm 或是 0.5mm 的墊片進行微調。位置決定好後再正式鎖緊卡鉗。

去除煞車系統裡的
空氣 (Hayes篇)

接下來介紹可與Shimano分庭抗禮的Hayes碟煞空氣去除法。
雖然Hayes的碟煞構造跟一般的不太一樣,但是基本原理是相同的。

Tool 洩油工具組、複合扳手、煞車卡鉗活塞擋片、膠錘、六角扳手、專用煞車油

STEP 1 // 安裝洩油工具組

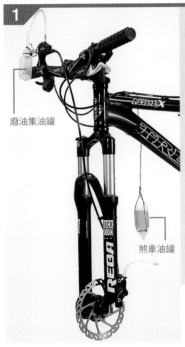

廢油集油罐

煞車油罐

上下各裝一個集油罐

Hayes的煞車系統會將煞車油從下往上輸送,所以作業時需要用到兩個集油罐。

將洩油管朝上設置

首先將與煞車油缸相連的洩油管,朝上設置在煞車系統最高的位置。

煞車油管接頭角度也要向上垂直

接著將卡鉗側的煞車油管接頭往上調整成與地面垂直的角度。煞車油管則用束帶固定好。

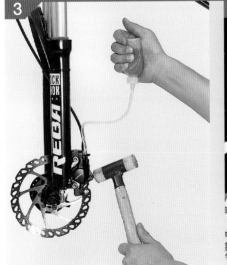

將空氣完全排光

擠入煞車油時,可以一邊用膠錘輕敲或是用手指去彈煞車油管,這樣有助排出空氣的排除。

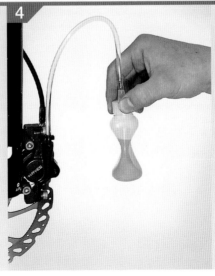

接著回到STEP 2-1,煞車油罐膨起來

當煞車油罐被壓扁後,就將煞車油管螺絲鎖緊。接著就是重複STEP 2-1～4,讓空氣完全排除。

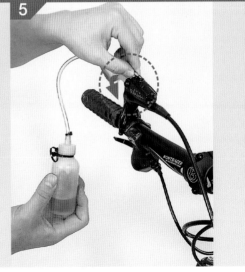

由斜下方拆卸油管,就不會弄髒車子

上緊煞車油管螺絲後,把煞車油缸側的導油管拆除,當導油管內的煞車油流進油罐時,再重新將管子插回去。

別忘了重新設定卡鉗活塞的位置

　　Hayes 的洩油方式跟 Shimano 完全相反，要從下方進行才能排除空氣。

STEP 1-1　圖中有用鐵絲將煞車油罐 (卡鉗側) 吊著，但實際作業時並沒有這個必要。

STEP 1-3　放開煞車油罐的時候務必鎖緊煞車油管螺絲，螺絲鎖緊的狀態下，就算移動煞車油罐也不會讓空氣跑進去。

STEP 2-2 ～ 3　一邊握著煞車把手，一邊確認空氣是否有進入。假如空氣沒有進入請找車店處理。

STEP 2-4　務必讓空氣進入煞車油罐，所以煞車油管螺絲一定要上緊。此外廢油收集罐所收集到的廢煞車油請勿重覆使用，可裝入專用的廢油收集袋內丟棄。

STEP 2-5　鬆開煞車油導油管時切勿往上拔，不然煞車油會撒得一地都是。一邊按壓著煞車拉桿，一邊將煞車油導遊管往斜下方鬆開就行了。

STEP 2-5 ～ 7　假如不做這些動作，煞車油會受到熱膨脹的影響導致煞車咬死。

STEP 2 // 排除空氣

藉由新舊煞車油的狀況，觀察空氣的流動

更換煞車油時，舊的煞車油跟新的煞車油間會有一段很大的空氣，更換煞車油時很容易能夠觀察到。

先將油管螺絲鬆開 1/4 圈

首先將油管螺絲鬆開 1/4 圈，接著擠壓煞車油管，將全新的 Hayes 原廠煞車油擠入。

重設卡鉗活塞的位置

拆下煞車油罐後，將附屬的煞車卡鉗活塞擋片放入，以進行煞車卡鉗活塞位置的重設作業。

煞車油不必加到滿

當煞車卡鉗活塞擋片放入時，卡鉗活塞的煞車油會跑出來，當剩餘的煞車油流進廢油集油罐時就算大功告成了。

Column

請用原廠建議的煞車油

Hayes 的煞車油是 DOT 規格，根據沸點的不同依照數字來分級。Shimano 的煞車油則是礦物油，兩者不可交互使用，用錯的話煞車油可能會產生侵蝕油封類零件的危險。雖說跟原廠規格相同的他廠產品還是能夠使用，但還是建議使用經過耐久測試的原廠建議煞車油。

Hayes 的 DOT 煞車油會侵蝕車身的塗裝。假如不小心沾上把手或是車架請盡快擦拭，或是用酒精、零件清潔劑等等去除油脂。

機械式碟煞的
維修保養

機械式碟煞包含了油壓式以及V型煞車兩種，
不過清潔作動的部份以及上油潤滑等維修保養作業，原則放諸四海皆準。

Tool 六角扳手、棉花棒、牙刷、中性洗潔劑、含鈦潤滑劑

STEP 1 // 煞車卡鉗、煞車來令片的清潔

分解煞車卡鉗

要清掃煞車卡鉗得先進行拆解的動作。首先用六角扳手鬆開螺絲，將煞車卡鉗分成兩半。

清潔煞車卡鉗的內部

拿棉花棒沾取消毒酒精，進行卡鉗內部和活塞的清潔作業，不一定要用酒精，乾擦也行。

煞車來令片用中性洗潔劑清洗

建議使用稀釋過的中性洗潔劑清洗煞車來令片，假如卡鉗髒污太過嚴重也能用一樣的中性洗潔劑清潔。

▬ Column ▬

卡鉗的固定方式成
「輻射式」跟「國際標準式」

煞車卡鉗的固定方式分成 Manitou 以及 Marzocchi 等等避震器廠商主要採用的「輻射式卡鉗座」(Post Mount) 以及廣為圭臬的「國際標準卡鉗座」(International Standard) 兩種。煞車時的力道能夠垂直傳達到前叉上，另外也較容易調整煞車卡鉗的位置都是輻射式卡鉗的優點。

「輻射式卡鉗座」(左圖)以及「國際標準卡鉗座」是市場上的兩大龍頭。Marzocchi 廠從 2006 年開始也逐漸發展輻射式卡鉗座。另外也有像右圖那種可用在國際標準卡鉗座上的輻射式卡鉗轉接座。

STEP 3 // 卡鉗位置置中

用轉盤調節來令片的位置

機械式碟煞位於內側的煞車來令片是無法移動的，所以得仰賴調整旋鈕來調整煞車碟盤跟煞車來令片的間隙。

定期清潔跟注油相當重要

　　由於機械式碟煞不需要煞車油，所以維修保養作業相當簡單。只需要六角扳手就可很快地分解煞車卡鉗。

　　不過咬合部就比較難拆了，而且就算拆得開來，回彈彈簧也很有可能裝不回去。建議咬合部位的維修保養交給車店處理會比較好。

　　煞車線也同樣會左右機械式碟煞的作動感覺，建議定期更換以及潤滑煞車線。

STEP 1-2 假如煞車卡鉗的作動開始變得不順暢，或是轉盤難以轉動的時候，就請拆開煞車卡鉗並且用中性洗潔劑清洗。機械式煞車卡鉗由於沒有油封這種東西，所以清潔起來相當簡單，不過成也油封敗也油封，沒有油封讓機械式煞車的卡鉗很容易藏污納垢，這方面就要多下點功夫了。

STEP 1-3 如果平常沒有清理煞車卡鉗的習慣，到了更換煞車來令片時，煞車卡鉗一定會很髒，建議更換來令片時一併將煞車卡鉗清潔乾淨。

STEP 2-1 本書中所用的潤滑油是 RESPO 出品的含鈦潤滑油。高黏度且低摩擦的優點，可讓煞車線作動起來更加順暢，讓煞車拉桿常保滑順。

STEP 2 // 更換、潤滑煞車線

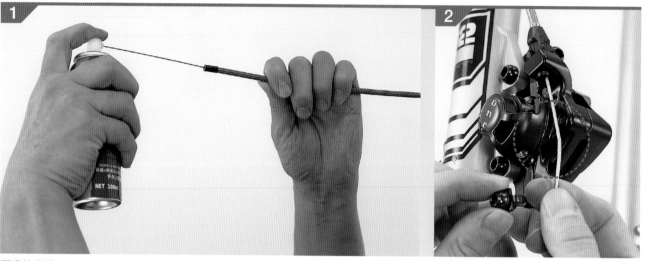

潤滑煞車線

潤滑時，記得要將潤滑油噴進煞車線外管的內側，內線則可以用手指沾取適量潤滑油之後，直接塗抹即可。

注意煞車線的固定位置

沿著推動卡鉗活塞的咬合溝將煞車線內線固定好。記住要將將煞車線調整器鎖好。

儘可能將轉盤側的煞車來令片靠近煞車碟盤

與轉盤位於同一側的煞車來令片是不能動的，儘可能讓來令片靠近煞車碟盤。這麼一來就能讓煞車時所產生的變形抑制在最小的限度。

V夾煞車的
安裝跟調整

V夾煞車多用於XC車或是廉價車款,是取代懸臂式煞車的主流煞車。
只要抓對要訣V夾煞車的煞車前束角度的(Toe-In)調整也會很簡單!

Tool │ 六角扳手、十字起子、鑽孔錐or老虎鉗、束帶、潤滑油

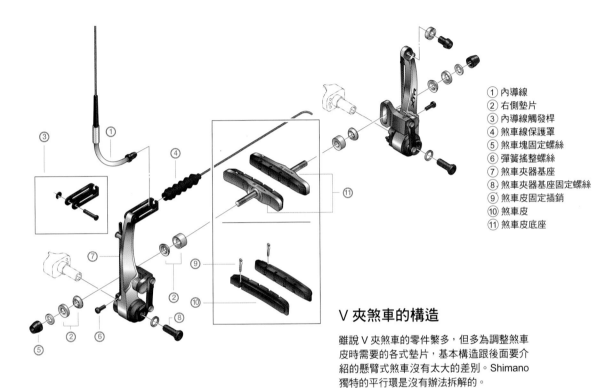

① 內導線
② 右側墊片
③ 內導線觸發桿
④ 煞車線保護罩
⑤ 煞車塊固定螺絲
⑥ 彈簧搖整螺絲
⑦ 煞車夾器基座
⑧ 煞車夾器基座固定螺絲
⑨ 煞車皮固定插銷
⑩ 煞車皮
⑪ 煞車皮底座

V夾煞車的構造

雖說V夾煞車的零件繁多,但多為調整煞車
皮時需要的各式墊片,基本構造跟後面要介
紹的懸臂式煞車沒有太大的差別。Shimano
獨特的平行環是沒有辦法拆解的。

STEP 2 // 安裝&調整

將煞車夾器基座固定於車架上

在煞車夾器基座塗上薄薄一層潤滑
油,安裝煞車夾器。如果有三個彈簧
固定孔,請選擇正中間那個。

將回彈彈簧拆下

在固定煞車線前,先將回彈彈簧拆
下,這樣比較容易調整煞車皮的位置
跟角度。

稍微固定內線

固定煞車線的內線時,要配合煞車拉桿
的拉動幅度,所以可以先稍微固定、試
拉看看,拉動幅度可以接受的話就行。

使用束帶輕鬆調整
煞車皮前束角度

　　V 夾煞車的安裝，難就難在調整煞車皮前束角的角度，其他的只要遵照說明書的指示，不管是安裝、還是調整都很簡單。接下來 Dr. 永井就要仔細為大家說明這項連初學者也能夠駕輕就熟的調整方法。

STEP 1-1 ～ 2　更換煞車皮前請先確認磨損的狀況，建議在煞車皮的安全指示溝消失前儘快更換。此外若有小石頭嵌進煞車皮或煞車皮的位置出現

吃單邊的情況，都有可能傷到輪圈，務必進行更換。STEP 2-3　固定煞車線內線時，首先將內線拉出來到可涵蓋內導線端到固定螺絲這一段範圍，長度大概要超過 39mm(保護罩也要包括進去)。假如作業困難的話，請藉由調整用來固定煞車皮的右側墊片厚度進行調節。

STEP 2-4 ～ 2-5　用細束帶可做出 1.0mm ～ 1.5mm 的角度偏薄的煞車皮前束角度，太粗的束帶由於彈性較強，會造成煞車皮的前束角角度過大。

| **Maintenance location**

STEP 1 // 更換煞車皮

拔起煞車皮的固定插銷

這個階段的作業可使用鑽孔錐或是老虎鉗來代勞，拔除時請注意別太用力，以免插銷彈出去。

將煞車皮從底座上拆除

接著滑動煞車皮，將之從從底座上拆除。更換新品的時候只需照著拆下來的順序裝回去就行了。

用束帶束緊煞車皮

要輕鬆抓出煞車皮前束角角度，就要用細一點的束帶來束緊煞車皮（標準煞車皮前束角角度為 1.0 ～ 1.5mm）。

決定煞車皮的角度跟位置

原則上煞車皮的上下位置是以靠近輪圈為中心（花鼓側）。先將輪胎拆下來後就能同時目視左右的煞車皮。

調整左右平衡

輪圈跟煞車皮的間隔左右總共約 2.0mm，依照這個數據將煞車線固定並且進行修正，藉由彈簧調整螺絲來調整左右的間隔。

安裝與調整
懸臂式煞車

V夾煞車在90年代中期問世之前的煞車主流即為懸臂式煞車。
由於制動力不輸V夾煞車、好用好上手和好維修的優勢
讓它依舊活躍於現今的自行車界。

Tool ┃ 六角扳手、十字起子、複合扳手

┃ **Maintenance location**

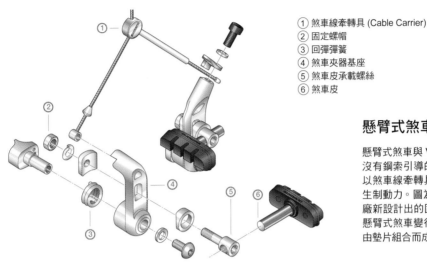

① 煞車線牽轉具 (Cable Carrier)
② 固定螺帽
③ 回彈彈簧
④ 煞車夾器基座
⑤ 煞車皮承載螺絲
⑥ 煞車皮

懸臂式煞車的構造

懸臂式煞車與V夾煞車的差異點在於
沒有鋼索引導的構造，取而代之的是
以煞車線牽轉具將煞車線往上拉以產
生制動力。圖為舊款設計，但是Avid
廠新設計出的固定式煞車皮底座，讓
懸臂式煞車變得跟V夾煞車一樣，都
由墊片組合而成。

STEP 1 // 安裝&調整

調整左右平衡

接著調整突出於左右煞車夾器基座根
部的螺絲之左右平衡。兩邊都要調
整。

將內線拉直

煞車線牽轉具中有個可讓內線筆直地
通過的溝，務必把內線拉直穿過。另
外左右的長度都要一樣。

固定煞車皮基座

將煞車皮基座固定於煞車夾器基座上
後，再用扳手將螺帽上緊。如圖所示
的構造，將會影響煞車皮的凸出量。

抓煞車皮的前束角

跟V煞一樣，標準的煞車皮前束角間
距同為1.0～1.5mm。用束帶就可輕
易抓出標準間距（請參考P89）。

注意煞車夾器基座
左右的平衡

STEP 1-1 務必保持線頭部份的筆直，同
時確認煞車線牽轉具的角度。此外務必讓
從煞車線牽轉具中延伸出來的左右煞車線
長度保持均等。

STEP 1-2 將左右煞車線長度設定均等
後，進行煞車夾器基座的角度，依角度調
節煞車皮的凸出量。近年來已經出現跟V
夾煞車以煞車皮底座的固定方式來固定的
懸臂式煞車款式。假如是這種款式，請用
墊片的數量來調節煞車皮的凸出量。

STEP 1-3 不光是要調節煞車皮的前束角

度，調整煞車皮對輪圈的上下位置也很重
要。煞車皮下緣對準從輪圈內側的線開始
算起高1mm的位置。此外從側面觀察，
依輪圈的彎曲程度調整煞車皮的角度。

STEP 1-4 利用螺絲來微調左右平衡。

煞車線內線
末端的焊接處理

假如很重視車輛外觀，就不能不進行煞車線煞車線末端的焊接處理。
焊接處理，不只讓外觀好看，還有助於維修保養作業。

Tool | 電焊器、烙鐵、零件清潔劑、鋼材專用焊接特殊溶劑

Maintenance location

先用零件清潔劑去除煞車線的油脂

首先用零件清潔劑去除煞車線的油脂，不先去除油脂的話，特殊溶劑很難附著在煞車線上。

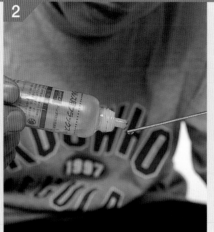

將焊接專用溶劑滴在煞車線上

接著將鋼材專用焊接特殊溶劑滴在煞車線上，讓它滲透進去。沒有這種溶劑，烙鐵是沒辦法滲透進煞車線的。

將烙鐵接在電焊器上

將電焊器加熱，將一小部份的烙鐵融化接於電焊器上。用太多烙鐵會糊成一團，所以要小心用量。

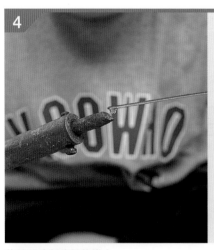

將特殊溶劑滴於烙鐵上

將沾有特殊溶劑的煞車線，前端輕輕接觸電焊器，重複碰觸個2～3次後，接合的狀況就會變好。

用電焊器前端輕輕摩擦煞車線

接著用電焊器前端輕輕摩擦煞車線，「輕輕磨擦」正是不讓烙鐵糊成一團的祕訣。

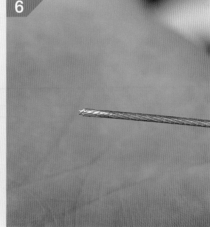

焊接後的煞車線不應變粗

如圖所示，約在煞車線前緣的5～6mm之間進行焊接即可，不過要小心作業，別讓煞車線焊接完之後變粗。

焊接處理可讓維修保養變得更輕鬆

一般收進線尾蓋中的煞車線，還是會有鬆脫的問題，相信大家應該都看過煞車線前端分岔的狀況，不僅有礙觀瞻，還很危險。焊接處理的好處，還有易於維修

的好處，只要將煞車線的內線燒成同樣粗細，就能收入外管內，如果煞車線還很新，也可以重複使用，相當符合經濟效益。
1 不先清除煞車線上的油脂，就算用了鋼材專用焊接特殊溶劑，溶劑也會從煞車線上流掉。
5 焊接時，用電焊器前端稍微滑過煞車線

即可，可避免烙鐵結塊。假如烙鐵已糊成一團，就趕快在還沒固定前，用幾條毛巾摺得厚厚的，將之擦拭掉，小心不要被燙到手。

調整煞車線
走線

變速拉桿跟變速裝置、煞車把手與煞車卡鉗等裝置，可說是MTB的生命線。
連結控制器和裝置的就是線材，如果能將線材順暢配置，就能讓騎乘更有效率。

Tool ┃ - -

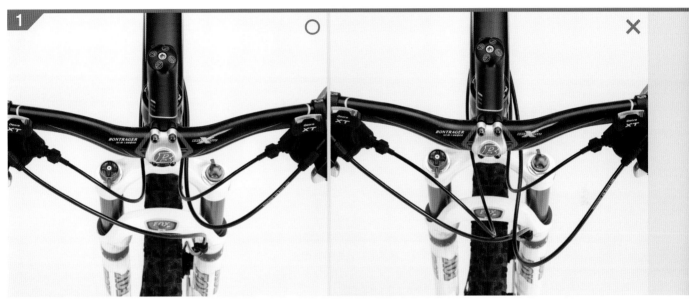

1 ○ ✕

最理想的配線是長度恰當

雖說偏短的線材可減少操作時的誤差，但線材並非越短越
好。能讓作動確實順暢，才是真正理想的操控狀態。

完成車的煞車線大都偏長

市售MTB完成車的線材大都偏長，這樣的設計不光在轉動車把時
會卡到別的線材，在林道中騎乘時也有可能勾到樹枝，造成意外。

5 ○ ✕ ✕

明顯過長

這樣的配線很有可能去勾到樹枝，摔
車時還有可能造成線材斷裂，踩踏
時，也可能妨礙到腳部動作。

過短則可能限制避震器的作動

由於避震器不只會壓縮還會回彈，要
是變速線過短，在避震器回彈時會造
成變速線緊繃，很有可能導致變速效
率不佳，對避震器也不好。

也要考慮到後避震器的作動狀況

對於前後都有懸吊系統的MTB來說，走線至後輪處時，就
要考慮到後避震器的作動狀況，不要讓線材影響到後避震
器的運作。跟前輪一樣，以走線順暢為原則進行設定即可。

走線至關重要

　　在更高規格的 MTB 維修保養作業中，連結變速拉桿、煞車裝置以及把手的線材可說相當重要。這個項目常常被輕視，認為只要會動就好了，但是這也是看出專家跟素人的關鍵。線的走向，會影響各個零件的操控性，是個不容輕易忽視的重要細節。

1　線材要是過長，在林道中很有可能勾到樹枝，或碰觸到腳而妨礙踩踏動作。而線材要是過短，轉動車把時則會造成線材的緊繃，也就是會去拉動到線材，而不小心自動變速。另外也可能限制到避震器的作動行程。

2～5　線材配置的關鍵在於確定線材的長度以及順暢的走向。在轉動把手或是避震器作動時，千萬不能讓線材造成干擾。找出不會產生操作上的干擾、又能夠保持最小限度的線材長度是最理想的設定。

6　各處線材都一定要確實安裝，並保持作動的順暢。

確認要縮減的線材長度

要確實設定線材長度，就要實際轉動把手，觀察各種線材的作動狀況。

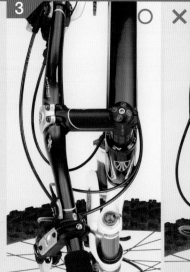

太長或太短都不好

右圖是太長的狀況，左圖則是適當長度，線材要是過短，也可能讓變速裝置在作動上產生錯誤，或影響懸吊器運作。

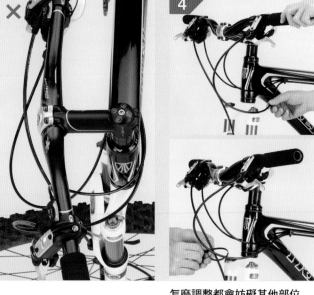

怎麼調整都會妨礙其他部位

就算長度適切，還是有卡到前叉頂蓋的危險。如下圖，利用束帶固定線材位置，就不會影響到其他部位。

沿著線材走向進行確認

先確認好線材的長度跟走向後，在將線材切短之前，務必讓線材沿著實際的配置路線仔細檢查一次，確定沒有問題之後，再將線材剪成需要的長度。

線材外管的周邊部位也很重要

內線有沒有確實收進外管也很重要。上圖是適切的設定，中圖則是太過彎曲，下圖則是長度不夠，導致外管緊繃。

■ Column ■

各種線材看似很像
其實內部構造大不同

　　煞車線跟變速線的內部構造完全不同。煞車線使用具有彈性的螺旋式線材，而變速線則是將多條細線捻成一束且難以伸縮。假如在變速裝置上使用了煞車用線材的話，會嚴重影響操控狀況，按裝時不可不慎！

變速裝置用外管

煞車線外管

將外層塑膠保護層去掉後變速線會漸漸地鬆開，隨著使用的時間增加，塑膠保護層也會逐漸劣化，建議定期更換變速線。

更換煞車線

煞車線所承受的壓力相當地龐大,
千萬不能有「騎起來沒有問題就不必換」的觀念,
為了安全,請務必定期更換煞車線!

Tool | 六角扳手、老虎鉗、潤滑油

對準煞車線溝槽

接著將位於煞車拉桿尾端和煞車線調
整器的溝槽轉到同一線上,這麼一來
煞車線就能取下來了。

先用六角扳手拆下煞車線

首先用六角扳手拆下固定煞車線的螺絲,然後把煞車線拆
下來,接著打開煞車夾器基座的回彈彈簧,以便後面的步
驟進行。

確認外管長度

趁著煞車線拆下來的機會,順便檢查
外管長度。為了讓走線流暢,務必仔
細確認好線材的最低限長度。

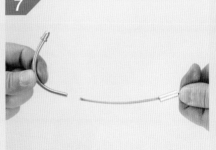

將煞車線插入導線器

將煞車線連結棒拆下,然後將煞車線穿
過導線器,直到碰到連結棒為止,這麼
一來內線就能順暢地進入導線器。

幫內側線上油

隱藏在外管內的內線,只要稍微塗上潤滑油就能擁有輕盈
的操控感。蓋子的部份也別忘了塗上少許潤滑油。至於煞
車線調整器請以順時針方式鎖緊。

確認煞車線的走向

將導線器設定於煞車夾器基座上,煞
車線通過後先暫時固定,確認外管長
度是否適當。有必要就再切一次。

　　建議一年至少要更換一次煞車線的外管跟內線，尤其是外管在一年後柔軟性會大幅下降，從換下來的舊外管彎曲的狀態，就能知道劣化狀況有多麼嚴重。

　　3 V 夾煞車的操控性會受到煞車線長度的影響。安裝煞車線時要讓煞車線從線座上延伸而出，並做出一個順暢的 R 字，並且以最短的長度連結至煞車夾器基座。

　　4 別想一口氣就將線裁斷，應該先用老虎鉗輕輕含住，轉一圈做出切痕之後，再將刀鋒深入切痕中，這樣就能將切斷面的不平整降到最低限度。

　　6 潤滑煞車線時，如果是 Shimano 的煞車線，請用原廠建議的標準型潤滑油。P50 介紹的矽質潤滑油雖然摩擦力小，但由於煞車比變速拉桿線的密閉性差，容易沾染水分跟沙塵之，所以建議還是採用防水性和持久性更好的標準型潤滑油。

　　10 切下來的煞車線前緣請依 P91 步驟，進行焊接處理，或是收進線尾套中。什麼處理都沒做，線材前緣很容易出現分岔，日後保養也會變得更麻煩。

切斷外管

老虎鉗夾住線後沿著線的外圍，稍微轉動一圈，就能一鼓作氣將線材切得很整齊。

整理線材切面

切斷線材後，通常切面都會有點散開。這時可用前端銳利的東西如鑽孔錐整理切面。

讓切口變得更整齊

下圖是以鑽孔錐整理過的切面，上圖則為剪斷之後未整理的樣子，這個狀態會產生阻力，影響操控。

切斷內線

完成煞車側的設定後，便將內線切短。長度足以收納進煞車夾器基座中即可。

加上線尾套固定

接著將煞車線線尾套，用老虎鉗固定於煞車線上。變速線跟煞車線的線尾套尺寸不同，作業時不要搞錯。

Column

V 夾煞車的煞車線走向相當關鍵

　　雖說煞車線是 V 夾煞車的中樞神經，但是安裝上最關鍵的地方則是煞車夾器基座上的導線器。將左煞車設定成前煞車的人問題不大，但是將右煞車設為前煞車的人就必須將線進行特別的加工。大概要將導線器彎成 135 度角，才能確保作動順暢。

Chapter 3 ／ 中級篇
wire

更換變速線

變速拉桿的操控如果不佳，變速拉裝置的反應不但也會變差，車子騎起來更是不舒服，
所以務必定期針對變速線上油，必要時還要更換新品，以維持車況。
變速裝置的調整也很重要，不過在那之前，更應做好。

Tool ┃ 六角扳手、老虎鉗、潤滑油、剪線鉗

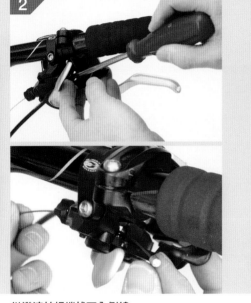

先將變速線拆下

首先用六角扳手將固定變速線的螺絲鬆開，接著拆下變速
線。另外安裝在外側承載器上 (Housing Stop) 的外管也要
一併拆下，注意只有外管需完全拆除。

從變速拉桿端拔下內側線

利用十字起子將變速拉桿根部的外殼
螺絲拆下，並且將內線拔出來，這樣
就完成拆除舊線的作業。

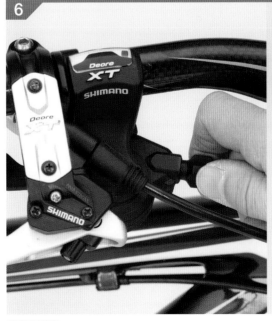

鎖緊調整器

在裝上全新變速線前，請將變速拉桿
根部的調整器轉到底歸零。

潤滑內線

以 P50 介紹的方法，在內線上塗上矽
質潤滑油。

線尾蓋也要上油

建議線尾蓋以及調整器也塗上潤滑
油，由於矽質潤滑油可形成保護膜，
能有效減少水分滲入。

切面的加工以及潤滑是重點

　　如果覺得變速不順，請先確認變速線的張力狀況，情況許可的話，請直接更換新的變速線。由於內線會被外管內側磨到，間隙會越來越大，這也是為什麼很難保持變速線正確張力之故。相信有不少人一開始會先懷疑變速裝置的設定值，但其實多半是變速線的張力出了問題，最好養成習慣，先檢查變速線。

3　安裝全新變速線時，先將內線插入是重點，將變速線前端稍微彎曲，裝起來更簡單。

4～5　變速線比煞車線還來得細，斷面也更接近圓形，因此操控起來較為輕快。用鑽孔錐將線斷面修整過後，可將內線在外管內來回順一下，以減少摩擦力。

9　變速裝置的線固定螺絲務必對準溝槽，此外齒盤的方向也不要弄錯。

10　上面的是煞車線用的線尾蓋，下面則是變速線用。煞車線用的尺寸較大，假如弄錯裝在變速線上很容易脫落，裝置時請仔細確認，不要搞錯。

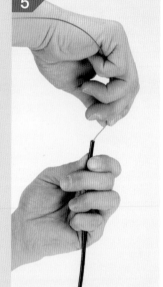

將全新外管切成適當長短

利用剪線鉗將全新的外管切斷，裁切時要一鼓作氣出力。之後再用鑽孔錐整理斷面。

插入全新的內線

換上全新的內線，將內線前緣約2cm處稍微彎曲，這樣內線才會比較容易安裝進去。

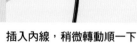

插入內線，稍微轉動順一下

要讓內線操控起來更順暢的話，那麼可在內線插入外管之後，畫圓般稍微轉動，順好線的方向。

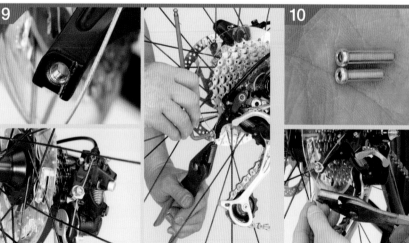

將線固定於溝槽中

將外管安裝於各處承載器後，再裝上內線。變速裝置的部份如同上圖一樣，一定要讓變速線裝置於規定的溝槽中。到了最高速齒輪時，請一邊拉著變速線，一邊固定。

裝上線尾蓋

從承載器多出來的線，留約三根手指頭寬的長度即可，其餘剪斷，然後再裝上線尾蓋就大功告成了。

Column

全管式的變速線請用束帶進行固定

如果整條變速線從變速拉桿到變速裝置都有外管覆蓋，就可以用束帶固定於適當位置。不容易固定的地方，可用兩條束帶補強。

先將一條束帶在車架上形成一個圈，然後用另一根束帶一邊固定，一邊穿過第一根束帶形成的圈中束緊補強。

Chapter 3 / 中級篇
wire

鏈條的更換

鏈條斷掉是騎乘時常會發生的狀況之一。
不過只要隨時備有工具以及插銷的話就能繼續愉快的旅程。
請注意更換鏈條時需要使用專用工具，千萬不要忘了隨身攜帶！

Tool | 鏈條長度測量計、截鏈器

確認鏈條有沒有伸長

有了鏈條長度計就能輕鬆確認鏈條有
沒有伸長。將長度測量計的右邊和中
間的凸起插進鏈條中，左邊的凸起還
可以插進鏈條，就表示鏈條該換了。

將插銷推出就是「剪下鏈條」

利用截鏈器將鏈節中的插銷推出來，
就能剪開鏈條。為避免拆鏈條的力道
過猛，請用大拇指跟食指抓住鏈條當
作支撐。

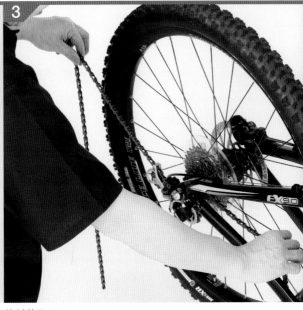

將鏈條取下

接著將變速裝置側的鏈條取下。為避
免鏈條傷到車架，請用一隻手穩住鏈
條，謹慎地將鏈條拆除下來。

讓鏈條筆直地通過導鏈器

接著讓鏈條沿著導鍊器中的導向輪筆直地
通過。左圖是鏈條從外側通過的錯誤示
範，這項作業顏容易出錯請務必注意。

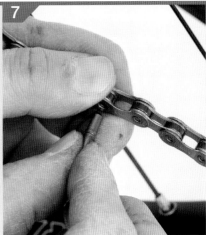

暫時固定連結用插銷

通常全新鏈條都會附贈全新的連結用
插銷。插入時請參考步驟5所示之位
置，暫時將之固定即可。

確認鏈條長度是否適宜

暫時固定住連結用插銷，壓住變速裝
置上的導向器，確認鏈條長度是否恰
當。

□　使用全新連結用插銷
□　確實連結鏈條

□　　　幾年前所販售的鏈條還是以滿佈著潤滑油的
□　狀態，交到消費者手上，但近年生產的鏈條，潤
□　滑油的塗佈量不但減少許多，而且也不會影響使
□　用。不過在騎乘過惡劣路況之後，還是得仔細洗
□　淨鏈條，並且以鏈條油潤滑之，稍微用點心，就
□　能讓鏈條長保使用壽命。
□　1　Shimano 的鏈條長度測量計雖然並非必要，但
　　是有的話，會更有利於確認鏈條的狀況。

2　剪鏈條時，要將飛輪和大盤都切換到最小齒比，
將鏈條鬆開到鏈條支柱的下側，再參照下圖的位
置將之連結起來即可。
5　決定新鏈條長度時，要多保留 2 個鏈環（即 1
個鏈節）的長度。剪斷鏈條以及連結的位置，請參
照圖說。
8　鏈條連結起來之後，再調整長度會很費工，所
以建議可以暫時固定插銷，檢查清楚。如上圖將
飛輪切到最大盤、大盤則設為最小，並且讓鏈條
與輪軸、導輪的上下軸呈現垂直的狀態，即為適
宜的長度。

設定全新鏈條的長度

將飛輪和大盤都調至最大齒數，找出全新鏈條的理想長度
和剪斷位置（此時鏈條尚未通過變速裝置）。多留 2 個鏈節
為最適當的長度。

順便清潔一下

趁著拆下鏈條的機會，順便將飛輪以
及變速裝置清潔一下。一點油垢都不
要留下來，仔細擦拭乾淨。

剪斷鏈條的位置是固定的

截斷鏈條的位置如下
圖所示，其中一個後
方的插銷是連結處，
就是外鏈環後側。

外鏈環
剪這裡　　　　　　內鏈環

連結用插銷　　連結插銷
鏈條的行進方向

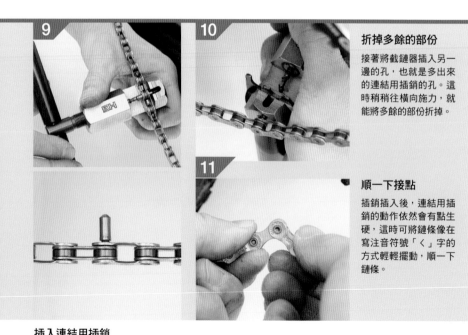

折掉多餘的部份

接著將截鏈器插入另一
邊的孔，也就是多出來
的連結用插銷的孔。這
時稍稍往橫向施力，就
能將多餘的部份折掉。

順一下接點

插銷插入後，連結用插
銷的動作依然會有點生
硬，這時可將鏈條像在
寫音音符號「く」字的
方式輕輕擺動，順一下
鏈條。

插入連結用插銷

截鏈器再度登場，不過這次的任務是將
插銷插入，到達規定位置時整個手感就
會變輕，下圖是有確實插入的狀態。

Column

**趁避震器完全壓縮時
決定鏈條長度**

大多數的全避震器車款，在避震
器作動的時候都會產生後輪軸
心伸長，造成鏈條緊繃的現象，
所以建議在避震器完全壓縮的
狀態下決定鏈條的長度。這項作
業要拆下避震器彈簧（或是降低
避震器的空氣壓）再進行。

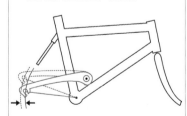

就算後變速裝置在可容忍的齒比狀
態，避震器作動時還是有可能產生
鏈條斷掉的狀況。

安裝與調整
前變速裝置

只要瞭解調整螺絲與導板的作用原理,前變速裝置的設定就不會覺得困難。
假如覺得變速裝置運作不佳,
拆下變速線內線,並從頭設定一次應該就能解決問題。

Tool | 六角扳手、一字起子、老虎鉗

前變速裝置的構造

圖為 XTR 的下擺式 (Down Swing) 前變速裝置。導板刻意從橫向壓著鏈條讓車子進行變速的設計。固定變速線內線,對應從上方迴轉的「上路」以及從 BB 軸迴轉的「下路」。

① 把手接頭
② 調整螺絲以及螺絲座
③ 固定螺絲
④ 固定扣環
⑤ 連結片
⑥ 導板
⑦ 變速線固定板以及固定螺絲

取 1～3mm 間隔

由於導板和齒牙之間的距離最窄,雖然距離越短反應越好,但是卻很容易造成緊繃,所以建議保留約 1～3mm 的空間。

請將調整螺絲視為「限制動作」的螺絲

這兩顆螺絲可以決定鏈條導板的可動區域。藉由螺絲轉出的多少來限制鏈條導板的作動。

調整外側齒盤

將前變速器設到最大盤,後變速器設為最小,以調整外側齒盤的導板位置。以調整螺絲將鏈條與導板外側的間隙調整至 0～0.5mm 的範圍內,將外側齒盤的重作限制在此範圍內,這正是調整螺絲的作用。

整個作業分成4大步驟就很簡單

前變速裝置的安裝以及調整的重點為：①導板的高度、②導板以及鏈條平行與否、③調整內側齒盤與外側齒盤的導板的可動區域、④調整變速線張力，調整鏈條和導板間的間隙。整個作業只要區分為上述4大步驟，就能有條理地依序進行。

1 建議齒牙以及導板下端的保留約 1～2mm 的距離，不過如果坐管的後傾角度較大，則建議保留約 3mm。

3 重疊區的調整範圍：導板的內側跟鏈條調到呈現平行狀態為止。

4 隨著變速裝置的不同，L 側 (LOW) 跟 H 側 (HIGH) 調整螺絲的設置位置有時會有相反的情況。調整螺絲的作用正是用來限制變速裝置的動作範圍，建立起這個觀念比較容易理解其功能。

5～6 調整導板的可動範圍。

7 調整導板與鏈條間的間隙。

8～12 再次調整變速線的張力。這項作業可以減少使用位於拉桿根部的調整鈕，並讓變速反應維持在最佳狀態。

2

確認重疊區

照片中圈出來的範圍指的是鏈條與導板重疊的部份，這個部份稱為鏈條導板重疊區 (Overlap Zone)

3

重疊區要保持平行

從上方俯瞰，重疊區的導板內側以及鏈條應該固定於平行位置。

6

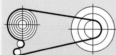

調整內側齒盤

接著將前變速器設為最小盤、後變速器設為最大盤，以調整內側齒盤的導板位置。一樣以調整螺絲將鏈條與導板內側之間的間隙調整至 0～0.5mm 的範圍內，將內側齒盤的動作限制在這個範圍內。

7

調整中心齒盤的調整範圍

將前變速器切到中心齒盤，後變速器則設為最大盤，藉由位於變速拉桿根部的變速線張力調節鈕，將鏈條和導板內側間的間隙調整在 0～0.5mm 的範圍內。調到稍微有點摩擦，出現啪啦啦啦的聲音就代表成功了。

安裝與調整
前變速裝置

Tool | 六角扳手、一字起子、老虎鉗

將調整鈕的使用機率降到最最低

將前變速器設為最小盤、後變速器設為最大盤，以下為 Dr. 永井流的變速線固定術，可減少調整鈕的使用機率。

轉緊旋鈕

旋鈕要是太鬆，不但會影響手感，摔車時也很容易折斷。

將 Low 螺絲轉緊 1/2 圈

將 L 側、即 Low 向的調整螺絲轉緊 1/2 圈，由於只轉半圈，所以很容易就能回復到原始設定。

拉緊變速線內線

鬆開內線的固定螺絲，然後再馬上固定，用老虎鉗將內線完全鎖緊。

將 L 側螺絲鬆開 1/2 圈

接著將 L 側的調整螺絲鬆開 1/2 圈，如此一來便回到最佳的位置。必要時可以變速拉桿上的調整鈕進行微調。

Column

前變速裝置共有三種

MTB 的前變速裝置共有三種，主要差異在固定方式。上面兩個根據連結片的動作，使用不同固定方式，較優秀的是上搖臂 (Top Swing) 的款式，不僅變速時反應快，花費力氣也較少。

下搖臂式 (Down Swing)

這種形式的前變速裝置，已經慢慢退出 MTB 市場，但在公路車市場仍處主流地位。

上搖臂式 (Top Swing)

變速時反應優異，不過要是沒有保護罩，會很容易堆積淤泥。

上搖臂式 E 型 (Top Swing E Type)

這種形式的前變速裝置，並非利用固定扣環進行固定，而是跟 BB 軸一同安裝。

調整後變速裝置

後變速裝置必須要耐得住頻繁的變速動作，
調整作業雖然麻煩，但只要抓到訣竅，
作業也可以進行得相當順暢。

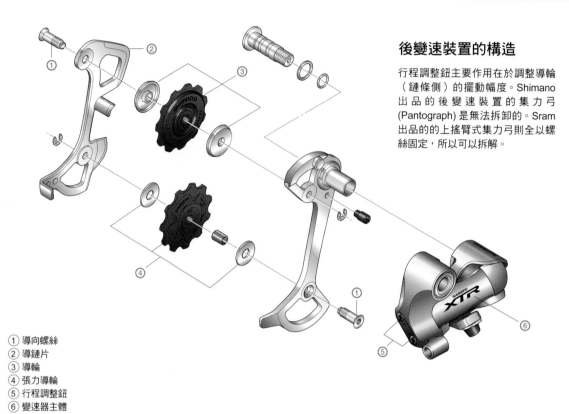

後變速裝置的構造

行程調整鈕主要作用在於調整導輪
（鏈條側）的擺動幅度。Shimano
出品的後變速裝置的集力弓
(Pantograph) 是無法拆卸的。Sram
出品的的上搖臂式集力弓則全以螺
絲固定，所以可以拆解。

① 導向螺絲
② 導鏈片
③ 導輪
④ 張力導輪
⑤ 行程調整鈕
⑥ 變速器主體

安裝於後掛耳

圖中為一般的後變速裝置，也就是
採安裝於後變掛耳上的後變速裝
置，可廣泛使用於多種 MTB 車款
中。長度包括短款共有三種。

中腿型
Total capacity 33T

採用前方兩枚齒輪的設計，是最
適 合 All Mountain ～ Free Ride
車系的導鏈片設計。離地距離跟
變速性能的平衡性很不錯。

長腿型
Total capacity 45T

一般 MTB 最常採用的款式。長腿
可吸收大量的齒輪差。像用得到
44/32/33T x 11-34T 這種齒輪比較
大的 XC 車就很需要這種變速器。

安裝於花鼓軸

市場上只有 Shomano、Saint、Hone 三廠採用安裝
於花鼓軸的後變設計。這種款式主要用於 DH 車款
跟 Free Ride 車款上。優點在於就算變速裝置受到
極大衝擊，也能有效降低因後變掛耳變形而導致車
子不能騎的機率。

短腿型
Total capacity 29T

常用於前方單枚齒輪的 DH 車
款。可以 Shimono 的專用花
鼓軸直接固定後變速裝置，
所以很耐用。Mavic Dee Max
的產品如果換過輪軸，也能相
同通用。

調整後變速器裝置

Tool | 六角扳手、一字起子、老虎鉗

☐ **前半段不要裝鏈條效率比較高**
☐
☐ 　　在後變速裝置的前半段調整作業中,先不要
☐ 裝上鏈條不僅目測容易,作業效率也比較好。沒
☐ 有鏈條,大部份的作業也都可以照常進行。
☐ STEP 1～2 行程調整鈕的作用主要為限制變速
☐ 裝置的可動範圍,所以跟前變速裝置一樣,可將

STEP 1 // 可動範圍的調整

調整最小齒輪的可動範圍

首先決定變速裝置的可動範圍。這時鏈條尚未拉緊,而變
速線的內線也還沒固定,這樣的狀態比較容易調整。最小
齒輪側要調整至導輪的齒尖跟最小齒輪的「外側」呈現一
直線的狀態,用調整鈕進行調整即可。

調整最大齒輪的可動範圍

將導輪的齒尖以及最大齒輪的中心調整至呈現一直線的狀
態,一樣藉由調整旋鈕來完成。行程調整旋鈕 (Low 側跟
High 側),跟前變速裝置的調整螺絲作用一樣,用來限制變
速裝置的可動範圍。

導輪的齒做為基準點，用來調整小大齒盤的位置。STEP 2-3～4 前置量的調整，請利用變速拉桿側的調整旋鈕，以調整變速線的鬆緊狀態。Shimano 的 Low Normal 變速裝置已經廢掉了調整旋鈕，但是 Top Normal 還保留有這樣的設計。變速裝置側的調整旋鈕比變速拉桿側的旋鈕更容易損壞，所以儘可能減少使用這個裝置的機會。

STEP 2-5 調整完可動範圍跟間隙後，終於可讓鏈條拉緊並進行收尾的作業了。變速的確認，中盤跟外盤的每一檔變速都要測試到，至於內盤則從大檔開始至少測試 5 檔左右。由於前後變速裝置皆設為最小齒盤的組合，平常幾乎用不到，所以只要確實做好變速的動作，就算出現一點雜音也沒有問題。

STEP 2 // 前置量的調整(變速拉桿跟變速裝置同步)

固定變速線

不要左右搖動變速裝置，開始固定變速線，這時不要拉緊鏈條。由於變速線的固定位置很容易搞錯，所以最好沿著溝槽，進行固定的作業。

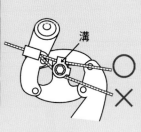

儘量拉緊變速線

壓住變速拉桿的降檔側，然後用左手用力儘量將變速線拉緊，不這樣作的話，騎一陣子變速線會馬上鬆掉，設定很快就會變得亂七八糟。

前置量的調整

抓好變速線的鬆緊度之後，再次將變速線固定好，接著再用調整旋鈕調整前置量。

微調前置量

一邊檢查鏈條跟齒盤的摩擦音，一邊微調鏈條和齒盤的間隙。這時不要去操縱變速拉桿，如果聽到細微聲音，就將調整旋鈕轉緊即可（順時針方向），然後再放鬆 90～180 度（逆時針方向）。這個方法是 Low-Noraml 的調整方法，Top-Normal 的調整方向跟 Low-Normal 完全相反的，務必注意。

注意變速裝置的種類

左邊圖是近年成為主流的 Low-Normal 款式。導輪的齒尖上跟最大齒盤往中心數過來第二片齒輪的內側線呈現垂直的狀態。右圖則是 Top-Normal 的款式，這種款式在變速裝置上還設計了調整旋鈕。導輪的齒尖跟最小齒盤往中心數過去第二片齒輪的外線呈現垂直的狀態。圖為調整作業完成度約 80% 的狀態。

調整後變速器裝置

Tool | 六角扳手、一字起子、老虎鉗、
變速拉桿矯正片、絲攻

最終修正確保更好的變速性能

STEP 3-1　調整 B-TENSION，同時也可以調整導
輪的高度。前變速裝置的導輪高度，可以定位於
調整夾具處；調太近，操作起來會卡卡的，手感
也會很重，逆轉夾具則會造成絞鏈。與鏈條間隙
過大，變速反應也會因此變差。所以調整時必須

STEP 3 // 調整 B-TENSION & 最終檢查

間隔過近

導輪跟後變速裝置的最大盤齒
尖要是太近，變速時會產生不
順感。如果逆向轉動曲軸，鏈
條就會因為拉扯而卡住。

間隔適當

圖中為理想的間隔距離。將曲
軸逆時針轉動也不會卡住，變
速反應也很優異，也不會讓鏈
條產生卡卡的不順感。

間隔過遠

在導輪跟最大盤齒尖間距過
遠，雖然不會引起卡鏈條的狀
況，但是變速反應會變差。有
時可以藉由尾端的調整讓狀況
回到軌道上。

調整 B-TENSION

首先將接著將前變速器設為最小盤、後變速器設為最大盤，開始
調整 B-TENSION。藉由 B-TENSION 調整螺絲調整飛輪齒尖跟
輪間的間隙。這項作業對變速反應有很大的影響。

STEP 4 // 檢查變速裝置後叉端掛耳的堅固度

觀察與輪圈的間隔，檢查有沒有變形

要察看後叉端掛耳
是否變形，要先拆
下後變速裝置，接
著將變速裝置矯正
片裝在掛耳上以進
行檢測。變速裝置
矯正片以順時針的
方向沿著輪圈轉
動，如果在輪圈的 4
點鐘、6 點鐘、9 點
鐘、及 12 點鐘方向
的間隔都一樣，那
麼就表示掛耳沒有
扭曲。這項作業看
似簡單，但卻需要
熟練技巧，建議還
是請專業的車店代
勞比較好。

調到沒有卡卡的感覺,盡量讓兩者接近。STEP 3-2最小齒盤側的調整鈕要是沒有設定好,變速時鏈條很可能跳過最小齒盤。為防範未然,一定要模擬騎乘時的負荷,仔細確認。

STEP 4　變速裝置掛耳如果已經變形或扭曲,不管怎麼調整,變速都不會順暢。要檢查變速掛耳是否變形,就要拆下變速裝置,然後用變速拉桿矯正片進行矯正作業。不過要是變形的程度過大,硬拗可是會讓掛耳斷掉,建議根據掛耳的扭曲狀態,看看是否需要更換新品。另外曾經矯正過的掛耳,儘管外表上看不出異狀,但是內部結構都會有所影響,所以受到的衝擊只要稍微大一點就很容易斷掉。建議出門時多帶一組以備用。

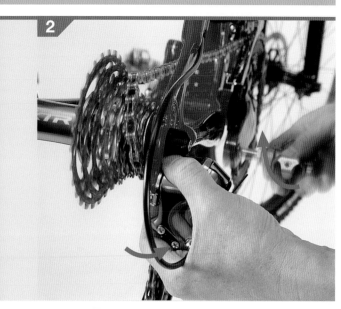

用雙手進行最終確認

接著進行變速裝置調整作業的最後確認作業。用手將集力弓用力拉起,用很快的速度從最小齒盤切到最大齒盤,再從最大齒盤切回最小齒盤。這樣可模擬踩踏時的極大負荷。

─── Column ───

沒有變速檔位顯示器 (indicator) 的話就貼上膠帶,把洞蓋起來

變速拉桿的顯示器 indicator 壞掉的話,只要拆下來,也不會影響騎乘,不過為了防止塵土進入,建議將洞蓋起來。一般來說貼上膠帶就可以,為了防止黏膠影響變速效率建議連膠帶內側也順便貼一下。

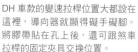

DH 車款的變速拉桿位置大都設在這裡,導向器就顯得礙手礙腳。將膠帶貼在孔上後,還可跟煞車拉桿的固定夾具交換位置。

為防止黏膠影響變速效率,建議將膠帶的黏膠上貼個跟洞一樣大小的紙片,就能有效防止黏膠殘留在洞中。圖中所使用的膠帶是一般廚房用的鋁製膠帶。

用絲攻回復強化掛耳鎖孔的螺紋

後變速裝置所承受到的張力以及震動,都會反應於掛耳鎖孔上。要是鎖孔不夠堅固,固定力就會隨之降低。這時就要使用絲攻來提升鎖孔螺紋的精度,不過由於鎖孔相當纖細而且孔也很小,這項作業建議還是交給專業車店會比較好。

掛耳的螺絲孔徑為 M10-1.0 的特殊尺寸。所以就算有工具還是要講究施工的精密度。建議交給車店代為處理比較好。

這就是位於中台灣
員林地區的美利達總廠入口。

工廠探訪

美利達最新廠房實記

承接全球知名車廠代工訂單的美利達車廠，不僅以自創品牌稱霸登山車市場，
現今的實力更是優異得讓人心服口服。究竟是什麼讓美利達如此活躍呢？
今天我們就從造訪美利達的工廠來找出答案吧！

PHOTO&ORIGINAL：Takashi NAKAZAWA
SPECIAL THANKS TO BRIDGESTONE CYCLE and MERIDA

奧運金牌選手
岡芮達・黛兒 (Gunn-Rita Dahle) 的戰車
NINETY SIX CARBON TEAM

美利達的眾多登山車款中，最頂級當然就是這款倍受
注目，市價高達 35 萬的限量版「NINETY SIX CARBON
TEAM」(96 至尊車隊版) 雙避震車了，其車架採用特殊全
碳纖維一體成型構造設計，整車重量只有 9 公斤。這台車
同時也是 MTB 女子組 Cross Country 賽事冠軍的岡芮達・
黛兒 (Gunn-Rita Dahle，挪威籍、隸屬於 Multivan Merida
車隊) 以及世界冠軍拉魯夫・涅夫 (Ralph Naef，瑞士籍、
Multivan Merida 車隊) 的 2008 年戰車。

女子 XC 賽事世界冠軍
岡芮達・黛兒（挪威籍、
Multivan Merida 車隊）。

馬拉松世界冠軍、拉魯
夫・涅夫（瑞士籍、
Multivan Merida 車隊）。

BB 軸周邊的用料紮實讓零件作
動得更穩固。

後上叉也採用全碳纖維材質。

經過溝槽加工（Groove）後的變
形下管，強度增強。

避震系統採用 MANITOU 廠的 R
7 款式。

後上叉與後避震器包覆連結，整體強
調輕量化的全碳纖物件。

08 年美利達的車款擁有自傲的豐富產品線

流線形設計的無牙式 Integral 車頭碗。這
樣的美只出現在碳纖維一體成型的車架
上。

美利達在歐洲市場，尤其是登山車這一塊可謂知名的頂級
品牌，旗下知名車隊 Multivan Merida 的 Cross Country 女子組
的世界冠軍岡芮達・黛兒以及 Cross Country 馬拉松世界冠軍拉
魯夫・涅夫兩位隊員，都是以美利達腳踏車為參賽戰車。由於這
兩位選手在賽場上的活躍，讓美利達的品牌支持度扶搖直上，特
別是黛兒的故鄉挪威擁有壓倒性的人氣。

經過各種登山車賽事的千錘百鍊的美利達車廠，去年整個
塗裝和裝配線廠房才全面翻新，擁有當今業界最先進的設備、最
有效率製程，和最嚴格的品質控管制度。也因此近年來美利達自
行車除了有令人激賞的頂尖設計之外，品質在國際市場上更備受
肯定。也難怪今年美利達能夠推出讓全世界驚艷，而且叫好又叫
座的 35 萬最貴腳踏車，印證了現在「made in Taiwan」已經是
最高級自行車的代名詞。

Multivan Merida 車隊中有兩位世界冠軍。左邊數過來第
二人是 R. 蓋佛烏瓦 (Robert Gehbauer)，這位選手曾經
是青年組的世界冠軍。

1. 設計精良的後避震器,不僅吸震能力佳,還擁有低踏板動力耗損的優點。2. 這是堅固的座管的插入固定部位。3. 後下叉的連結點看來相當粗勇。

輕鬆騎的全尺寸腳踏車
ALL MOUNTAIN 500

　　這是台擁有全鋁合金車架以及前後懸吊系統的 Free Ride 等級腳踏車。美利達可是使用引以自傲的機器人來進行鋁合金車架的熔接作業。雖然這僅是台中階腳踏車,但美麗的外型卻不會輸給高階腳踏車。車廠對於懸吊的構造下了一番功夫。

1. 經過彎曲加工的後上叉可吸收衝擊。2. 經過液壓成型的加工後,下管與前管的熔接處變得更粗壯。3. 後下叉同樣經過液壓成型的加工,這樣的設計讓踩踏踏板的力量完全轉變成為推進力。

簡單中帶點新鮮的
無後懸鋁合金腳踏車
MATTS HFS 4000
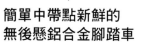

　　跟全尺寸的「ALL MOUNTAIN 500」一樣,這台無後懸鋁合金腳踏車同樣採用了機器人熔接技術。車名中的「HF」代表的是 Hydroforming,也就是液壓成型的意思。每一支車架鋼管都會用上這項技術,車頭碗的熔接部位的粗壯下管以及後下叉都是以橫向膨脹的方式製作的,相當堅固的造型。

1. 車架的前三角部位由經過液壓成型製程的鋁合金鋼管所組成。2. 經過彎曲加工的碳纖維座管擁有優異的吸震能力。3. 這就是往橫方向膨脹的粗壯的碳纖維後下叉。

嘔心瀝血的
碳纖維混合材質車款
MATTS FLX 8000

　　這款混合材質車的前車架三角部位由鋁合金所打造而乘,例外由碳纖維材質負責坐墊以及後下叉的組成。由於登山車所受的衝擊並非一般公路車所可以比擬,所以這台車的開發可說相當困難,這台車能夠完成足以顯示美利達的高技術力。

1. 前叉的根部又粗又壯,前緣卻採以細長造型以達到良好的吸震能力。2. 車頭周圍的美是碳纖維一體成型車架的特徵。3. 橫向粗、縱向細的後三角有「FLEX STAY彈性後叉」的稱號。

碳纖維一體成型
超輕量公路車
SCULTURA EVO
TEAM-20

　　也許因為黛兒選手在登山車界的強勢,所以讓外界一直對美利達抱持著登山車王者的印象。這台「SCULTURA EVO TEAM-20」就是一台碳纖維一體成型車架的車款,將之打造成 MERIDA 最頂級的超輕量公路車款。

1. 坐桿部位可針對計時賽或三鐵賽的需求,進行角度調整。2. 座管符合空氣動力外型令人驚艷,與後輪接近處依照輪弧形狀設計,以防造成騎乘阻礙。3. 從後方看起來後上叉相當細。

優異的空氣動力外型讓人
驚艷,三項鐵人賽專用車
WARP 5

　　如同各位所見,這台鐵人三項賽專用的腳踏車其符合空氣動力的外型相當令人驚艷。下管、座管以及後上叉等等都是依照良好的空氣動力進行打造的,整台車就是一台會將空氣切離開來的模樣。雖然車架材質用的是鋁合金,但其美麗的外型可不會輸給碳纖維的車架。

擁有以最新技術跟設備為傲的碳纖維車架工廠

美利達的碳纖維車架工廠位於高雄，
設備從碳纖維到含浸機一應俱全，
接下來便為各位介紹集尖端科技於一身的超現代化工廠。

精心打造完成的車架，塗裝前的最終處理

剛打造完成的碳纖維車架表面，通常會帶有一些細微的樹脂粉末以及油脂，假如未經處理就進行塗裝作業的話，車架表面將會產生塗料不均或是凹凸不平的現象。因此在車架進行塗裝之前，必須進行徹底的清潔作業。在上漆的前置作業中，必須使用有機溶液將車架表面的油脂完全去除，要是油脂沒有完全去除，就不能成為一個合格車架，所以必須非常慎重。

一個部位塗裝完成後馬上進行再次拋光

在美利達頂級車架的塗裝過程當中，不斷重複塗裝、拋光的作業。一個部位塗裝完成後，馬上進行打光，然後才會繼續進行下一部位的塗裝作業。圖為正以研磨機進行拋光作業的車架。

引以自傲的世界頂尖技術跟規模

美利達的碳纖維車架工廠的規模相當龐大，擁有 280 名工作人員，只為在這座工廠中製造高階車架，而一般等級的車架則由設置在中國大陸的工廠進行製造，工作人員也有 120 人之多。這座工廠每年可生產 8 萬組碳纖維車架，每日的生產量為 200 組車架，以及 400 組碳纖維前叉。這個數字便讓人想像到這座工廠有多麼地龐大。

歐洲車廠在製作碳纖維車架時，通常會先自碳纖維製作廠商採購一種名為「碳纖維含浸成品」的材料。所謂的「碳纖維含浸成品」就是將碳纖維編織而成素材浸入到樹脂液中，使之成型之後拿來製碳纖維車架的材料。不過美利達的碳纖維車架工廠，使用的是自家編織的碳纖維素材，含浸製程當然也在自家工廠中進行，從這一連串的作業所需的尖端技術，就可證明美利達的實力。

經過徹底的脫脂作業才會繼續塗裝

經過初步的塗裝及拋光作業後，車架會交由經驗老到的技術人員，進行徹底的車架脫脂作業。由於這項製程特殊，僅有一位技術人員專人處理，所以容不得一丁點錯誤。

碳纖維在全世界都缺貨

現在全世界的碳纖維，有 70% 都來自於日本的三大廠─TORAY、TOHO TENAX 和 MITSUBISHI RAYON，但多數都使用於航空產業上，這是因為波音 787 客機，和空中巴士的新型客機 A380 都大量採用了碳纖維材質所致。以往的客機原料多為鋁合金材質，而新型客機則改以碳纖維材質為主流。這也是造成現在碳纖維原料不足，並導致碳纖維車架價格飛漲的主要原因，不過美利達跟這些公司有著良好的合作關係，所以碳纖維的原料來源沒有什麼太大的問題。

在美利達位於高雄的這座頂級車架製作廠中，使用最多的碳纖維素材為日本 TORAY 所生產的 TORAYCA Carbon Fiber，將各種等級的素材，如 T-700 或 M40 等依特性使用於各部位。別家廠商多半採用 30t 級，而美利達則大手筆地以 40t 級纖維為主。很可惜的是碳纖維車架的製作過程屬於機密作業，不能拍照。在現場看到技術純熟的師傅將含浸過的碳纖維做成車架的過程，真的是令人嘆為觀止，百看不厭！

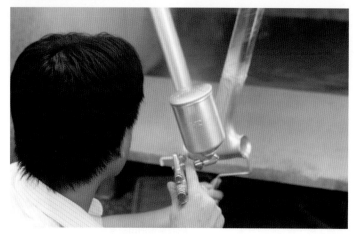

塗裝製程由經驗老到的師傅負責

美利達的塗裝部門相當龐大，整個團隊主要由進行拋光的女性技術人員，以及熟練的塗裝師傅組成，將每組車架一一仔細完成。整個拋光、塗裝的製程共分5個。以最頂級車款CARBON FLX TEAM 的青綠色車架為例必須先塗上銀色為底，再層層塗上透明的綠色，才能呈現出來，相當費工。

塗裝製程在無塵室進行作業

為避免塵埃混入塗料中，所以塗裝製程於無塵室中進行。特別是頂尖車款的塗裝作業，一定是由最優秀的塗裝技師擔任。

塗裝部門已經夠讓人吃驚了
沒想到測試部門更讓人驚訝

塗裝部門真是讓人大吃一驚！在頂尖車款的製作過程中，來回多次進行拋光跟塗裝的作業，專職於這項工作的工作人員多達數10人，組成好幾個小組，默默地進行作業，感覺就像是正在完成一項曠世鉅作的藝術家般。

最後參觀的是測試部門，同樣讓人感到驚訝萬分。副總陳先生如是說：「好的車架要經得起千錘百鍊。」車架的測試作業的確嚴格異常，例如上圖所示的踩踏測試機，其測試方式除了模擬真人踩踏踏板之外，還對車架施以壓力，並且試驗持續好幾天。「輕量鋁合金車架在經過幾10萬次的測試後會產生龜裂的現象，不過碳纖維車架完全沒有這方面的問題！」陳先生的敘述令人對美利達的嚴謹品管留下非常深刻的印象。

塗裝完成的頂尖車架

這就是經過多次塗裝、拋光程序的頂級車架「CARBON FLX TEAM」。美利達旗下的 Multivan Merida 車隊的指定車，世界冠軍 Gunn-Rita Dahle 也是以這款車出征各地。

嚴謹的測試部門

測量精度達到0.01mm

用數位測量計測量車架各個部位的誤差，精確度可達 0.01mm。以高彈性的碳纖維車架來說，這麼低的誤差值令人驚異。

踩踏測試機

這台專用的機器，可模擬真人踩踏時對車架施加壓力的狀況，並且測試踩踏到什麼程度，車架才會損壞。

BB 軸的靜態加重試驗

對騎士來說，騎車時所感到的車架剛性當中，以 BB 軸的橫向扭力所造成的影響力最鉅。測試部門在測試時會將長達 1.5 公尺的鐵棒插進 BB 軸中，並且在鐵棒終端搖動以進行靜態加重的試驗。

全自動化鋁合金車架工廠

美利達的碳纖維車架工廠位於高雄，
設備從碳纖維到含浸機一應俱全，
接下來便為各位介紹集尖端科技於一身的超現代化工廠。

鄭副總是促成美利達成長的幕後功臣，領導美利達團隊創造出亮眼成績。

同為外銷部的專員李小姐，也是外銷業務團隊重要的人員之一。

外銷部張經理，主要負責帶領外銷部團隊，成功將美利達推入國際市場。

另開一條生產線，專門負責高階車款的塗裝

裁切鋁合金管材

配合焊接部份的曲線，小心翼翼一根一根將鋁合金管材切成需要的尺寸。精確度大大地影響車架的製作。

各部位管材分門別類存放

裁切完成的鋁合金管材，依部位分門別類存放。中所示的「大軸」指的就是 BB。

Robot 焊接線
Robot Welding Line

以全自動機器進行車架焊接

由電腦控制來進行車架各部位的焊接作業。像圖中的焊接機器在美利達的鋁合金車架工廠中就有好幾台。

連1mm的瑕疵也不容許
進行嚴謹的拋光作業

與碳纖維車架一樣，鋁合金車架的塗裝作業同樣也要重複多次拋光和塗裝的製程。圖中是高階腳踏車的生產線。

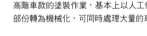

高階車架以手工仔細塗裝

高階車款的塗裝作業，基本上以人工仔細進行。而一般車款的塗裝，有一部份轉為機械化，可同時處理大量的車架。

車輛組裝生產線，引以自傲的龐大規模

上圖是儲存零件的倉庫一景。規模大到可以電腦控制將所需零件取出。下為車輛的組裝生產線，組裝生產線常保持全線生產。

高超的焊接技術為美利達的傳統

　　美利達車廠原本只是一家自行車代工廠，從 1972 年創廠到 1986 年共 14 年間，曾經幫世界各國有名的腳踏車品牌代工過。在這段期間學習到了各式各樣的技術，而且還生產出不輸知名大廠的高品質車架。美利達於 1986 年開創自有品牌，並且以挪威為起點，打入歐洲自行車市場。

　　美利達的這項挑戰獲得非常好的成績，相對便宜卻又擁有高品質的美利達產品，大受歐洲消費者的喜愛。行銷本部鄭副總回憶：「當時不管怎麼趕工，就是供不應求。」這種感覺就像是在沙漠中注入了活水，美利達的自行車在歐洲大熱賣。美利達車廠的強項就是高超的車架焊接技術。很久以前就已經引進自動焊接機器，也因此壓低了高品質車架的製作成本。

　　進入 90 年代後，鋁合金車架的時代正式來臨，這時美利達的優勢也更越來越強。鋼管車架時期，由老練的技工進行車架焊接作業的家庭手工業還有存在的理由，但是鋁合金車架則顛覆了這樣的傳統。因此美利達從世界各地所接到的訂單也越來越多，當時的景況真可用「門庭若市」來形容。

2007 年美利達光是自有品牌就生產了超過 30 萬輛

　　2008 年從台灣和中國大陸兩大生產基地產出的美利達自行車總量超過 160 萬台，其中台灣美利達出廠的數量超過 90 萬台，出口平均 FOB 單價超過 500 美元以上。掛著「MERIDA」的美利達自有品牌部份銷售量約 70 萬輛，行銷全球 60 多個國家。從這樣的數據來看，美利達深受肯定的高品質不可言喻。

　　其實不光是美利達，台灣同時也是現今世界最大的自行車生產國，車架當然不在話下，輪組、輪胎、把手到坐墊，幾乎所有想得到的

相關部品都來自台灣。不但如此，優異的品質更獲得全世界一致認同。二、三十幾年前台灣所生產的自行車還只是個與廉價品劃上等號的代名詞，但在這麼短的期間就能達到世界級的高水準，成功不是沒有道理。

台灣自行車業特有的「A-TEAM」組織

台灣自行車產業發展五十多年來，能成為全球口中的自行車生產鎮地，可說是由產業界人士共同努力得來。過去處於顛峰時，曾達到每年出口 1000 萬輛的數字，後來卻受他國削價競爭影響，使自行車出口數量減至 300 萬輛。眼看台灣親手打造的自行車產業逐漸外移，為了使根留台灣，由美利達、巨大帶領，疇組屬於台灣自行車業獨有的「A-TEAM」組織，以發展高階的單車市場為目標延綿下去。

「A-TEAM」自 2003 年初發展至今已有六年之久，起初由國瑞汽車協助輔導自行車業特有「A-TEAM」廠商導入豐田式生產系統，努力朝向低減在庫、製程、減少存貨壓力等，使台灣自行車產業不受價格戰影響，並留住生產技術。今日的「A-TEAM」由美利達總經理曾崧柱領導，帶領 21 家會員，希望未來，持續以新材料、新功能、新用途提升全球 SBR(Specialty Bicycle Retailer) 市場產值，並以台灣為主供應、服務中心，透過各會員廠的交流來持續提升企業水準。台灣自行車不再只是生產，而是集結產品、服務、品牌、通路建構的高級單車市場，希望提升休閒運動風氣，打造出台灣自行車島，也讓這個源自台灣的產業握有實力的無限延伸，讓全世界想到高級自行車就想到台灣。

琳琅滿目的最新技術

僅僅28g的座管束

美利達對於輕量化的努力，連座管束都不放過，竟然可以做到僅 28g 的地步。

外勾式的高強度鋁合金後鉤爪

後鉤爪採用鋁合金材質。如圖所示，採用的是外勾的設計，並且與碳纖維管材的外側接合。

CARBON FLX TARGET 8

可用於比賽的碳纖無避震前叉

重量僅 691g 的碳纖無避震前叉。前叉鉤爪設計成外勾造型並且以鋁合金製成，還配備有煞車碟盤的碟盤座。

世界首創！超輕量BB軸外殼

圖中的鋁合金製的 BB 軸外殼，真是輕到極限，車架的重量僅僅 900g！

SCULTURA EVO 907

燦爛光輝的車頭銘牌還可固定變速線外管

兼具變速線外管固定器效果的美利達銘牌。儘管這樣的設計消費者喜好分明，設計理念倒也不失為。

採用立體設計的鋁合金後鉤爪

後鉤爪強度不足，將會嚴重影響車架的性能。美利達採用了強度高、重量輕盈的立體式設計。

車廠商標創造出自我的風格

在後上叉的連接管處以美利達的徽紋，相當引人注目，設計堪稱一絕。

MATTS TFS 900

座管的集結部位展現高超的焊接技術

中的焊接處最能看出焊接技術的優劣。美利達在鋁合金車架的焊接作業上展現了自豪的技術。

單車身活

Bicycle&Life www.Bikeman.org

- 第一手專業測試評比
- 歐美流行趨勢一手掌握
- 最新、最夯產品披露報導
- 打破潮流迷思的專業見解
- 新手快速入門訣竅
- 人‧車‧生活美學

隨著單車風氣盛行，市面上也越來越多產品推陳出新；渴望在五花八門的產品中、打造真正符合自己 Style 的單車嗎？「單‧車‧身‧活」絕對讓您在有如繁文縟節、官僚作風的資訊中撥雲見霧、尋得真理！！

·本單車人創造的雜誌· ·本創造單車人的雜誌·

Chapter /

4

高級篇

傳動&
避震系統

本篇所介紹的內容將不再只是工具以及一般的知識。
作業時間的多少跟經驗(失敗次數)有很大的關係，
而經驗也是影響「高級篇」中的作業順利與否的關鍵。

MTB MAINTENANCE

曲柄與BB軸的維修保養(Hollow Tech II式、四方軸式、卡式)／
前齒盤與卡式飛輪／安裝齒盤蓋
花鼓的潤滑以及全面檢修(Shimano、Hadley)／踏板的潤滑／
輪組校正／輪圈快速組裝法／更換前叉／
拆裝車頭碗／前後避震器的維修保養(Fox・Float)

曲柄與BB軸的維修保養

深深影響騎乘的曲柄，一定要確實安裝以及固定。
在這可比喻為「車子的臉」的重要部位，請務必確實進行維修保養。

Tool | - -

STEP 1 // BB軸以及曲柄的種類

BB軸的規格從這裡判斷

檢查軸的形狀以及溝槽數

BB軸的種類，主要可依據BB軸的形狀區分。除了Hollow Tech II以外，BB軸的形狀主要分成右圖三種。

4 方軸型

Square Taper

4 方軸型是最舊款的BB軸款式，雖然簡單好用，但是還是會受到曲柄或是BB軸廠商的設計，而造成安裝困難的情況。隨著ISIS規格、Hollow Tech II 規格的崛起，現在4方軸已經很少見了。

八爪型　　　　8 本

Octalink

八爪型是由Shimano廠開發來取代4方軸型的BB軸產品。由於設計有8個溝槽，所以讓以往的曲柄跟BB軸咬合的更緊實，不過安裝時需要一點訣竅。

ISIS 型　　10 本

International Spline Interface Standard

簡稱ISIS型除了Shimano廠以外，多數廠商都採用這種規格。BB軸共有10個溝槽，擁有比4方軸更高的咬合性。不過要注意這種款式的BB軸，不能跟Octalink款式互換的。

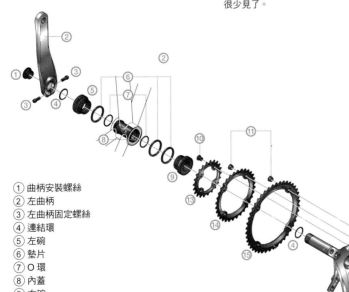

① 曲柄安裝螺絲
② 左曲柄
③ 左曲柄固定螺絲
④ 連結環
⑤ 左碗
⑥ 墊片
⑦ O 環
⑧ 內蓋
⑨ 右碗
⑩ 內齒輪固定螺絲
⑪ 齒輪固定螺絲 (母)
⑫ 齒輪固定螺絲 (公)
⑬ 內齒盤
⑭ 中齒盤
⑮ 外齒盤
⑯ 右曲柄

Shimano 廠的新規格
Hollow Tech II

Shimano廠所開發的Hollow Tech II型BB軸，可同時結合鏈條側的曲柄和BB軸，由於BB軸口徑變大，所以培林也跟著變大。除了可降低迴轉時的摩擦力外，粗壯的BB軸設計，也能有效提高剛性，同時簡單好用。

曲柄跟 BB 軸的規格可從外觀區分

BB 軸跟曲柄在車子爬坡時，負責將踩踏力量傳達到路面，下坡時則一邊支撐騎士體重，一邊承受來自路面的衝擊。由於曲柄跟 BB 軸常處於極大的壓力下，如果拆裝不夠確實，就沒有辦法充分享受騎乘樂趣。依照指示確實進行維修保養，騎乘前也務必進行檢查。

STEP 1 曲柄跟 BB 軸的種類大致分為傳統卡式 BB，即 4 方軸式、八爪式、ISIS 式以及 Shimano 的 Hollow Tech II 以及頁面右下方的三片式。由於

各個款式之間都無法相互通用，所以曲柄跟 BB 軸務必要使用同一種規格。

STEP 2 曲柄跟 BB 軸不是裝上車就算完工，還要將鏈條行進線 (Chain Line) 調到的規定範圍內才算大功告成。依照下列說明進行調整，如果超過這個數字的話，不僅會降低變速效率以及變速的感覺，還有可能阻礙到鏈條支架以及曲柄運作。安裝齒盤蓋時，跟單速車齒輪一樣。假如安裝的是全新的驅動系零件，如果覺得運作不順，就確認一下鏈條行進線 (Chain Line) 是否適當。

Maintenance location

STEP 2 // 鏈條行進線 (Chain Line) 的測量方法

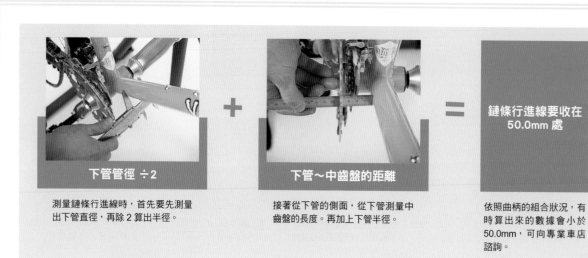

| 下管管徑 ÷2 | + | 下管～中齒盤的距離 | = | 鏈條行進線要收在 50.0mm 處 |

測量鏈條行進線時，首先要先測量出下管直徑，再除 2 算出半徑。

接著從下管的側面，從下管測量中齒盤的長度。再加上下管半徑。

依照曲柄的組合狀況，有時算出來的數據會小於 50.0mm，可向專業車店諮詢。

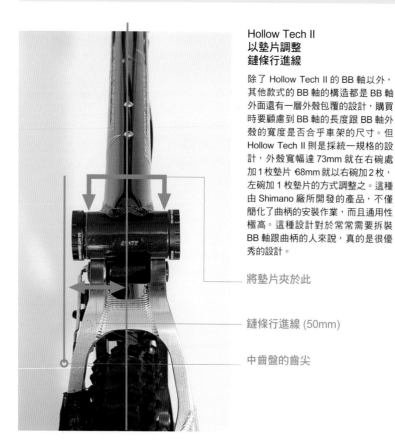

Hollow Tech II
以墊片調整
鏈條行進線

除了 Hollow Tech II 的 BB 軸以外，其他款式的 BB 軸的構造都是 BB 軸外面還有一層外殼包覆的設計，購買時要顧慮到 BB 軸的長度跟 BB 軸外殼的寬度是否合乎車架的尺寸。但 Hollow Tech II 則是採統一規格的設計，外殼寬幅達 73mm 就在右碗處加 1 枚墊片 68mm 就以右碗加 2 枚，左碗加 1 枚墊片的方式調整之。這種由 Shimano 廠所開發的產品，不僅簡化了曲柄的安裝作業，而且通用性極高。這種設計對於常常需要拆裝 BB 軸跟曲柄的人來說，真的是很優秀的設計。

— 將墊片夾於此

— 鏈條行進線 (50mm)

— 中齒盤的齒尖

Column

極為耐操的
三片式曲柄

三片式曲柄軸是種可以裝在 MTB 上的 BMX 形 BB 軸 & 曲柄。雖然 BB 軸外殼的設計有點類似 Hollow Tech II，但是 BB 軸跟左右曲柄是各別分開的。曲柄上設計有 48 條很細的溝槽 與 BB 軸咬合度極佳 相當耐操。

三片式曲柄雖然所費不貨，但高剛性可是它最吸引人的地方。在 DH 車、Street 車、4X 車等等需要激烈駕駛的車款上都能發揮實力。

Chapter 4 / 高級篇
drive chain

曲柄與BB軸的
維修保養

Tool 六角扳手、BB裝卸工具、
潤滑油、膠錘

主流BB軸規格

Hollow Tech II 是將右曲柄跟軸心設計成一體的最
新規格,由於將 BB 跟軸心獨立,BB 寬幅增加,
也提升了剛性,重量更輕,所需的零件更少,安裝
也更簡單。車架側的 BB 軸外殼,寬幅有 68mm
以及 73mm 兩種,68mm 藉由加裝墊片的方式就

STEP 3 // Hollow Tech II 的維修保養

BB軸以及曲柄的拆卸方式

鬆開左曲柄

首先將左曲柄拆卸下來,利用六角扳
手將固定左曲柄跟曲柄軸心的兩根螺
絲鬆開。

鬆開外蓋

接著將固定左曲柄跟曲柄軸心的外蓋
拆下,注意這裡的螺絲為正向螺絲。

拆下左曲柄

左曲柄現在應該已經可以輕易拆下。
假如還是鎖得很緊,可以稍微左右扭
動一下,情況就能獲得改善。

請用安裝車頭碗的訣竅來安裝BB軸

先在螺絲上塗上潤滑油

由於摩擦作用的關係,務必在螺絲上
塗上一層潤滑油,如此一來不僅作業
容易,也不會傷到螺紋,左右碗也要
上油。

將右曲柄插入

右曲柄裝入後,請將左曲柄移動 180
度後插入。請務必確認正確位置再
插入。

可互通。至於基本作業與其他相同，不要忘了在 BB 軸碗、BB 軸外蓋以及曲柄嵌合的部位等等有螺紋的地方塗上潤滑油。

STEP 3 上 3 如果曲柄鎖得太緊，可以稍微左右扭動就會變得比較好拆。

STEP 3 上 4 使用木塊等物做為緩衝墊住，再用膠錘輕敲，以便零件的拆卸。

STEP 3 上 6 BB 軸請用專用工具將之拆卸，不過右邊是逆向螺絲，請務必小心旋轉方向。

STEP 3 下 1 安裝前要先在 BB 軸碗及車架的螺絲孔塗上潤滑油。BB 軸規格為 68mm 時，別忘了加裝墊片。

STEP 3 下 3 BB 軸外蓋上緊後如果跑出一小段螺絲，再用六角扳手將之旋緊即可。

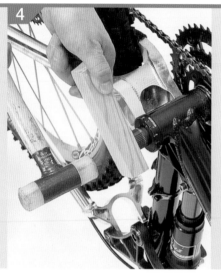

取出曲柄軸心

安裝得很確實的軸心需要以膠錘從左側將之敲出，如圖所示，先用緩衝用的木塊墊住，再用膠錘輕輕敲擊。

拆下軸心以及右曲柄

由於曲柄軸以及右曲柄為一體成型設計，所以拆下左曲柄後，就能同時取下軸心跟右曲柄。

鬆開 BB 軸

接著用專用工具拆下 BB 軸。右邊是逆向螺絲，左邊是正向螺絲。使用工具時假如沒有確實安裝好，不只會傷到 BB 軸，還會傷手。

上緊左曲柄的螺絲

接著上緊左曲柄的螺絲，不要一口氣上緊，兩根螺絲交互一點一點鎖緊，才能確保平衡。扭力值為 7-15kgf-cm。

利用外蓋讓多餘的螺絲跑出來

左曲柄裝上後，就可以裝上外蓋，使用專用工具將之上緊。扭力值為 0.7 ～ 0.5N-M(350-500kgf-cm)

檢查安裝是否確實

安裝若不確實，就鬆開固定螺絲，利用外蓋重新抓一次多餘的螺絲量。

Chapter 4 ／ 高級篇
drive chain

曲柄與BB軸的維修保養

Tool | 8mm六角扳手、曲柄拆卸工具、維修用置車架、
活動扳手、潤滑油

經典款BB軸的拆裝方法

　　就曲柄的拆卸方式來講，固定螺栓 (Fixing Bolt) 若能對應六角扳手，就可以用 8mm 的六角扳手進行作業，假如不行的話就要出動曲柄拆卸工具（或專用扳手）。拆卸時，將曲柄放置在水平位置，將 8mm 六角扳手和曲柄呈一直線安裝於螺

STEP 4 // 四方軸曲柄的維修保養

曲柄的拆卸：用曲柄拆卸工具，將曲柄從BB軸拆下

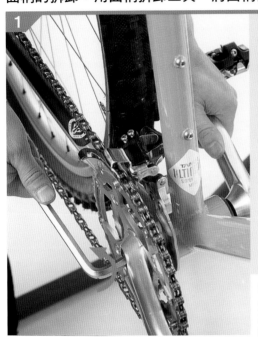

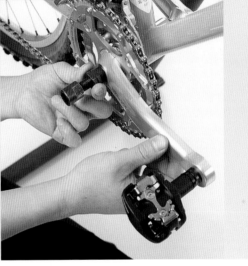

使用曲柄拆卸工具
將曲柄拆卸工具的壓入部份跟螺絲插入面結合，插入曲柄螺絲的最深處。

先將固定螺栓拆下
先用 8mm 的六角扳手將固定曲柄以及 BB 軸的固定螺栓拆下。沿著順時針方向轉動六角扳手就能拆下。

曲柄的安裝：用六角扳手就夠了

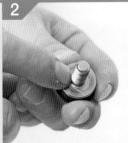

固定螺栓上也要塗抹潤滑油
固定螺栓也要塗抹上潤滑油，此外由於上緊時，螺栓頭的內側也會承受強大的壓力，並產生巨大的摩擦力，建議也要確實塗抹上潤滑油。

在 BB 軸等擠壓部位塗抹上潤滑油
BB 軸務必要塗上潤滑油。由於固定時會承受極大壓力，藉由潤滑油，可減少摩擦力，並且提升固定力。

栓上，就能輕鬆出力，螺栓也比較容易鬆開。取下固定螺栓之後，將曲柄拆卸工具插入曲柄的中心部位，假如上方擠壓部份跟插入螺栓的部位沒有完全吻合，是沒辦法將工具插入曲柄的，要是硬來的話會造成滑牙的問題，所以務必確實裝好拆卸工具。當拆卸工具安裝完成後，請用左手抓住曲柄跟鏈條支架，然後再用活動扳手，從上方

藉由體重轉緊拆卸工具上方的螺帽，就能拆下曲柄。左曲柄的作業訣竅也是一樣，安裝時先在固定螺絲上塗上潤滑油，用 8mm 的六角扳手上緊。另外要特別注意的是接合的部位以及螺絲都是承受極大壓力的部位，建議潤滑油要多塗一點。最後再將之旋緊，不過上緊時，要讓曲柄呈水平角度，並從上方進行作業，這樣比較容易出力。

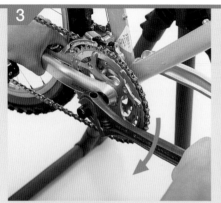

使用活動扳手鬆開曲柄

先用曲柄拆卸工具固定曲柄，接著再轉動活動扳手以鬆開曲柄。曲柄跟活動扳手的出力要保持水平。

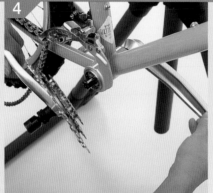

鬆開後就用手轉開

鬆開右曲柄時，為避免前變速裝置的導向輪去拉扯到鏈條，所以務必從下方將曲柄拆開來。

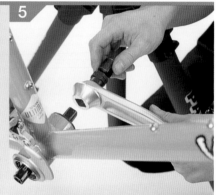

左曲柄的作業要領相同

左曲柄的拆卸作業要領跟一樣。曲柄拆卸工具要插入曲柄時，一定要注意不要傷到螺紋。

將曲柄推擠進去

上緊時請同時握住曲柄跟鏈條支架，將六角扳手裝置於一直線的位置上，較容易出力。

將鏈條回歸原位

跟更換新鏈條時的步驟一樣，將鏈條裝回原位。

左曲柄安裝步驟相同

充分潤滑後，請將左曲柄以同樣的手續推擠進去，另外拆卸作業也跟右曲柄一樣。

4

曲柄與BB軸的 維修保養

Tool ┃ BB軸裝卸工具、活動扳手、滑動式套筒、
維修用置車架、潤滑油

BB軸的安裝、拆卸

　　BB軸的種類還有分成卡式以及培林式，不過我們在這裡所進行的作業是以主流款式─也就是卡式BB軸為主。Shimano卡式BB軸的右碗是以附屬的主軸本體以及左碗所構成的，也就是由被培林包覆的本體與右碗結合的設計，並由左碗進

STEP 5 // 卡式BB軸的維修保養

右碗為逆向螺絲，拆卸時務必注意

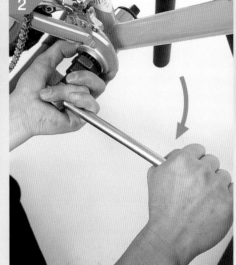

右碗為逆向螺絲，迴轉方式跟左碗相反

作業時一邊用左手壓住工具，一邊轉動右碗。由於右碗使用的是逆向螺絲，所以上緊跟鬆開的方向跟一般作業是完全相反的。

鬆開左碗

拆下曲柄後先將左碗給鬆開（先不要完全拆下）。鬆開後再進行右碗的拆卸作業。

接合部位塗上潤滑油後再組合

往左碗

SEALED
CARTRIDGE
UNIT
SHIMANO
BB-UN52-E
68
BC1.37×24
JAPAN
PAT. PENDING

往右碗

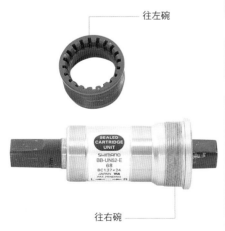

先插入右碗

安裝時先從右碗開始插入，這時先不要完全鎖緊，稍微固定住即可，另外也別忘了右碗是逆向螺絲。

確認前變速裝置的狀況

接著插入左碗。假如用的是安裝在BB軸的變速裝置款式，請確認是否有確實固定。

行支撐以及作動的任務。因此 BB 軸的拆卸作業要從左碗開始進行。一開始先別將左碗完全拆下，只要稍微鬆開即可，右碗的曲柄使用的是所謂的逆向螺絲，所以朝順時針方向施力就能將右邊軸碗鬆開。進行作業時雖然要使用 BB 軸拆卸工具，但要是沒有將 BB 軸壓緊的話，就可能會鬆開、甚至傷到 BB 軸螺紋，建議鬆開到一定程度後，就以

手代替工具來轉動 BB 軸。右碗拆下來後接著拆左碗。安裝前，BB 軸跟車架上的螺絲孔跟螺絲紋一定要確實塗上潤滑油，安裝時先從右碗開始插入，但是先不要完全鎖緊，然後插入左碗。當右碗正式鎖緊之後，再將左碗鎖緊，左碗插入時要保持跟 BB 軸面一致，BB 軸的固定作業主要從右碗進行，左碗僅擔任輔助的角色。

拆下 BB 軸

鬆開到某個程度後，請用手代替工具轉動 BB 軸。鬆開後先將右碗拆下，再將左碗卸除。

BB 軸的種類

在 Hollow Tech II 問世之前，BB 軸的種類大致分成卡式 BB 軸以及培林 BB 軸兩種。前者具有密閉性較高，不需要特別進行維修保養，也不需調整鋼珠。本篇所進行的調整教學也正是針對這種卡榫式 BB 軸。而二大廠之外的廠商產品中，偶爾會看到的培林 BB 軸，因為擁有重量輕的優勢，由於鋼珠的配置作業以及控制軸碗的鬆緊度都需要極高的技術，所以這種設計比較吸引狂熱級的玩家。培林 BB 軸需要定期進行維修保養，可以說是比較適合進階玩家的 BB 軸規格。

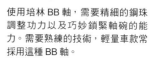

卡式 BB 軸

現在的 BB 軸幾乎都採卡式設計。不僅不需要特別維修，也很耐用，不過檢查時還是要仔細。

培林 BB 軸

使用培林 BB 軸，需要精細的鋼珠調整功力以及巧妙鎖緊軸碗的能力。需要熟練的技術，輕量車款常採用這種 BB 軸。

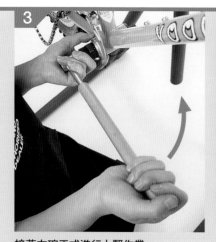

接著右碗正式進行上緊作業

進行上緊作業時務必注意右碗是逆向螺絲。使用專用工具固定時，可以活動扳手之類容易出力的工具輔助。

左碗的安裝

確實安裝好左碗。注意要保持跟 BB 軸面一致。

BB 軸外殼的螺紋溝槽精度相當重要

螺紋精度要是不夠高，BB 軸很有可能產生無法正常安裝的狀況，還會成為騎乘時的障礙。可趁新車時期以專用工具提高螺紋精度，但是這類的高等技術，建議交由專業車店代勞比較好。

前齒盤和卡式飛輪的拆卸作業

除了一般的清潔作業，想變更齒輪比時也需要拆下前齒盤跟飛輪，拆卸齒盤的機會不少，由於齒輪很尖銳，處理時要特別小心。

Tool | 六角扳手、螺母扳手、飛輪拆除器、鏈條扳手、活動扳手、潤滑油

STEP 1 // 用六角扳手拆卸前齒盤

1

2

將螺絲平均鬆開

不論是以 4 根還是 5 根螺絲固定齒盤，拆卸時都一樣，平均地鬆開之後，再將之拆下。

先從內側齒盤開始拆起

拆卸前齒盤時要從內側齒盤開始拆起，由於螺絲鎖得很緊，拆卸時要小心手，不要被尖銳的齒輪尖端割傷。

**固定方式雖然不同
構造卻差不多**

圖中這組曲柄的外側齒盤是由卡環 (Snap Ring) 固定，不過一般都是以固定螺栓固定。

STEP 2 // 卡式飛輪 Cassette Sprocket

卡式飛輪的構造

裝在後輪的齒盤就稱為飛輪。MTB 最多可裝到 9 片齒輪，不過低速側的齒輪大都將 5～6 片合為一體。高速側的雖然可以變更齒輪比，不過還是整組一起換比較保險。

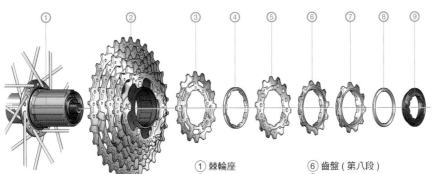

① 棘輪座
② 齒盤主體
③ 齒盤
④ 齒盤墊圈
⑤ 齒盤 (第七段)
⑥ 齒盤 (第八段)
⑦ 最高速齒輪
⑧ 固定環墊圈
⑨ 固定環

1

將拆卸工具安裝於輪軸上

飛輪主要只靠一個固定環固定，要拆下固定環時，請將飛輪拆除器對準固定環上的溝槽插入輪軸。

為了讓動力傳達更為精確

在長時間騎乘或是泥濘路面的狀態下，前齒盤會承受極大的壓力，在岩石路段或是飛躍障礙物時，更是有可能造成前齒盤的破損。齒輪損傷或變形是造成車輛變速不良的元兇，覺得變速不順時，不妨檢查看看齒盤是否出現問題。最好養成定期檢查的習慣，必要時就進行零件的更換。想要精確的動力傳達效能就不要貪小便宜。

STEP 1-1 想讓拆卸前齒盤的作業更加安全的話，不妨裝上踏板，用腳固定住，讓齒盤不要亂動。

STEP 1-4 要鎖上固定前齒盤的螺栓時，務必以對角線的順序，一點一點以均等的力道鎖上螺栓，這麼一來不僅可提升堅固度，也可以預防鬆脫。一口氣就將單一螺絲鎖緊，會破壞平衡性，一定要避免。

STEP 2-1 安裝與拆卸飛輪時，只要有鏈條把手和飛輪拆除器，就能簡單進行。如果想清潔飛輪內部，還是利用上述兩種工具，將飛輪整個拆下來比較好清，想變更齒輪比時也是，價格不貴，建議以備不時之需。

在前齒盤的固定螺栓上塗上潤滑油

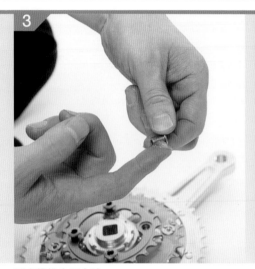

固定螺栓也要上油

預先將潤滑油塗抹在用來固定前齒盤的兩顆螺栓上，可讓螺栓鎖得更緊，並防止。

用螺母扳手固定

固定前齒盤時由於齒盤會進行空轉，這時就要出動螺母扳手和六角扳手，防止齒盤空轉，上緊螺栓時，請平均施力。

前齒盤有指定的行進方向

前齒盤的凸起部份，必須對齊曲柄的方向進行安裝。

從上往下施力

接著將鏈條扳手掛在最大齒盤，再用活動扳手將飛輪拆除器鬆開，就能將固定環拆下。安裝時只需要將固定環上緊即可。

Column

棘輪座跟飛輪上的溝槽要對準

仔細觀察就會發現棘輪座的鋸齒狀溝槽上，有一個溝槽的尺寸特別大，飛輪上也有同樣的設計，全部的齒盤內側也都有一處溝槽特別大。如果不把較大的溝槽對準，絕對無法嵌合，安裝前一定要注意。

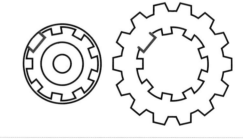

安裝下坡車款
不可或缺的齒盤蓋

為了保養齒輪盤不受樹根或岩石碰撞而損壞，
同時還能防止脫鏈齒輪蓋，可說是下坡車款不可或缺的零件。

Tool | 六角扳手、曲柄拆卸工具、活動扳手、BB軸裝卸工具

1

ISCG

確認安裝的方法

ISCG規格的車架上的BB軸根部上設計
有齒盤蓋的安裝座，如果沒有的話，可選
擇直接與BB軸裝在一起的齒盤蓋產品，
不過基本上安裝方式都一樣。

2

稍微固定

接著將曲柄拆下，然後鎖上齒盤蓋，但
是這邊先不必鎖緊，大約鎖到還能稍微
調整的程度即可，將之暫時固定。

6

決定導向輪的位置

接著將車子變速到最小齒盤，在鏈條
上施加適當張力，決定下部導向輪的
位置。

決定最高速齒的位置

最後設定的是最高速齒的導向，將低
速齒設定在稍微有點打到鏈條的狀態
即可。

7

齒輪蓋的基本安裝方法

　　齒盤蓋雖然是下坡車款的必裝配備，市售品多半需要配合車輛、零件、車架的設定進行加工之後再安裝。如果是要安裝在配備有後避震器的車上，還得將避震器的空氣放掉，或拆下彈簧，讓避震器處於完全壓縮的狀態才能進行安裝。假如齒盤蓋的安裝不夠確實，不但不能保護齒盤，還很可能在騎車時出包。所以安裝時務必謹慎小心，以下就以無避震器的硬尾車款為例，為大家示範齒盤蓋的安裝方法。

1　先將齒盤蓋的主保護盤裝在 ISCG 規格的車架上。

2　導向輪座切勿裝在會接觸到鏈條支架的地方。另外導向輪朝下設定就無法發揮效果，安裝時要特別注意。

3 4　接著調整內側保護盤間隙，並藉由觀察鏈條出入口，檢查間距是否在容許值內，另外操作一下變速器，確認齒盤蓋與保護盤的間隙。

5　沾附泥濘之後，可能造成作動不良並增加摩擦力的狀況發生，建議在泥濘地騎乘後，拆下齒盤蓋確認狀況。

最大齒盤側的間隙

鎖上曲柄，裝上鏈條，變速到最大盤，確認齒盤與內側保護盤的間隙，大約保持在可稍微擦到的位置。

最小齒盤側的間隙

方法與最大齒盤一樣，變速到最小盤，觀察齒盤間隙，齒盤不可摩擦到外側保護盤。

檢查導向輪 GUIDE ROLLER 的狀況

拆下導向輪進行檢查，假如出現迴轉不順或是卡卡的感覺，建議拆下培林進行更換。

■ Column ■

也有可變速的齒盤蓋

用 Freeride 車款在山林中騎乘時多少會感到爬坡時有點力不從心，而這種能夠讓前變速裝置擁有多一片輕盈齒輪的雙齒輪專用齒輪蓋也因此誕生。這種產品不但能保護前齒盤，同時還具有可變速的優點。

這種齒盤蓋可安裝在中盤與內盤，由前變速裝置進行變速的任務

沒有ISCG安裝座的車架可用與BB軸鎖在一起的齒盤蓋

現在新款的下坡車及 Freeride 車款的車架上，都已經設計有 ISCG 規格的安裝座，沒有 ISCG 安裝座的舊款車架，則可選擇能與 BB 軸鎖在一起的齒盤蓋。由於這種型式的齒盤蓋以BB軸固定 所以微調作業比ISCG型難，有些產品還需要另外加工。尤其是有後避震器的車款，會在因避震器的壓縮而拉扯到鏈條，安裝上更是需要許多訣竅，建議找專業車店處理比較好。

如圖所示，安裝 BB 軸時，一併夾住保護盤，將它們一起固定住。

將齒盤蓋安裝在後避震車款上時，需要更大的間隙。

花鼓的潤滑作業以及全面檢修

位於輪軸上、騎乘時需要不停轉動的花鼓，最重要的就是減少摩擦力讓轉動更順暢。
必須常常承受來自路面以及騎士雙方面的壓力，建議要定期進行全面檢修。

Tool 花鼓板手、六角板手、一字起子、毛巾、潤滑油、零件清潔劑

Shimano 後輪花鼓的潤滑作業

Shimano 後輪花鼓的構造

Shimano 的花鼓兩端都設計有培
林，中央則用快拆車軸則用來貫通
花鼓，達到支撐的效果。其中最重
要的就是圖中③ 跟⑥ 的培林固定
蓋，鎖太緊會增加迴轉時的抵抗力，
作業時務必要小心。

① 固定螺帽
② 左軸墊片
③ 防水左軸培林固定蓋
④ 油封
⑤ 花鼓軸
⑥ 右軸培林固定蓋
⑦ 防水蓋

⑧ 右軸調整墊片
⑨ 防塵蓋
⑩ 鋼珠 (即培林)
⑪ 花鼓本體
⑫ 飛輪固定座
⑬ 棘輪座
⑭ 卡式安裝螺絲

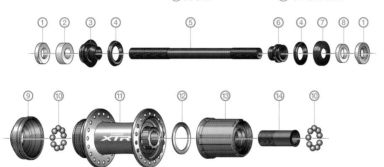

Shimano XTR 後輪花鼓構造圖

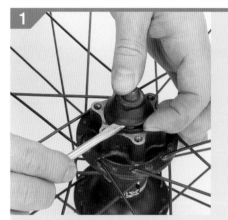

1

先拆下防塵蓋
首先用一字起子將碟盤中央的防塵蓋
拆下，由於防塵蓋為橡膠材質，作業
時注意別傷到防塵蓋。

5

清潔花鼓本體
花鼓本體上應該累積了很多油垢，以
乾毛巾沾取適量零件清潔劑，仔細將
油垢擦拭乾淨。

6

培林的清潔
避免培林遺失，最好一拆下後馬上確認
鋼珠的數量。接著用毛巾包住，用手輕
輕轉動將培林清潔乾淨。

7

將培林塗抹上潤滑油
接著將培林置於掌心，徹底塗上潤滑
油，另外花鼓上的培林放置盤也要順
便上油。

建議定期進行上油作業

　　Shimano 的花鼓包括高階的 XTR 都是使用滾珠式構造，只要瞭解這項構造，不僅可將保養技術應用在一般公路車上，由於構造大同小異，所以當然也可以運用在其他廠商的花鼓產品上，隨時都能進行花鼓的潤滑和全面檢修作業。花鼓的耗損，可以藉由潤滑的作業起死回生，建議一年進行一次全面檢修。

2　由於固定螺帽所需的扭力值相當大，拆卸時要小心別讓螺帽滑牙。

3～4　拆下花鼓軸時，培林可能會一起掉落，建議拆卸時動作儘量放慢小心地拆。完全拆卸下來時，再檢查一下內部有沒有殘留的鋼珠。

5～6　清潔完培林放置盤後，檢查看看有沒有磨損，培林也一樣，如果磨損嚴重，建議換新。

9　隨著固定螺帽的鎖緊，花鼓本體和軸心之間的鬆脫狀況也會跟著改善，但輪圈的轉動觸感也會隨之變重，這是因為滾珠之間的摩擦力道變強之故。所以鎖上螺帽時，最好要鎖到輪圈仍可輕快迴轉，而花鼓本體和軸心之間也不致於產生間隙的最佳狀態。

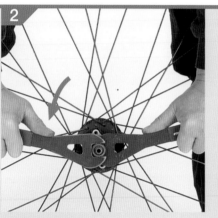

鬆開固定螺帽

接著用兩隻花鼓拆卸專用扳手鬆開固定螺絲。出力方向保持與地面垂直，由上而下施力。

取下車軸零件

固定螺帽拆下後，便可輕鬆將培林固定蓋、油封環、花鼓軸拆下了。

拆下培林

拆下車軸的零件後，輕輕將輪圈放倒，取出花鼓內部的培林，拆卸時請在輪圈下面準備一個托盤。

將培林放回花鼓

再次將輪圈放倒，將確實上過油的培林一顆一顆放回花鼓中，左右兩邊重複相同動作。

小心地讓花鼓軸通過

培林全都裝好後，注意別讓花鼓軸碰觸到培林將之安裝回去，當花鼓軸通過後，再鎖上固定螺帽就算大功告成。

用六角扳手拆下棘輪座

棘輪座藉由卡式固定螺絲固定於花鼓之上，使用 10mm 尺寸的六角扳手插進螺絲中央，就能鬆開螺絲，將棘輪座取下

拆卸棘輪座，得借助六角扳手往下施力才行，棘輪座本體採用的是不可分解式的設計。

花鼓的潤滑作業
以及全面檢修

Tool │ 花鼓扳手、潤滑油、一字起子

初學者可從前輪花鼓開始挑戰起

　　滾珠式花鼓的保養關鍵就在於，潤滑油充分
潤滑花鼓，讓轉動順暢正常，就能發揮 100% 的
效能。完全拆解並徹底洗淨，可維持花鼓跟培林
的最佳狀態，在雨天或泥濘路段騎乘後，請務必
檢查潤滑油是否流出、或水分滲入花鼓內，有必

前輪花鼓的潤滑作業

Shimano 前輪花鼓的構造

Shimano 的前輪花鼓，除了沒有棘
輪座外，其餘都跟後輪構造一樣。
貫穿花鼓本體的花鼓軸與培林相連
結，並藉由培林固定蓋的鬆緊，調
整滾珠之間的摩擦力道以及花鼓主
體與軸心之間的間隙。

① 固定螺帽
② 防水培林固定蓋
③ 油封環
④ 花鼓軸
⑤ 防塵蓋
⑥ 鋼珠 (培林)
⑦ 花鼓本體
⑧ 防塵蓋

Shimano XTR 前輪花鼓構造

用花鼓扳手鬆開固定螺帽

接著將固定花鼓軸的固定螺帽拆下，
跟前頁的後輪花鼓作業相同，使用花
鼓扳手時，要由上往下施力。

先將防塵蓋拆下

首先將橡膠材質的防塵蓋拆下，露出
固定環，假如徒手就能拆下，就不需
要動用螺絲起子。

鎖上固定環

接著用花鼓扳手將單邊的固定環、培林
固定蓋完全固定。上緊的時候請將花鼓
扳手由下往上施力。

抹上潤滑油後再組合回去

清潔作業完成之後，確實塗上潤滑油。
別忘了滾珠也要上油，接著再一顆一顆
裝回去。

組裝花鼓軸

一邊注意不要碰到培林，一邊將花鼓軸
貫通花鼓本體，並在兩側安裝上培林固
定蓋，左右花鼓軸的突出量要一致。

要的話，就進行全面保養。

由於前輪花鼓的構造，少了棘輪座，所以建議想要自己保養花鼓的初學者，從前輪開始挑戰起。

1～5 截至目前的作業流程，都跟前頁的後輪花鼓拆卸作業流程相同。清潔培林時也一樣，先以毛巾包住再用手輕輕滾動擦拭即可。

6 培林跟培林放置盤要塗上大量潤滑油。由於潤滑油具有黏性，如果塗得太少，培林還是會脫落，想要安裝得輕鬆就別節省潤滑油的使用量。

9～10 組裝花鼓最重要的事情，在於培林以及滾珠之間的摩擦力道表現，在步驟 10 固定螺帽的步驟中，因為上緊螺帽會壓迫到培林固定蓋，建議鎖好後要用手去轉動確認一下，重複調整和檢查的動作，直到調到適當鬆緊度為止。

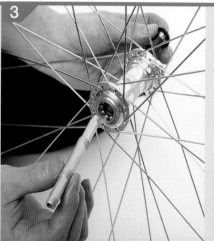

拆開花鼓軸

鬆開固定螺帽後，用手將培林固定蓋緩緩取下，兩側都拆下後就能拆下花鼓軸。

小心將培林取下

接著使用一字起子，將培林放置盤裡的培林小心取下。

清潔各部位零件

取出培林後，以煞車零件清潔劑，將培林放置盤、培林固定蓋、培林等各部位零件，徹底清潔乾淨，順便檢查看看有沒有破損的現象。

確認培林接觸的狀況

由於培林固定蓋上緊後，會減少花鼓軸的空隙，而轉動的觸感也會變得沉重。請找出不致於產生空隙卻又能維持順暢運轉的鬆緊度。

最後用花鼓扳手固定

找到最佳鬆緊度之後，用花鼓扳手將固定螺帽確實固定，最後再次檢查滾珠之間的接觸狀況。

Column

進行拆解作業時務必準備托盤

在分解由培林、油封等等細小零件所組成的花鼓部位時，建議像照片中一樣準備一個托盤以利作業。拆解時將零件照順序排好，不僅不用傷腦筋是否搞錯組裝順序，還能避免零件遺失的困擾。

進行維修保養時，手邊若有數枚托盤隨時備用，對於作業的進行很有幫助，39元商店就能買到便宜又好用的托盤，各種尺寸都有。

Chapter 4 / 高級篇
hubs

花鼓的潤滑作業
以及全面檢修

Tool ┃ Hadley 專用工具組、潤滑油

Hadley 花鼓的構造相當簡單

　　花鼓的種類，除了 Shimano 的滾珠式培林之外，還有像 Hadley 這種採用不可分解的密封式培林的花鼓產品。密封式培林不需要像滾珠式培林一樣，將滾珠一個一個拆下保養再裝回去，作業上相當簡單。不過拆卸時一定要使用專用工具，

Hadley 花鼓的全面檢修

備有專用工具，拆解工作就很簡單

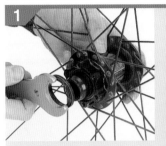

1

拆下固定螺帽

首先用 Hadley 專用的開口扳手卸下固定螺帽，這一步驟可用市售的開口扳手代替。

2

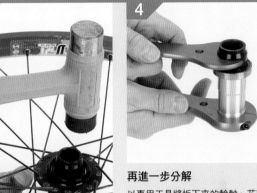

3

出動錘子

剩下的輪軸部份，就用錘子輕敲，將嵌在輪圈中的輪軸敲出。

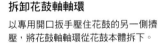

4

再進一步分解

以專用工具將拆下來的輪軸、花鼓軸軸環以及培林進行完全分解。

拆卸花鼓軸軸環

以專用開口扳手壓住花鼓的另一側擠壓，將花鼓軸軸環從花鼓本體拆下。

9

另一邊也進行相同動作

在工具的另一頭也裝上培林，連同花鼓軸一併插入輪軸裡。

10

將培林擠壓進去

圖為步驟 6、7 中將專用工具設置於花鼓中的狀態，只要將工具的把手轉緊，左右培林就會自動壓入花鼓中。

11

固定螺帽的上緊作業

確認過安裝進花鼓的培林可順暢運轉後，就可以鎖上固定螺帽。

12

最後將裝上輪軸

以花鼓軸專用工具旋緊後，作業就完成了。為了防止鬆脫，要確實施力將之旋緊。

沒有經驗的人不妨交由專業的車店代勞。

1～3 這一階段使用的開口扳手是特殊規格，但只要口徑相符，不妨試試能否以一般板手代用。

4 這一階段連擠壓軸環的都是特殊工具

5～6 全新的培林要先確認迴轉動作是否順暢，沒問題的話，就用鑽孔錐等等尖銳物，將之小心拆下，並塗滿抹滑油。橘色部份是可拆下來的油封。

8～10 用培林拆卸器從花鼓本體的左右，將培林安裝上去，只要轉緊特殊工具的把手，就能將花鼓從左右同時壓進去。由於 Hadley 的培林是用專門的轉接座將之壓進去，最好避免一般工具代用。

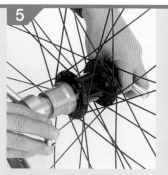

5 拆下花鼓上的培林

請用培林拆卸器，將還留在花鼓裡的單邊培林拆下，只要轉緊工具的把手，就能將培林擠壓出來。

6 在培林上塗抹潤滑油

接著將全新培林上的油封拆下來，然後在內部充份塗上潤滑油，這麼一來可增加油封性，就不容易滲入水份。

7 安裝前的準備

將上好油的油封裝回原處，安裝前請在培林跟花鼓接觸面上噴上一層含鈦潤滑劑，可讓培林順利裝入花鼓中。

8

以專用工具安裝全新培林

接著將準備好的培林，安裝在專用工具上，準備裝回花鼓中。

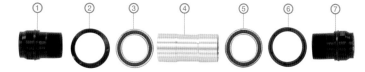

Hadley 花鼓的構造

除了花鼓本體外，Hadley 的前輪花鼓的構成零件只有 7 個（照片為 20mm 的花鼓軸）。有棘輪座的後輪花鼓也只有 13 個零件，構造簡單可說是 Hadley 花鼓的特徵。③跟④的零件都是附有油封的培林。

① 花鼓軸軸環 右
② 固定螺帽 右
③ 輪圈培林 右
④ 中央軸
⑤ 輪圈培林 左
⑥ 固定螺帽 左
⑦ 輪軸 左

後輪花鼓的全面檢修就請車店代勞

Hadley 的後輪花鼓款式中，只有設計有棘輪的款式，基本構造與前輪花鼓一樣，同為密封培林式。這種棘輪可利用特殊開口扳手將之拆下，不過無法進一步拆解。棘輪內部設計有密封式培林，假如車子有問題，最好請車行將車子送回原廠進行全面檢修。要減少出包的機率，建議從日常生活中就養成經常保養的好習慣。

將棘輪中央的固定螺帽鬆開後，就能將棘輪拆下。

雖然棘輪構造無法分解，但是固定爪的部份還是可以拆下清潔。

Column

拆解需靠專用工具

想拆解 Hadley 的花鼓，就要仰賴專用的工具組。整組工具包含特殊開口扳手、培林壓入工具、培林用轉接座和 Hadley 專用潤滑油。由於一般使用者很難在家中備齊這麼專業的工具，使用 Hadley 花鼓的人，不妨將花鼓的維修和保養交由車店代勞。

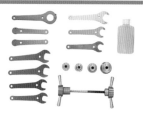

雖然特殊的開口扳手可以一般市售的開口扳手代替，但是培林壓入工具就很難找到代替品。

SPD 踏板的
潤滑作業

踏板,也是騎乘中需要不停接受施力,屬於重度使用的部品之一。
若在雨天騎乘,踏板上的潤滑油會被雨水沖刷掉,建議每隔半年上油一次。

Tool | 17mm 開口扳手、薄型開口扳手 10mm、7mm 梅花扳手、8mm 六角扳手、3mm 六角扳手、潤滑油、工作台、夾具

右
左

將踏板軸上的油垢擦拭乾淨

接著進行踏板軸的潤滑作業,上油前
要先將舊的潤滑油擦拭乾淨。油垢擦
掉之後就能清楚看到固定螺栓、培
林、培林軸等構造。

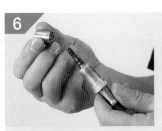

鬆開固定螺栓,取出培林

先用 7mm 的開口扳手將固定螺栓鬆
開,不過由於螺栓尺寸頗小,也可以
使用梅花扳手。鬆開螺栓後,便能將
培林固定蓋、培林以及軸環取出。

先將踏板軸心從本體拔出

用 17mm 開口扳手,將踏板軸心從踏
板本體拔出,如果手能確實抓住本
體,就不必出動夾具,記得右邊的踏
板使用的是逆向螺絲。

組合踏板軸心

以與拆解時相反的順序,將軸心組
合回去。這時請在踏板軸上塗一層
薄薄的潤滑油,記得不要塗太多。

調整培林的鬆緊度

用 10mm 的薄型扳手以及 7mm 梅花
扳手,調整培林鬆緊度。以 8mm 六
角扳手和夾具固定踏板軸,作業就能
進行得更加容易。

以 17mm 開口扳手
將踏板軸裝回本體

將踏板本體固定在夾具上,再將踏板
軸裝回去。一開始可以先用手轉進
去,等變緊之後再改以開口扳手將之
確實鎖緊。

最終檢查
調整培林鬆緊度

在最終檢查作業時,轉動踏板軸看看
運轉的感覺,如果鬆緊度剛好,運轉
起來應該會很順暢,太過輕快則可能
是培林太鬆,必須重新調整。

千萬不要弄丟培林

進行潤滑作業時，一定要將踏板軸從踏板本體上拆下來，這時請用 17mm 的開口扳手將踏板軸心和本體鬆開，請注意右邊踏板使用的是逆向螺絲（左側踏板以逆時針方向鬆開，如藍色箭頭所示）。

踏板軸拆下後，請將舊的潤滑油擦掉，鬆開固定螺栓後就可以將培林取出，不過由於培林很容易遺失，所以拆下之後請馬上確認數目，並且準備容器暫時收納。至於培林的清潔作業，用乾淨的毛巾包住，在手掌滾動，就可將培林上的髒污擦拭乾淨。清潔完畢之後的上油作業，一樣可以利用手掌，充份潤滑之後再裝回培林放置器中。

將固定螺栓和軸環裝回踏板軸心之前，要在踏板軸心上塗抹潤滑油，不過不需要塗太多。調整培林鬆緊度時，如能以六角扳手和夾具固定住踏板軸，可省下不少功夫。如果踏板迴轉得太過輕快，就代表培林鎖得太鬆；迴轉起來如果覺得卡卡的，則代表鎖得太緊，反覆進行檢查和調整，直到找到最恰當的鬆緊度為止。

踏板的構造

由許多精密零件所構成的踏板中，尤其以培林這種分解時容易遺失的零件最需要特別注意，建議拆下之後馬上確認數目。

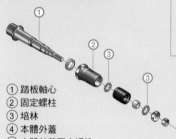

① 踏板軸心
② 固定螺柱
③ 培林
④ 本體外蓋
⑤ 本體外蓋固定螺栓
⑥ 扣片固定螺栓
⑦ 扣片轉接座
⑧ 扣片
⑨ 扣片螺絲

清潔培林

接著用毛巾包住培林，然後在手掌上輕輕滾動，將舊的潤滑油擦拭乾淨。

重新塗上潤滑油

將潤滑油塗抹在手掌上，再將培林置於掌心，讓培林充份沾附潤滑油。這樣在將培林裝回去時，還能同時潤滑軸環內部。

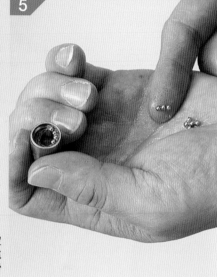

踏板本體也要上油、調整

卡式踏板的彈簧部位也要上油，如圖中箭頭所示之方向注入潤滑油即可，調整彈簧張力時，請用 3mm 的六角扳手。

Column

DX 踏板的維修方式也是一樣的

即便同為 Shimano 公司的產品，但是各款踏板軸的構造還是會有些許的不同，卡式踏板與 DX 踏板基本上以相同方式進行維修保養即可。深受下坡車騎士愛戴的 DX 踏板，軸心有分尺寸，可依用途選擇合適的尺寸，不過一旦軸心發生損壞，更換作業會變得有點麻煩，平常就要養成確實檢查的習慣。

DX 踏板多用於嚴酷激烈的騎乘環境，只要一出現鬆脫現象，就要儘快上油。

輪組校正

建議讀者先看下一單元，學會組裝輪圈，再回頭學習輪組校正。
輪組校正只要抓到張力的原理，作業就很簡單。
如果能練到以手指掌握張力的功夫，就表示你已是個如假包換的自行車職人了！

Tool | 校正台、維修用潤滑油、輻條銅頭扳手、中央檢測計、張力檢測計

注入潤滑油讓滑動更加順暢

在銅頭以及輻條孔之間注入少量潤滑油，不僅有助轉動，還能防止輻條扭曲。

將銅頭平均鎖上

每一個銅頭以平均力道鎖上，大約轉兩圈即可，這麼一來輻條的張力就能提升至一定程度。如果覺得可以再鎖緊一點，可多轉一圈，然後仔細檢查縱向以及橫向的輻條張力。

暫時鎖上輻條

暫時固定輻條，鎖緊至幾乎快看不到螺紋為止。從氣嘴處開始鎖，就不會鎖過頭。

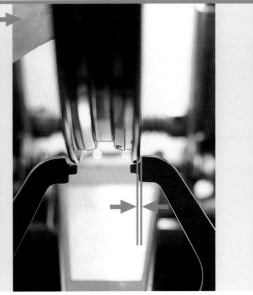

輪圈偏右

輪圈右側碰到張力檢測器。這就代表左側的輻條張力過低或右側的輻條張力過高。

用手稍微施加壓力

用手抓住左側的輻條，對輻條施加一點力量，這個動作跟上緊銅頭的意義相同。

讓輪圈往左偏

抓住左側的的輻條後，輪圈便會往左偏，只要藉由鎖緊或放鬆銅頭，就可以調整輻條張力，很簡單吧！

觀察左右上下，力求平衡

　　輪組校正作業的訣竅就是一點一點地調整。不要因為偏移幅度很大，就一口氣大幅調整，正因為偏移幅度大，才需要一點一點慢慢調整才行。而且大幅調整，只會讓輻條的張力變得更參差不齊，絕對無助於校正作業的進行。

　　具體來說，每次旋轉銅頭的幅度，頂多40度（約1/8圈），並逐漸減少，最後一輪大約控制在15度（即1/24圈）左右即可。原則就是盡量縮小調整的幅度。先解決縱向偏移，再檢查橫向偏移和輻條張力，如圖6所示，以手指抓握輻條確認輻條張力是否平均。專業達人可將輻條的偏移控制在0.1mm以內。完成偏移校正之後，再以中央檢測器，檢查輪組中心位置是否與花鼓中心對齊。假如有任何一邊出現傾斜現象，例如輪組往左邊傾斜，就將輪組右側的輻條上緊，上得太緊，可以稍微鬆開左側。找出中心位置之後，檢查輻條有無彎，並稍微在輪組上施加體重，強化輻條的咬合狀況。最後再檢查偏移狀態，如果跑掉就再微調一下，作業就大功告成了。儘量讓輪組的形狀調到接近正圓。

從花鼓側觀察

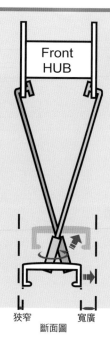

Front HUB

校正輪組偏移的方法

輪組的構造為，以從花鼓左右兩側延伸出去的輻條拉緊並連結輪圈。如果想讓輪組往右偏移，就鎖緊從右邊延伸而出的輻條，輪組就會往右偏移、鬆開從左邊延伸而出的輻條，也會獲得同樣的效果。

縱向橫向都要拉住輪組

輪組不光只有橫向拉力，還有縱向拉力的存在。只要把從右邊延伸而出的輻條拉緊，就可以將輪圈往右上調整。善用這樣的原理，就可以確保輻條張力平均，並讓輪組接近正圓形。調整輻條鬆緊時，要儘量將旋轉銅頭的幅度控制在每轉約1/8圈的程度之內，小心作業。

狹窄　　　寬廣
斷面圖

抓出輪組的中心點

校正好輻條張力之後，再用中央檢測器檢查輪圈是否確實位於花鼓中心點。如果中心位置沒有對好，就要再調整輻條的鬆緊度。

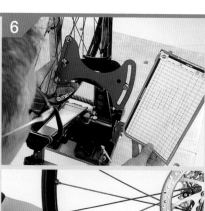

檢查輻條的張力

以張力檢測計以及換算表來確認輻條的張力狀態。熟悉這項作業的人，只要用手指抓住輻條，也可以檢查左右張力是否一致。

加強輻條的咬合狀況

將輪組放倒，慢慢地沿著輪圈，將體重施壓於其上。這個動作可強化輻條的咬合狀況，如果輪組有所偏移，就重新再調整一次。

輪圈快速組合法
幫輻條換新家

輪圈壞了該怎麼辦？丟掉它就太浪費了！
其實就算輪圈壞掉，花鼓跟輻條可能都還能再利用喔！
以下就來介紹，活用舊花鼓跟輻條，再造新輪圈的方法！

Tool ┃ 銅頭扳手、束帶、一字起子、螺絲穩固劑、維修用潤滑油、校正台

1

假如輪圈凹掉的話.

輪圈歪掉就更換新品吧，雖然輻條長
度可能會有點問題，不過有些廠商可
接受訂購，所以不用擔心。

2

鬆開輻條

更換輪圈的首要作業就是先將所有的
輻條銅頭，鬆開約1～2轉。

3

將新舊輪圈綁在一起

接著將新的輪圈與舊的輪圈用束帶綁在
一起，別忘了對準輪圈上的氣嘴孔。

6

Mavic 的輪圈要上點螺絲穩固劑

Mavic 廠的輪圈的輻條銅頭採特殊設
計，安裝時得在輻條孔中滴上螺絲穩
固劑 (Mavic 指定 243 號螺絲穩固
劑)，一滴就夠了。

7

徒手鎖緊銅頭

鎖緊銅頭時，舊輪圈會妨礙動作，所
以可以拆下。接著暫時固定銅頭，徒
手將之轉動到轉不動為止。

8

用專用工具正式鎖緊銅頭

接著以 Mavic 專用工具正式鎖緊銅
頭，另外別忘了要從氣嘴處開始鎖。

「幫輻條換新家」其實很簡單

　　輪圈就算壞掉，只要花鼓跟輻條沒壞，換個新輪圈，就可以簡單地再利用。其實輪圈的更換方式相當簡單，先將新的輪圈與舊的輪圈綁在一起，就不用煩惱複雜的輻條編織問題，碟盤跟齒盤也不用拆下來就能進行作業。

　　首先鬆開舊輪圈上的銅頭，不過可別一口氣完全拆下，大約鬆至好像快固定不住輻條的程度即可。至於舊輪圈上的銅頭，由於強度已經降低許多，所以建議使用全新品。接著用束帶將新

舊輪圈綁在一起，要注意如果氣嘴孔沒有對準，就無法正確安裝。輪組的行進方向，通常都是以可從飛輪側讀取輪圈上的標示為原則，這點也要注意。移動輻條時要左右交替進行。移至新輪圈上的輻條，請以全新的銅頭將之暫時固定，等到輻條全數移動完之後，再用一字起子上緊。使用的若是無內胎式輪胎，則需使用專用扳手。旋到快看不到銅頭上的螺紋為止，接著在銅頭跟輪圈間上點潤滑劑，使用的輪圈若是 Mavic 廠製品，則需另外塗上螺絲穩固劑。

將輪圈分成三等份

分別用束帶綁住如圖所示，用束帶綁住新舊輪圈，大約綁住 3 處。不要讓兩個輪圈鬆開，務必確實綁緊。

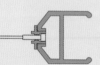

Mavic 的無內胎輪圈構造

將銅頭穿過專用孔，以進行固定。輻條張力的調整一樣透過銅頭進行。

4

5

移動輻條時要遵守左右交替順序

輻條的移動順序要左右交替，如果是從右邊開始，一樣移至新輪圈的右側，接著再移動左側的輻條。

開始幫輻條「搬家」，銅頭請改用新品

用一字起子鬆開舊輪圈上的銅頭，鬆開後將輻條穿過新輪圈，並以新的銅頭暫時固定。

9

上點潤滑劑幫助鎖緊

當銅頭轉到快要看不到螺紋時，可塗上少量潤滑劑，接著再將銅頭完全上緊。

10

輪圈組合完成

鎖好銅頭之後，就可以按照 P136-137 的說明，校正輪組偏移，並調整輻條張力。

MTB
MAINTENANCE

Chapter /

高級篇

front
suspension

4

更換 & 安裝
避震前叉的重點

足以左右MTB騎乘感的部品就是前叉，
只要準備好工具、並記住以下各步驟，換前叉一點也不難喔！

Tool 六角扳手、培林安裝工具、車頭碗安裝工具、膠錘、尺、夾具、鋸子、工作台、星形物安裝輔助器、鐵鎚

單肩式前叉的更換作業

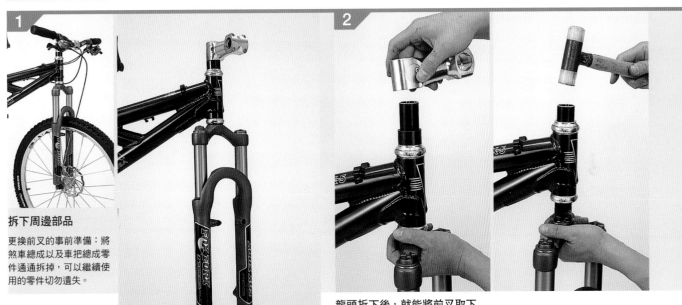

1

拆下周邊部品

更換前叉的事前準備：將
煞車總成以及車把總成零
件通通拆掉，可以繼續使
用的零件切勿遺失。

2

龍頭拆下後，就能將前叉取下

接著將固定的龍頭螺絲鬆開，將龍頭拆下，這時請用一隻
手撐著肩蓋，避免肩蓋掉落地面受損，假如前叉不好拆下，
可用膠錘輕輕敲擊，前叉就能簡單拆下。

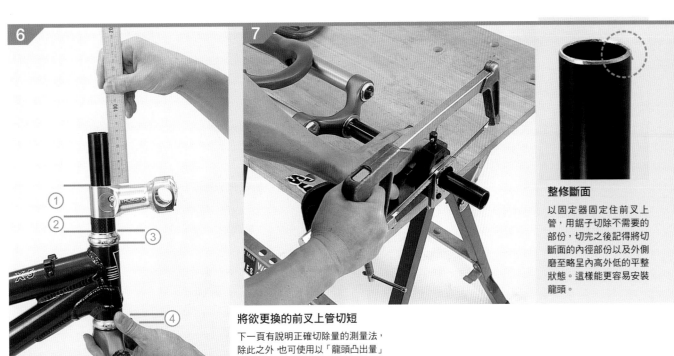

6

① ② ③ ④

將欲更換的前叉上管切短

下一頁有說明正確切除量的測量法，
除此之外 也可使用以「龍頭凸出量」
再多加 5mm 的計算方法。

7

整修斷面

以固定器固定住前叉上
管，用鋸子切除不需要的
部份，切完之後記得將切
斷面的內徑部份以及外側
磨至略呈內高外低的平整
狀態。這樣能更容易安裝
龍頭。

有工具的話會比較容易

更換前叉時會碰到的瓶頸多半是需要專用工具的拆下培林以及培林壓入作業。其他相較之下就簡單許多，但是由於前叉會大幅影響車輛的性能，很講究安裝的精確性的人，建議請車店代勞。

2 需要留意的地方頗多，但最重要的是別讓前叉掉到地上這一點。拆下龍頭後，務必用單手抓住肩蓋。如果油封安裝得很緊，很難從前叉上拆卸時，可用膠錘輕敲，就可以簡單拆下。

6 進行前叉上管的切除作業時，先量出圖中標示的①、②、③、④部位之厚度，加上頭管的長度後，減掉 5mm 就是前叉上管的理想長度，多餘的部份就裁掉。調整車頭碗時請將緊迫螺絲拉到僅夠進行設定的長度即可，總之作業時請見機行事。

8 安裝固定螺柱時請用 Hozan 的星形物安裝輔助器進行作業。由於這種工具有導向裝置，所以不會將螺柱打歪，另外固定螺柱的安裝位置是從前叉上管端開始算起 15mm 內側，有星形物安裝輔助器，就能正確安裝。

3

4

將新的前叉壓入下方培林固定座

使用車頭碗安裝工具，就能讓新前叉壓入下方培林固定座的作業變得簡單又輕鬆。

下方培林固定座得用專用工具拆卸

下方培林固定座為壓入式，如果打算重複使用，可用培林安裝工具將之小心拆下。

5

確認壓入的狀況

要確認下方培林固定座的壓入狀況，在光線充足的地方觀察前叉正前方的下方培林固定座與肩蓋之間的間隙。

8

將固定螺柱壓進前叉上管內部

接著請使用星形物安裝輔助器，將固定螺柱壓進上管內部。進行壓入作業時，千萬不能把前叉放在地面上，用手握住肩蓋部份，在半空中進行作業。

=== Column ===

固定螺柱有2種
可重複使用型＆不可重複使用型

藏於前叉上管內部的固定螺柱有分成敲入式固定螺柱(即星形物)以及螺絲固定式多重緊迫式固定螺柱兩種。多重緊迫式固定螺柱雖然重量偏重，但可重複使用，適合時常更換前叉的人；另一種星形物雖然不能重複使用，不過便宜又輕盈則是它最大的優點。

左邊的多重緊迫式固定螺柱只要上緊中間的螺栓，外徑就會擴大，便能固定於前叉上管之內。右邊的星形則是設計成以螺柱邊緣的部份去咬住上管內部，以達到固定的作用。

MTB
MAINTENANCE

Chapter /
高級 篇
front
suspension

4

更換 & 安裝
避震前叉的重點

Tool 六角扳手、扭力扳手、潤滑油、零件清潔劑

單雙肩蓋的構造基本上是相同的

本頁介紹的是雖然單肩式前叉的更換作業，但是常見於 DH 車系中的雙肩式前叉，安裝方式和前叉上管長度的設定方法都跟單肩式一樣。

9 Chris King 那種油封培林式的車頭碗上也可以塗上潤滑油，目的是提升零件的密封性，也就是

安裝前叉前的準備工作

安裝加工好的前叉前，請在車頭處塗抹上潤滑油。在培林表面上薄薄塗抹一層就行了。

前叉上管的設定點為 5mm

接著將前叉上管穿過車頭，接著安裝墊片以及車頭。確認安裝好的前叉上管有沒有比龍頭短 5mm。

雙肩蓋前叉的安裝

清潔車頭碗的髒污

安裝前叉之前，請務必先將車頭碗上的髒污擦拭乾淨，殘留的髒污可能是造成損壞的主因。

上下端都塗抹上潤滑油

與安裝單肩式前叉的事前準備工作一樣，先在車頭與下端培林固定座上塗抹上潤滑油。

一邊用單手抓住肩蓋，一邊安裝

接下來與單肩式前叉的作業一樣，用單手抓住肩蓋，同時進行安裝。然後藉由上緊緊迫螺絲的作業來調整車頭。

用潤滑油來代替油封，讓水分不會侵入培林內。
10 測量單肩式前叉的前叉上管的長度時，需從龍頭處減 5mm，而雙肩式前叉也一樣。此外，雙肩式前叉的固定螺柱安裝方式、與前叉上管的切除作業，也都和單肩式前叉一樣。
●雙肩式前叉的安裝方式
1～3 這一階段的作業中，除了安裝上肩蓋外，

其他都跟單肩式前叉的安裝方式一樣，潤滑油塗抹的位置也是一樣的。
5 固定肩蓋時，如果鎖太緊，很有可能造成前叉性能無法完全發揮，建議施工時使用扭力扳手，如果手邊沒有扭力扳手，也可以用六角扳手代用。使為方法為握住六角扳手的根部，並且輕輕施力，達到上緊螺絲的目的即可。

固定好龍頭後就接近大功告成了
車頭碗的調整作業完工後，將龍頭固定好，最後再將之前拆下的輪圈、把手及煞車等部品裝回車上。

將緊迫螺絲上緊
接著保持單手握持肩蓋的狀態，並且將緊迫螺絲上緊，由於這個狀態可進行車頭碗的調整作業，所以這項作業也可在零件安裝前進行。

去除前叉外管的油脂
安裝前叉前請先將確認肩蓋的固定狀態，並用煞車零件清潔劑去除前叉外管的油脂，前叉外管上殘留油脂的話可能會造成手滑的情況。

將前叉穿過肩蓋
一邊將車把阻擋器穿過前叉外管的同時，也將前叉穿過肩蓋。這時先將底側肩蓋的螺絲暫時固定，接著將左右前叉安裝上去。

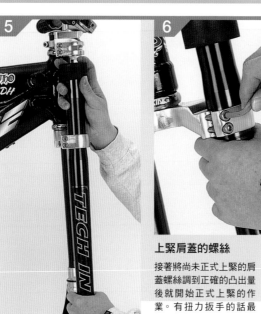

上緊肩蓋的螺絲
接著將尚未正式上緊的肩蓋螺絲調到正確的凸出量後就開始正式上緊的作業。有扭力扳手的話最好，沒有的話，可以六角扳手代用，握住六角扳手根部，將螺絲以適當的扭力值鎖緊。

安裝肩蓋螺絲時
最好使用扭力扳手

安裝雙肩式前叉時，要是固定前叉的肩蓋螺絲上得過緊，有可能會影響前叉內部的作動。不想傷到前叉的避震功能的話，請用扭力扳手，以適當的扭力，將肩蓋螺絲鎖好。

肩蓋螺絲的螺絲扭力值都會明記在零件說明書上，另外極力建議 DH 車的玩家使用扭力扳手進行施工。

車頭碗組的維修保養

雖然車頭碗組的拆裝已經脫離一般維修保養的範疇了,但是瞭解其構造依舊相當重要。
只要能理解車頭碗組的結構和調整方法,就能進行更確實的設定作業。

Tool │ 車頭碗壓入工具、Chris King 專用壓入轉接座、潤滑油、零件清潔劑、珠碗緊迫器、鐵鎚、
車頭部位專用扳手、六角扳手

無牙式車頭碗與雙螺帽車頭碗的不同

用於登山車的車頭大致分為無牙式車頭碗以及雙螺帽車頭碗兩種,另外無牙式車頭碗還分成 1.5 尺寸以及超大尺寸 (Super Over Size) 兩種。頭管內設計有培林的整合式車頭碗(Integral Head),在構造上也屬於無牙式車頭碗的範疇。雙螺帽車頭碗不只車頭總成需要專用零件,前叉跟前叉上管也都需要專用的螺絲工具。無牙式車頭碗則只要前叉上管一樣長就能安裝,具有通用性較高的優勢。

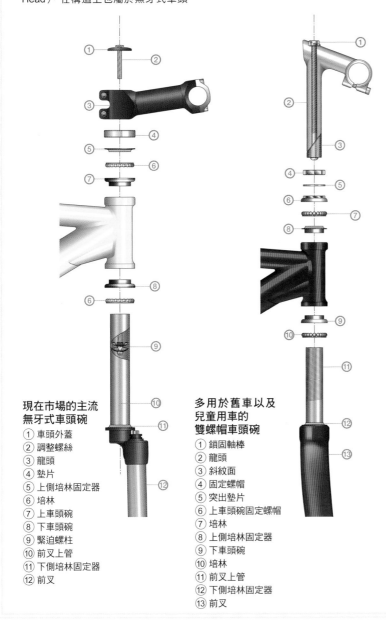

現在市場的主流無牙式車頭碗

① 車頭外蓋
② 調整螺絲
③ 龍頭
④ 墊片
⑤ 上側培林固定器
⑥ 培林
⑦ 上車頭碗
⑧ 下車頭碗
⑨ 緊迫螺柱
⑩ 前叉上管
⑪ 下側培林固定器
⑫ 前叉

多用於舊車以及兒童用車的雙螺帽車頭碗

① 鎖固軸棒
② 龍頭
③ 斜紋面
④ 固定螺帽
⑤ 突出墊片
⑥ 上車頭碗固定螺帽
⑦ 培林
⑧ 上側培林固定器
⑨ 下車頭碗
⑩ 培林
⑪ 前叉上管
⑫ 下側培林固定器
⑬ 前叉

STEP 1 // 車頭碗的安裝

車頭碗的壓入請用專用的轉接座

作業時請將專用的轉接座安裝好(通常只有 Chris King 廠的零件有此需要),然後遵照標示將車頭碗鎖入。

Column

車頭碗的潤滑作業

使用球形培林的車頭碗會在使用過程中,滲入水分或是泥沙,連潤滑油都會因此變黑。只要潤滑油一變髒,就要將舊的潤滑油擦拭乾淨後,再重新上油。

請用零件清潔劑將培林(保護蓋)清潔乾淨,接著再用潤滑油塗抹表面。

請在車頭碗以及培林上仔細塗上潤滑油。

需要的專用工具不只一個

　　車頭碗其實就是一個夾在前叉以及龍頭中間的迴轉零件，騎士的操控以及來自路面的衝擊其實都集中在車頭碗這一點。常走林道的玩家建議每一季進行一次車頭碗的更換作業。

　　車頭碗的更換作業相當仰賴高價的工具以及專業知識，建議這項工作還是交由店家代勞。要進行車頭碗的更換作業時，建議先確認車頭周邊間距離以及零件表面的水平狀況。

STEP 1-1　車頭碗是藉由上緊壓入工具的方式將車頭管擠壓進去的。近年來以不塗抹潤滑油就將車頭管壓入的設計為主流。每家的車頭碗壓入工具都有專用的轉接座，當然這也算在特殊工具的範疇裏。

STEP 1-2　安裝上下車頭碗時，建議對齊上下碗上的文字標示再安裝。如果是 Chris King 的零件，請將 king 字樣轉向正面後再行安裝。

STEP 2-1　雖然有車頭碗緊迫器，可讓車頭碗的拆裝作業進行得輕鬆順利，但車頭管一旦拆下，車頭管的管徑就有增加的可能，所以最好不要隨意拆卸，建議等壞掉再行更換。

STEP 2 // 拆卸車頭碗

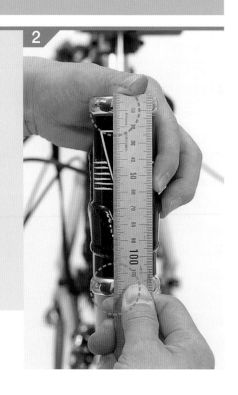

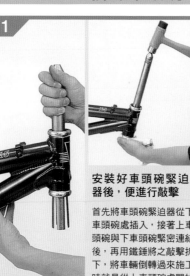

安裝好車頭碗緊迫器後，便進行敲擊

首先將車頭碗緊迫器從下車頭碗處插入，接著上車頭碗與下車頭碗密連結後，再用鐵鎚將之敲擊拆下，將車輛倒轉過來施工時就是從上車頭碗處開始作業。

切勿讓零件掉到地上

請一點一點地輕敲車頭碗，小心別讓下碗掉落地面，建議一邊用手壓住一邊作業。

雙螺帽車頭碗的調整方法

需要專門對應前叉上管的螺絲，將前叉固定於車頭的就是雙螺帽車頭碗。由於龍頭會通過前叉上管的中間並且設計成獨立固定的構造，所以車頭碗跟龍頭的調整就得個別進行。這項作業跟 56 頁的車頭碗調整方法稍微有點不同，敬請留意。

由於兒童用車至今仍然採用雙螺帽車頭碗的設計，為了調整兒童用腳踏車時，最好記住下列說明的調整方法。

鬆開固定螺帽

調整培林接觸面時 (也就是車頭碗的調整)，首先要鬆開固定螺帽，然後進行上車頭碗與下車頭碗固定螺帽的接觸面調整。

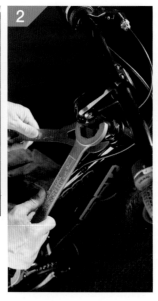

請用中央的螺絲來調整龍頭

請用中央的螺絲來進行高度調整以及車頭筆直度的調整。設定值切勿超過限制線。

將固定螺帽上緊

調到沒有間隙的時候，就可以用車頭碗扳手，將上下車頭碗都鎖好且確認培林的接觸面狀態。安裝時先不要轉動固定螺帽的扳手，應先轉動上車頭碗的固定螺帽的扳手，假如確定好沒有間隙再去上緊螺帽。

MTB
MAINTENANCE

Chapter /

高級 篇

rear
suspension

4

後避震器的
維修保養

即使是高性能的前後避震車款，如果沒有做好正確的安裝、設定，
並細心保養，也無法發揮真正的本領。

Tool │ 六角扳手、鑷子、攻牙器、潤滑油

STEP 1 // 確認有無摩擦、鬆脫以及歪斜的狀況

拆下避震器本體
看看搖臂作動是否順暢

首先將避震器本體拆下並確
認搖臂作動是否順暢，並檢
查搖臂的左右方向是否產生
鬆脫。假如搖臂的連結點使
用的都是油封培林，除了搖
臂的重量之外，不應該出現
其餘負擔；但如果是像照片
中，除了主搖臂連結點採油
封培林之外，其餘都採連結
環的話，多少都會造成一點
抵抗，屬於正常現象，不必
擔心。

STEP 3 // 可動部份的潤滑作業

如果使用連結環

如果使用油封培林

先將培林的油封給拆下

首先利用前端尖銳的工具 (鑷子) 將
油封拆下，由於油封為橡膠材質，所
以拆除時請小心不要傷到油封。

將潤滑油封入培林內

接著將高黏性且潤滑性佳的潤滑油
塗抹在培林上。由於這部份不會持
續轉動，所以可以進行大量的塗抹。

直接在連結環上塗抹潤滑油

XC 車款為了輕量化，多半採用連結環
的設計，只需在連結環的表面塗抹潤滑
油即可，另外連結軸心也要薄薄地塗一
層潤滑油。

上緊螺絲的扭力會對作動造成影響

後避震器的作動會因為車架的設計而有所差異，如果螺絲扭力以及螺絲上緊的順序不同，也會有所影響。如果搖臂的作動順暢度改變，就有可能也要跟著調整避震器的彈簧預載。

STEP 1 假如搖臂的作動開始不順，有可能是螺絲鎖太緊造成的；螺絲上得不夠確實又會產生鬆脫的狀況，有時甚至還會造成搖臂以及連桿的彎曲、或是培林的損害。不過要找出問題的元兇就得要一個零件一個零件的測試才行。

STEP 2 摔車時有時會造成搖臂整體微小的彎曲，如果有這種狀況，可將全部螺絲鬆開，再從避震器端開始往回鎖，避震器的作動就會回復到正常的狀態。

STEP 3 本篇所用的潤滑油為 Respo 的產品，在潤滑度與耐用度方面的表現相當不錯。

STEP 4 假如在承受極大負荷的受力桿上，使用耐熱性低的潤滑油或是潤滑劑，很有可能在受力桿上留下摩擦印，甚至會產生污泥，阻礙避震器作動。

STEP 2 // 連桿周邊的螺絲上緊作業

螺絲要從從避震器端開始往後鎖

避震器本體的順暢與否是影響整個懸吊系統的最主要關鍵，所以螺絲要從避震器端開始往後鎖，不過不可以將每個螺絲一次鎖好，如圖所示依①～④號的順序，將螺絲平均固定，最後再依序逐次確實上緊。後鉤爪端如果有連結點，最後再將連結點上的螺絲鎖緊。

STEP 4 // 避震器本體的軸動部位的清潔與更換

受力桿的清潔

1

用攻牙器將之拔出
由於受力桿的口徑大小過於密合，想輕易取出可能有點難度，這時可插入攻牙器再將之拔出，就能輕鬆取出。

2

受力桿不需要潤滑
由於潤滑油以及潤滑劑很有可能產生硬化反而影響作動，所以用乾布擦拭乾淨即可。

DU 的更換

更換時需要專用工具
避震器本體的軸動為「DU」乾式培林，這種培林會隨著使用的時間而磨損。更換時需要專用工具，建議請車店代勞。

MTB
MAINTENANCE

Chapter /
高級 篇

rear
suspension

4

後避震器的
維修保養

Tool｜Fox Float避震器維修包、夾具、插銷專用工具、
異丙醇(Isopropyl Alcohol)、後避震器專用幫浦

空氣避震器的保養要訣就是更換油封

　　近年來後避震器有著顯著的進化,尤其是空
氣避震器這種高價的產品多用於坊間的改裝成品
車上。其中 Fox 的 Float 可以由玩家自行進行某種
程度的維修保養。由於原廠有提供純正維修包,
所以當避震器的空氣保存性不持久,或是打氣之

STEP 5 // Fox Float避震器的全面檢修

首先將空氣排出

在拆解 Fox Float 避震器前請先按壓
避震器本體的空氣閥,以便內部空氣
的排出。

取下避震器本體

空氣排光後,拆下避震器本體,用六
角扳手將避震器上下的固定螺絲鬆
開,即可取下避震器。

拆下子氣瓶

小心不要傷到,抓住子氣瓶本體,拆
下時切勿一口氣拔下,先用毛巾穿過
避震器的鎖點,接著小心將之拆下。

拔出時以逆時針方向進行轉動

以逆時針方向將子氣瓶從避震器本體
上拆下來,在拔下子氣瓶時請將步驟
3 的毛巾取下。

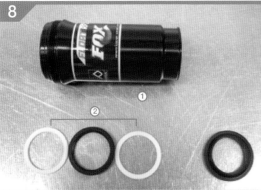

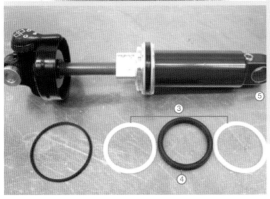

這些就是要更換的零件

在使用 Fox Float 的維修包
前,請先確認零件是否適
合,例如避震器本體所用的
O 環,2000 ～ 2004 款 皆
可通用,但 2005 款式就不
同,所以要先確認清楚。並
且依照安裝順序先將零件排
好,安裝動作就可以進行的
相當順利。組裝子氣瓶時先
確認刮油環與培林的尺寸是
否合適。

① 子氣瓶
② 培林
③ 油封
④ 刮油環
⑤ 鎖點

取下老舊的油封

在拆卸避震器本體的油封
以及子氣瓶的刮油環以及
培林時,可利用鑽孔錐等
等尖銳物體,不過要注意
別傷及本體。

後很快又漏光時，請更換油封。當然這一類的作業需要一定的經驗，建議請車店代勞比較保險。
STEP 5-1 ～ 5-2 拆解避震器本體時請先將空氣從空氣閥洩出，並且開放內壓。不需先將避震器整個拆下，安裝在車上的狀態就可以排氣，另外一併將受力桿拆下。
STEP 5-5 ～ 7 零件拆解下來後，將之個別清潔乾淨，並且檢查有無損傷。沒有異常狀況就可以組裝回去。順帶一提，照片 7 中央的黑色部位就是避震器油封，兩端的白色部份則是培林油封。
STEP 5-12 ～ 16 在將子氣瓶裝上車子前，先別固定在避震器本體上，目的在於讓子氣瓶 容易收縮和安裝。正式上緊要等避震器本體固定在車上後再行作業。

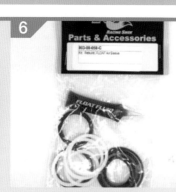

Fox Float 的維修包
Fox Float 避震器附有專用維修包，內含安裝消耗零件時專用的液體。

避震器本體的清潔
接著使用異丙醇 (Isopropyl Alcohol) 將避震器本體以及子氣瓶內部清潔乾淨。

檢查劣化狀態
接著檢查油封與子氣瓶內部的損傷狀況，有必要的話就出動維修包。

安裝更換零件
空氣子氣瓶的內側阻尼棒的接觸面、避震器本體軸心這兩處請裝上全新的刮油環以及培林，並且檢查零件是否有扭轉等安裝不正確的狀況。

塗上專用液體
子氣瓶以及本體的油封安裝好後，在安裝本體前請用專用液體塗抹在各個部位，照片上的軸心油封部份、中央的子氣瓶部份、內側阻尼棒的接觸面，以及下圖的子氣瓶的螺紋部份都適量塗上專用液體。檢查看看有無塗抹完全，可以的話就請開始組裝避震器。

MTB
MAINTENANCE

Chapter /
高級篇

rear
suspension

4

後避震器的
維修保養

Tool | Fox Float 避震器維修包、異丙醇(Isopropyl Alcohol)、夾具、
插銷專用工具、後避震器專用打氣筒

Maintenance location

12 暫時固定子氣瓶

將子氣瓶以滑入的方式裝在避震器
本體上,這時不必完全固定,先留
一點空隙。

13 注入專用液體

接著將專用液體注入到子氣瓶之中。
接著再將避震器本體上緊一點,但注
意這階段還不需要完全鎖緊。

14 安裝受力桿

接著將受力桿裝上避震器本體的鎖
點,假如難以安裝,可將受力桿用轉
的轉進去。注意!切勿在受力桿以及
避震器鎖點上塗抹潤滑油。

15 先固定避震器本體的一邊

裝好受力桿後,就可以將避震器本
體安裝到車上,固定時不要一次就
鎖到緊,一點一點以平均力道分次
鎖上。

16 將避震器以壓縮的狀態
進行安裝

接著對準車上的避震器鎖點與避震
器本體的鎖點,將步驟 12 中尚未
正式鎖緊的子氣瓶上緊。

17 加入規定空氣壓

按照說明書規定,打入適合自己體
重的空氣壓 (請參考 P66),大功告
成。

Column

彈簧氣瓶式避震器的全面檢測
請交由原廠處理

彈簧氣瓶式避震器由於內部有加入專用的特殊氣體,所以基本
上是無法自己完成維修保養的。Fox 的彈簧氣瓶式避震器可經
由某些特約車店代為送修,建議每一年進行一次全面整修。基
本上日常保修就是將清潔避震器的外表,例如內側阻尼棒周邊
以及避震器本體的螺絲都是重點部位,乾燥時,只要將阻尼棒
中間的橡膠圈往上移動即可。

彈簧氣瓶式避震器本體的彈簧
的缺口位置,請別與回彈阻尼
調整鈕對在一起。

避震器本體的 DU 型
乾式培林切勿噴上任
何化學溶劑,只要污
損請立即更換。

**特殊氣體
由此加入**

這種子氣瓶的氣體
是嚴禁釋放的。氣
瓶下方的白色尖端
部位就是灌入特殊
氣體的部位。一般
除了清潔外觀之
外,別去動它為上
上之策。

認識MTB各部位的規格

MTB 零件的互換性，可分成「零件與零件」和「零件與車架」兩種。
以下說明各部位的注意事項和安裝座規格，提供各位讀者更換部品時做為參考。

SHIMANO

以下是 Shimano 製品的互換一覽表。本書中僅擷取最重要的部份，更詳細的內容請向車行洽詢。另外由於 Shimano 與 Sram 兩大廠間的零件互換表完全不公開的緣故，所以 Shimano 並不對 Sram 互換表中的數據背書。

▶ Drive Chain 齒盤類

前齒盤周邊的互換性

以下的數據隨著車架形狀以及零件安裝的位置不同，可能產生無法適用的狀況。安裝前建議洽詢值得信賴的車店。

後輪周邊的互換性

可對應 HG 的曲柄組皆可用於 HG 鏈條。那麼都可以進行零件的互換，Total Capacity 可能會因後變速器的等級而異，需要特別注意飛輪的齒數。

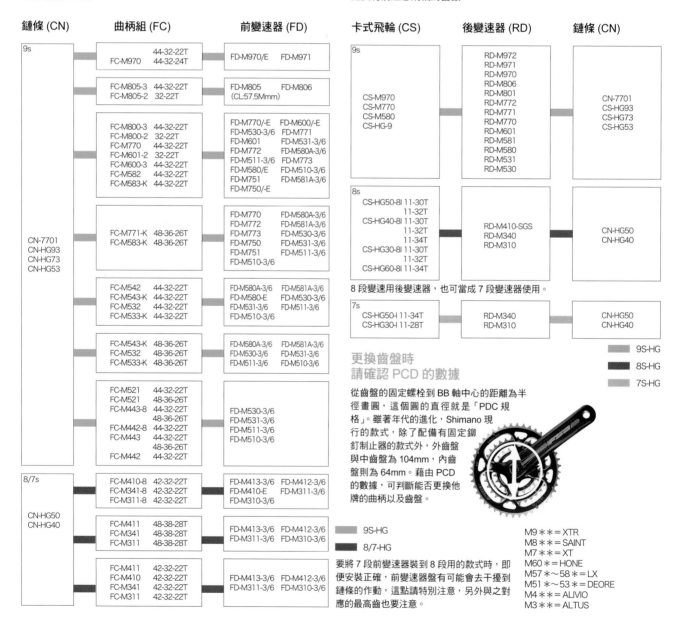

8 段變速用後變速器，也可當成 7 段變速器使用。

更換齒盤時
請確認 PCD 的數據

從齒盤的固定螺栓到 BB 軸中心的距離為半徑畫圓，這個圓的直徑就是「PDC 規格」。雖著年代的進化，Shimano 現行的款式，除了配備有固定鉚釘制止器的款式外，外齒盤與中齒盤為 104mm，內齒盤則為 64mm。藉由 PCD 的數據，可判斷能否更換他牌的曲柄以及齒盤。

M9＊＊＝XTR
M8＊＊＝SAINT
M7＊＊＝XT
M60＊＝HONE
M57＊～58＊＝LX
M51＊～53＊＝DEORE
M4＊＊＝ALIVIO
M3＊＊＝ALTUS

要將 7 段前變速器裝到 8 段用的款式時，即便安裝正確，前變速器盤有可能會去干擾到鏈條的作動，這點請特別注意，另外與之對應的最高齒也要注意。

151

SHIMANO

▶ DISC BRAKE 碟式煞車

前煞碟盤與煞車卡鉗座對應表

有的避震器會因為煞車碟盤的尺寸而產生無法安裝的問題
建議參考以下表格，以免選錯。

煞車卡鉗座尺寸／煞車碟盤尺寸	國際 A 型式式樣（International A Type）			Marzocchi 20mm 軸式式樣		輻射卡鉗座式樣				BOXXER 式樣
	φ160	φ180	φ203	φ160	φ203	φ160	φ170	φ180	φ203	φ203
油壓式碟煞 BR-M975(煞車卡鉗 A) BR-M965-F/BR-M555-F	直接安裝	SM-MA-F180S/S	SM-MA-F203S/S	—	SM-MA-F203S/Z	—	—	SM-MA-F180S/P	SM-MA-F203S/P	SM-MA-F203S/B
BR-M755-F	直接安裝	SM-MA-F180S/S	SM-MA-F203S/S	—	SM-MA-F203S/Z	—	SM-MA-F170S/P	SM-MA-F180S/P	SM-MA-F203S/P	SM-MA-F203S/B
BR-M975P*1 BR-M966/BR-M800 BR-M775 BR-M601-BR-M585 BR-M535-BR-M525 BR-M485	SM-MA-F160P/S	SM-MA-F180 P/S	SM-MA-F203 P/S	SM-MA-F160P/Z	SM-MA-F161P/Z	直接安裝	—	SM-MA-F180P/P	SM-MA-F203P/P	SM-MA-F203P/B
BR-M555-M	—	SM-MA-F180P/S	SM-MA-F203P/S	SM-MA-F160P/Z	SM-MA-F160P/Z	直接安裝		SM-MA-F180P/P	SM-MA-F203P/P	SM-MA-F203P/B
機械式碟煞 BR-M495/BR-M465 BR-M415	SM-MA-F160P/S	SM-MA-F180P/S	SM-MA-F203P/S	SM-MA-F160P/Z	SM-MA-F160P/Z	直接安裝		SM-MA-F180P/P	SM-MA-F203P/P	SM-MA-F203P/B
BR-M475/BR-M515-LA-M BR-M 515-M	SM-MA-F160P/S	—	—	SM-MA-F160P/Z	—	直接安裝				
BR-M515-LA/BR-M515	C601 轉接座（F）	—	—	—	—	—				

後煞碟盤與煞車卡鉗座對應表

後煞碟盤多了 140mm。卡鉗座規格中雖然可看到輻設卡鉗座，不過事實上的標準規格應為國際式樣。

煞車碟盤尺寸	φ140	φ160	φ180	φ203
BR-M975(煞車卡鉗 A)	直接安裝	—	—	—
BR-M975(煞車卡鉗 B) BR-M965R/BR-M755-R BR-M555-R	—	直接安裝	SM-MA-R180S/S	SM-MA-R203S/S
油壓式碟煞 BR-M975P*1	SM-MA-R160P/S	SM-MA-R160P/S	SM-MA-R180P/S	SM-MA-R203P/S
BR-M966/BR-M800 BR-M775/BR-M601 BR-M585/BR-M535 BR-M525/BR-M485	—	SM-MA-R160P/S	SM-MA-R180P/S	SM-MA-R203P/S
BR-M555-M	—	—	SM-MA-R180P/S	SM-MA-R203P/S
機械式碟煞 BR-M495/BR-M465 BR-M415	—	SM-MA-R160P/S	SM-MA-R180P/S	SM-MA-R203P/S
BR-M475/BR-M515-LA-M BR-M515-M	—	SM-MA-R160P/S	—	—
BR-M515-LA/BR-M515	—	C601 轉接座	—	—

轉接座的組合一覽，可直接洽詢各大製造商。
* 各廠的煞車碟盤尺寸 共 有 140、165、195 等幾種，需要專用的轉接座。
* Fox40 式樣為國際式樣中的新款 DH 車煞車卡鉗座規格，煞車碟盤尺寸只能對應碟盤外徑 160mm 和 203mm 碟煞。

* 1/BR-M975 為煞車卡鉗 A（前煞 160mm、後煞 140mm 者可直接安裝）、煞車卡鉗 B（後煞 160mm 者可直接安裝）和 BR-M975P（輻射式卡鉗座 160mm 者可直接安裝）

花鼓與煞車碟盤對應表

自從 Shimano 發表了中央固定系統後，大部份廠商皆改用這種設計，現今僅剩下 6H 的款式，兩者可說是往兩極化的方向發展。

		煞車碟盤		
		中央固定系統 A	中央固定系統 B（Saint）	標準 6H 系統
花鼓	花鼓中央固定系統 A	◎		○*1
	中央固定系統 B		◎	
	標準 6H 系統			◎

* 1/ 可藉由轉接座安裝

國際式樣以及輻射式樣的安裝座可分別用於煞車和避震裝置

一般認為現今主流的卡鉗安裝座為國際式樣，不過改用輻射式避震器安裝座的車款也越來越多，可說是兩種式樣同時混用。

R INTERNATIONAL

POST MOUNT

FOX RC40

中央固定系統與 6H 系統共存於市場之中

中央固定系統可對應各個輪組廠的商品，6H 系統則由於安裝座頗大，有時還得藉由轉接座才能進行安裝，不過相信 6H 系統日後應該還是能擴展其版圖。

普通和 Saint 式樣

6H →
中央固定系統轉接座

SRAM 廠除了握把變速器（Grip Shifter）之外，一口氣安裝在完成車上，並藉此擴大市場佔有率板機式變速器（Trigger Shifter）也一躍成為品牌的熱門商品。此外還生產了可與 SHIMANO 產品通用之製品（SHIMANO 沒有承認此事）。

▶ DRIVE CHAIN

前齒盤周邊互換表

大部份產品都有板機式以及扭轉式兩款，如果是基本款的 9 段變速，採用哪一種組合都沒有問題。

	9S
	8S
	7S

後齒盤周邊互換表

由於後變速系統採用的系統，跟 SHIMANO 截然不同，所以不能互換（可互換商品請見下方說明）。

	9S
	8S
	7S

鏈條	變速器	前變速器
9s PC-991HP PC-991 PC-951	X.O Trigger X.O Twister X-9 Trigger X-9 Twister X-7Trigger X-7 Twister X-5 Trigger 3.0Comp Twister SX-4 Trigger	
8s PC-830	X-5 Trigger SX-4 Trigger 3.0Comp Twister	X-9 X-7 X-5 3.0
7s なし	3.0Comp Twister SX-4 Trigger	

鏈條	後變速器	飛輪
9s PC-991HP PC-991 PC-951	X.O X-5 X-9 SX-4 X-7 3.0	PG-990 PG-980 PG-970 PG-950
8s PC-830	X.O X-5 X-9 SX-4 X-7 3.0	PG-830
7s なし	X.O X-5 X-9 SX-4 X-7 3.0	PG-730

可與 SHIMANO 互換之變速拉桿

Attack Trigger
TRX Trigger
Attack Twister
Centera Twister
MRX CompoTwister

可對應 7 段變速之產品，請向廠商洽詢。

可與 SHIMANO 互換之前變速器

X-9
X-7
X-5
3.0

SRAM 廠開始走向不同於 SHIMANO 廠的道路

SRAM 也有公路車用的變速系統，跟 SHIMANO 一樣成為整車及修補零件的供應商。雖然還有一些製品可與 SHIMANO 系統通用，但就現在的情況看來，可說正在確立世界 2 大系統，處於相互分庭抗禮的局面。

板機式變速器成為 SRAM 的招牌

這款板機式變速器可說是款與 SHIMANO 的握把變速器分庭抗禮的產品。不過變速的方式走的還是比較偏傳統的方式。

雙控式把手在未來會成為世界規格嗎

SHIMANO 在其長年發展的變速器商品中新加入了一款煞車把手與變速把手合一的雙控式把手產品。

Other parts

除了驅動系統之外，本書也將其他各部品的互換性，與安裝於車架時注意點，整理成如下的對應規格表，當中也包含了規格與其他車款迥然不同的 DH、FR 車款。

前叉以及車頭碗尺寸對應表

車頭部位的零件，恐怕是最難互換的部位。不管哪種車款，安裝前最好都詳細詢問過專業車店的意見。

整合式車頭碗（Integral）與半整合式車頭碗（Zero Stack）的構造

STANDARD　ZERO STACK　INTEGRAL

◎ 可直接安裝
○ 需要修改
*1 可能需要用到轉接座或是進行修改
*2 只更改車頭碗就行了

		前叉				
		1" (STD)	1 1/8" (OS)	1 1/4" (EVO)	cannondale	1.5
車架的車頭碗尺寸	1" (STD)	◎				
	1 1/8" (OS)	○ *1	◎			
	1 1/4" (EVO)		○ *1	◎		
	cannondale		○ *1		◎	○ *2
	1.5		○ *2	○ *2		◎

後鉤爪

隨著 Through Axle 的問世，讓後鉤爪得以變寬，但是形狀卻沒有重大變化，現在 Through
Axle 徑也開始進行統一規格的運動。

		花鼓		
		QR 135	TA 135 *1	TA 150 *1
後鉤爪	正爪 135	◎	△*2	
	150			△*2
	逆爪 135	◎	△*2	

Through Axle 也開始
統一尺寸

儘管後鉤爪的「正爪」跟「逆爪」兩種設計上沒什麼太大
變化，但是由於 DH 車以及 FR 車的抬頭，讓這幾年的後
鉤爪週邊開始產生了變化。使用的特殊花鼓的 150mm 後
鉤爪一下子成了熱門規格，而強度比快拆軸還高的
Through Axle 也出現了眾多的尺寸來打亂整個市場，不
過現在後鉤爪的寬幅以及 Through Axle 的尺寸已經開始
進行尺寸上的統一。

正爪

Through Axle

QR= 快拆式
TA=Through Axle 式
*1 TA 徑雖然有 10、20、
30mm 等尺寸，不過基本上應
使用車架的專用品。
*2 超過 12mm 的 Through
Axle，即使後鉤爪規格可對
應，也有可能安裝不上去。

BB 軸尺寸

規格上共分為 BMX(美式) 跟 MTB(歐式) 兩種，不過可以墊片跟轉接座進行互換。由於
義式規格幾乎專屬於公路車，所以不算在內。

		MTB BB		
		68	73	83
BB 部	MTB（歐式）	○	○	○
	BMX（美式）	×	○	×

只要避開早期的商品
就不用擔心不能互換

早期只有完全符合尺寸的商品，所以不必用到墊片或轉接
座，只要 BB 軸的尺寸不對便無法使用。現在由於墊片的
誕生，可調整吊鉤的寬幅，所以不同尺寸的製品還是可以
互換。今後如果要擔心，應該是擔心 BB 軸會走向大口徑
的設計方向，事實上在 FR 車款中已經出現這樣的商品，
往後隨著變速系統的變化，BB 軸規格當中最受注目的也
應該是口徑。

83mm BB 軸

BMX 轉接座

把手龍頭座尺寸

把手跟龍頭座的尺寸通常分為 31.8 φ 跟 25.4 φ 兩種規格。此外坐墊柱也是如此，還能用
墊片確保不同零件之間的互換性。

		把手			
		22.2 φ（BMX）	25.4 φ	28.6 φ	31.8 φ
龍頭	22.2 φ NH（BMX）	◎			
	22.2 φ AH（BMX）	◎			
	25.4 φ NH		◎		
	25.4 φ AH		○		
	28.6 φ AH	△ *1	△ *1	◎	
	31.8 φ AH		△ *1		◎

AH= 無牙式車頭碗龍頭 (Ahead Stem)
NH= 一般龍頭 (Normal Stem)
*1 墊片對應龍頭的情況下

龍頭的寬幅問題
比把手的內徑差還重要

雖然可以用墊片來解決一部份的尺寸差異，但是一般幾乎
使用同樣規格的單品組合。把手和龍頭另外還存在著規格
表中看不出來的問題，那就是把手和龍頭固定處的寬幅。
如果是把手比較粗的話，還沒關係，但如果是龍頭較寬，
就會沒辦法確實固定。有時候即便標示的規格相同，也會
有這個問題，所以建議仔細確認後再行購買。

25.4 φ 把手

25.4 ～ 31.8 φ 墊片

前叉鉤爪形狀

由於無避震前叉（Ridge Fork）的種類極少，所以將重點放在避震系統上，
現在市場上以快拆式以及 20mmTA 式為主流。

		前輪花鼓			
		QR	20 mm	24 mm	30 mm
前叉鉤爪	QR	◎	△ *2		
	20mm TA	△ *2	◎		
	20mm QRTA（Rock Shox）	△ *2	◎		
	24mmTA（Maverick）			◎	
	30mmTA（Curnutt）				◎

QR=Quick Release 快拆　TA=Through Axle
*2　QR 和 20mmTA 兼用的花鼓軸

如果有 20mm 和 QR 共用的花鼓就不用擔心

所有規格中最麻煩的就是 20mm，儘管採用的是 Through Axle 的設計，但是有的避震器使用的卻是快拆式設計，從外表看起來似乎不太一樣，不過其實還是可以使用同樣規格的花鼓。此外其他公司也有發表各前叉專用的花鼓產品，這些產品就不能跟其他的避震器互換就是。前叉鉤爪的部份，基本上只有快拆式跟 20mmTA 式的規格之分，不像後鉤爪一樣，問題較為複雜。

快拆式

20mm 快拆式

坐墊桿尺寸

據統計，坐墊桿的尺寸種類共高達 30 種，尺寸差距大一點的話，還能靠墊片調整，尺寸差距太近的，因為沒有那麼小的墊片，所以反而沒有解決的方法。

	管徑（25.0～32.0φ）採用 I-BEAM 規格，所以無法和其他坐墊桿進行互換。
坐墊桿	25.0/25.4/25.6/25.8/26.0/26.2/26.4/26.6/26.8/27.0/27.2/27.4/28.6/28.8/29.0 /29.2/29.4/29.6/29.8/30.0/30.2/30.4/30.6/30.8/30.9/31.2/31.4/31.6/31.8/32.0

* 坐墊的固定座的尺寸基本上是直接對應坐墊桿的

儘管可以使用墊片調整 建議還是要仔細確認車架尺寸

坐墊桿的尺寸大都直接刻印在支柱本體上，幾乎不太能和其他尺寸相容，除非有合適的墊片可用。特別是大尺寸車架內徑以及標準款的坐墊桿（26.8～27.2φ）之間大多可以進行互換。

坐墊桿專用墊片

BB 軸形狀

BB 軸形狀包括 BMX 款式在內，共有 5 大種類。不過 SHIMANO 將 BB 軸與曲柄合為一體的 Hollow Tech II 不能與任何一款產品互換。

	Three Piece（BMX 用）
BB + 大齒盤	四方柱型
	Octalink 型（SHIMANO 用）
	ISIS（Race Face、TRUVATIV 等等）
	Hollow Tech II（SHIMANO 用）

*3/Race Face 廠等的款式（X-Type）雖然 BB 可以共用，但是跟把左曲柄跟 BB 軸合為一體的 SHIMANO 的曲柄不能相容。

即便同規格 不同款式幾乎都不能互換

假如日後 BB 軸的設計走向大尺寸化（Over Size）的話，那麼 BB 軸的內徑也會跟著變大，現今所採用的規格也要跟著更改。現在這個階段來說，左邊所列舉的規格皆無法互相更換。例如目前已非主流的四方柱型 BB 軸，每家公司所製作出來的溝槽角度都不同，所以就算長度一樣，但在實際安裝時還是會造成大齒盤的作動問題。基本原則為使用同牌同款的製品，否則變速性能也會有差異，這點務必注意。

ISIS 式樣

Three Piece 式樣

空氣壓換算表

空氣壓的主要規格共有三個，不過由於現在的打氣筒或是胎壓計多半都能對應不同規格，所以不用太過擔心。

Kgf/cm	BAR	PSI	Kgf/cm	BAR	PSI
1	0.98	14.20	9	8.83	127.80
2	1.96	28.40	10	9.81	142.00
3	2.94	42.60	11	10.79	156.20
4	3.92	56.80	12	11.77	170.40
5	4.91	71.00	13	12.75	184.60
6	5.89	85.20	14	13.73	198.80
7	6.87	99.40	15	14.72	213.00
8	7.85	113.60			

英吋換算表

雖然國內較少使用英吋，不過進口車的車架尺寸大多都採用英吋規格。所以本書將幾個比較常用的尺碼列於右表，方便各位讀者隨時查閱。

inch	cm	inch	cm	inch	cm
1"	2.54	5"	12.7	20"	50.8
1.5"	3.81	5.5"	13.97	21"	53.34
2"	5.08	6"	15.24	22"	58.42
2.5"	6.35	8"	20.32	23"	58.42
3"	7.62	16"	40.64		
3.5"	8.89	17"	43.18		
4"	10.16	18"	45.72		
4.5"	11.43	19"	48.26		

需要特殊工具的維修作業

要是車架的精密度不足，就算換上高階部品，也是事倍功半。
為了達到更佳的密度，專業車店會接受下列特殊維修保養作業的委託。

為了讓愛車正確發揮性能

不管什麼等級的車架，都是由製造商以數根鋁合金或鋼製管材打造而成的，作業過程中多少會有金屬碎屑或粉塵殘留其中，時間久了就會硬化，甚至讓車架產生微妙的偏移現象。此外，有些量產型車架製作不夠精密，除了像是螺絲孔歪掉，導致 BB 軸無法正確安裝的狀況會發生之外，有些車架的塗裝，甚至會厚到把螺紋都覆蓋過去，甚至是 BB 軸表面磨得不夠平整等，都是很常見的狀況。

品質不佳的車架當然還是能夠運作，但是有可能產生車頭碗怎麼調都調不好、坐墊怎麼調都不舒服，或是碟煞等等，很多細節都會令人感到不安。

其實不管是完成車、或是專業廠商的車架產品，都可能發生這樣的問題而不管是什麼品質的車架，都能將之調整精密，就是專業車店的工作。為了讓部品發揮最佳性能，組裝前應該先校正車架。

通常車架的校正作業，會從 BB 外殼開始，接著是後鉤爪、頭管、座管等等，隨便數一數要檢查的地方居然也這麼多。KOOWHO 車店的 Dr. 永井通常會在交車前做好這些工作，一般認為理所當然的零件，其實都經過精密的校正作業後產生的。不過話又說回來，這些作業，一般人根本就沒辦法 DIY。如果進行過本書中所介紹的維修保養作業之後，車子狀況還是沒有改善的話，說不定你遇到的就是車架的問題，不妨委託專業車店的師傅好好檢查一番。

提高 BB 軸的精密度

maintenance location

BB 軸表面磨至正確的平整度，有助於上緊 BB 軸時的施力，不但可確實上緊 BB 軸，還能有效防止鬆脫。此外要是 BB 軸的螺紋精密度不夠高，就算將 BB 軸上緊，還是會因為鬆動而產生怪聲，可利用 BB 軸專用攻牙器加強螺紋的精密度。這兩項作業越晚進行會變得越麻煩，建議還是新車時就要先處理好。

BB 軸表面洗牙器

這是專門用來磨平 BB 軸表面的專用工具，使用時先將 BB 軸固定好之後，磨好一部份之後再移動位置，繼續磨下一部份。

BB 軸攻牙器

這是用來強用 BB 軸螺紋精密度的特殊工具。其實就是一般攻牙器的放大版，價值超過新台幣 3 萬元的專業用工具。

轉動 BB 軸表面磨平器的刀刃部份後，就能矯正 BB 軸的表面平整度。有些 BB 軸表面看似平整，不過事實上卻相當凹凸不平。

首先將攻牙器裝在 BB 軸外殼上，然後轉動一下，就能將附著在螺紋上的金屬殘留物質清潔乾淨。

調整前後煞車水平

maintenance location

通常左右的煞車來令片與碟盤之間的間隙應維持一致，如果怎麼調整都沒辦法調整不好，可以請車店以鎖點優化工具處理。可讓碟盤台座對準鎖點軸心並保持垂直，讓煞車來令片平均碰觸到碟盤。

鎖點優化工具

用來強化煞車卡鉗鎖點精密度的專用工具，也可用於前叉。

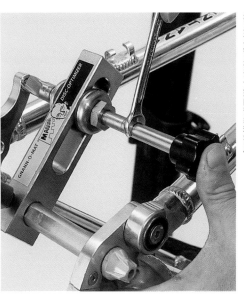

將工具安裝在軸心上，就能切削鎖點的周邊區域，好處在於可提升卡鉗的安裝精密度。

將車頭碗的上下修正至平行

maintenance location

車頭管的上下面若無法呈平行,那麼就算車頭碗裝得上車,操控也會出現異常或鬆脫。使用車頭管攻牙器時必須先將車頭碗零件拆光,相當麻煩,建議在購入新車時就完成這項作業。

車頭管攻牙器
車頭管攻牙器主要是用來將磨平車頭管的表面並提升車頭管內徑的精密度。最便宜的款式要價也超過新台幣3萬元,也是高價的專業級工具。

加工時注意別削得太過頭,請車店幫忙處理的話,應慎選有經驗的專業師傅才能萬無一失。

座管內側也要整理乾淨

maintenance location

坐墊支柱難以裝入座管時,那就表示座管內側螺紋精密度過低,或是有焊接時的殘留物質堆積在內。這時就要出動座管攻牙器。不僅能夠提升安裝的順暢度,增加坐墊的固定性,還可以防止坐墊柱自動往下降的現象。

座管攻牙器
配合座管的尺寸,座管攻牙器的尺寸也相當巨大,不過還可用來微調座管內徑的尺寸。

磨下來的粉屑會掉落到BB軸上,所以施工完,建議將車子倒過來,徹底將粉屑清光。

矯正後鉤爪歪曲

maintenance location

在車架上的後鉤爪左右兩邊各裝上一支修正器,就能檢查中心線有沒有偏移、車架有無歪曲,如左圖所示的左右偏移情形,可以調整到兩支修正器可對準為止。需要精準恰適的力道,不是一般人做得來的,請直接交給專業師傅處理。

後鉤爪修正器
可用來校正車架上的後鉤爪,使其維持左右對齊。使用前要分別安裝在後鉤爪兩側,雖然價格沒有其他器材昂貴,要用得上手需要一點時間。

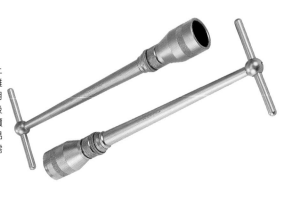

如果後鉤爪歪了,包含驅動部品在內、連煞車都會出問題。新車時期就要檢查,意外承受大幅衝擊之後,最好也能確實進行檢查。

MTB 維修用語辭典

要了解 MTB 一定要知道！

本書從數不清的 MTB 專門用語中，特別挑選與維修保養關係最為密切的用語。了解這些用語，便能更深入了解 MTB！以下便為各位讀者解說各種維修用語所代表的意義。

A

Allen Key
六角扳手，專門用來對應六角形螺栓的扳手，是自行車中最常使用的工具之一，使用頻率之高，幾乎可以「只要有一把 5mm 六角扳手 就能將 MTB 完全拆解」來形容。六角扳手不僅易於施力，也很難滑牙，而且還有大大小小不同的尺寸等優點。Allen Key 之名來自於發明並且將六角扳手商品化的美國工具廠商的商標，另外還有 Hexagon Wrench，Hex Wrench 等不同說法，指的都是六角扳手。

Adjuster
調整器，用來調整避震器或變速器之類部品的裝置或旋鈕，調整器多由「旋轉」方式進行部品的調整，記住「以順時針方向旋轉」便能增強效果，就不會弄錯。

Ahead
無牙式車頭碗，現今蔚為主流的一種單車車頭固定設計。整合車頭碗的培林壓力調整作業，和動力柱 (Steering Column) 的固定，只要一個動作就能達成上述目的。跟傳統利用雙螺帽來固定車頭碗的培林以及前叉，而龍頭還要以別的螺絲固定的方式比較之下，Ahead 可有效減低零件數量、大幅輕量化並簡化使用工具。

Air spring
氣壓式避震系統，意指在前後避震器中的彈簧使用了壓縮空氣之意。這種氣壓式避震系統具有比金屬為主要材質的螺旋式彈簧要來得輕的優點，此外彈簧的效力只需藉由空氣打氣筒便能進行調整，不像一般金屬彈簧那樣，為了配合體重必須花錢將整個金屬彈簧給換掉。

B

Barrel adjuster
煞車線調整旋鈕，指的是用來調整煞車線鬆緊度的一種筒型旋鈕。這種調整旋鈕多半配置於煞車把手、變速桿以及變速器的外管固定部位附近。順時針旋轉可拉緊外管和內線。

Binding Pedal
卡式踏板，如同滑雪板，將鞋子以專用扣片固定於踏板上。

Bolt-on Axle
快拆輪軸，省略車軸螺絲兩側的的螺紋，並且在車軸螺絲外側尾端，以螺帽固定的輪軸固定方式。

Bottom Branket
BB 軸，主要是指支撐曲柄迴轉部位的培林跟軸。

C

Cleat
扣片，即用來連結卡式踏板與專用車鞋的金屬零件。各個廠商的形狀都不相同，所以僅有少部份的鞋底扣片可以共用。

Cage
後輪變速盤，意指後輪變速器 (Rear Derailleur) 的變速盤。分成金屬跟樹脂材質，主要用來維持張力輪 (Tension Pully) 以及導輪 (Guide Pulley) 的位置。短的後輪變速盤稱為 Short Cage，長的則稱為 Long Cage。Cage 的語源為鳥籠。

Chain Cutter
截鏈器，拆卸鏈條的專門工具，雖然名字有一個「截」字，但事實上截鏈器並非真的將鏈條給裁斷，而是將連結鏈條的插銷給逼出來罷了。

Chain Device
前齒盤保護蓋，防止前齒盤脫落的裝置。前齒盤有為兩片或是一片的式樣。

Chamfering
磨平，意指稍微磨掉一點機械加工所產生的銳角。要是零件表面的角過於銳利，正常使用造成的損耗不但會殘留碎屑，還有可能造成機械故障。有些零件出廠前就已經過磨平處理，自己動手磨平的話，可用 1000 ～ 2000 號的砂紙即可。稍微磨過的機械能夠運作地更加順暢。利用機械磨出來的角，呈現 45 度角的稱「C 型」，削成圓滑外觀的則稱為「R 型」。

Cog
鉗齒輪，後齒盤 (Sprocket) 的別名。

Coil Spring
圈狀彈簧，由金屬曲捲而成的彈簧。

Connecting Pin
鏈節插銷，連結 Shimano 廠的鏈條時所用的棒狀零件。將專用工具插入鏈節與鏈節之間後，將前端的圓錐狀物體折下後使用。由於會折起來，所以又稱為安瓿插銷 (Ampul Pin)。此外 Shimano 的鏈節插銷是不能夠再次使用的，請特別注意。

Connecting Link
鏈節，專門用來連接鏈條的鏈條目。上有橢圓狀開孔，以插銷插入後就能固定住。鏈節跟 Shimano 廠的連結插銷不同，是可以再次利用的。雖然各廠商的稱呼不同，而且也不通用，但是基本原理是一樣的。

Cotterless Crank Puller
齒盤拆卸工具，將曲柄從 BB 軸拆卸下來時所需的專用工具。由於在將 BB 軸中央的螺絲拆卸後就必須動用齒盤拆卸工具，所以這個工具還具有將曲柄推出的功能。

D

Degreaser
除油劑，其實就是去油劑、清潔劑的意思。除油劑可溶解遭到油品侵蝕或酸化而變質的老舊潤滑劑和其他污垢。在室內使用時務必保持空氣流通。

Derailleur
變速裝置。

Diaphragm
阻絕膜，利用可吸收容積變化以及壓力的塑膠或樹脂材質來製作的一種具有阻絕功效的膜片。通常用於碟煞的把手處的油箱蓋上。

Disk Brake
碟式煞車，碟式煞車是一種利用裝於煞車卡鉗上的煞車來令片，夾住與車輪一同轉動的煞車碟盤，並以此方法獲得制動力的煞車系統。碟式煞車有分為以油壓作為推動力的油壓式碟煞 (Hydraulic) 以及利用鋼索拉動煞車卡鉗的機械式碟煞 (Mechanical)。

DOT
DOT 是一種標示煞車油性質的規格。原為

MTB維修用語辭典

美國聯邦政府汽車安全標準 (FMVSS) 所制定的煞車油規格，主要規格有 DOT3、DOT4 以及 DOT5 三種。數字越高表示煞車油的耐熱溫度越高，不過對於濕度的吸收卻也會越來越敏感。碟煞要是沒有使用指定的煞車油規格，可是會造成煞車系統的故障的。

Double Crown
雙肩蓋，雙肩蓋位於前叉的上下兩端（用來支撐車架的盤狀零件）。

Down Tube
下管，連結車頭和 BB 軸的車架結構管。下管是整個車架中承受力量最大的一個部份。

F
Facing
洗牙，為確保零件能夠水平安裝所作的表面切削處理。就 MTB 來講，BB 軸外殼、車頭碗以及龍頭等等要是沒有做好垂直安裝，無法順暢轉動的。洗面需要專門工具和技術。

Flat Bar
平把，外形呈「一」字型的把手，反義即「彎把」。

Friction
摩擦效應，只要是機械作動的地方就會有「摩擦」，不僅會阻礙機械的作動，還會產生磨損，降低零件的耐久性。之所以需要針對愛車進行維修保養，正是為了降低機械的摩擦效應，以及盡量讓零件保持在全新的狀態。

G
Grip
握把，即騎車時用手抓握的部位，多由橡膠或樹脂成型為筒狀外觀，由粗細、軟硬、甚至花紋等條件，而有不同的抓握感。由於握把為消耗品，所以請依照自己的喜好，多多嘗試各種式樣的握把。

Grip Shifter
握把式變速器，由 SRAM 開發的一種變速裝置。使用上如同機車催油那樣，僅以旋轉握把的方式便能進行車輛的變速。由於操縱上只需旋轉前後方，所以擁有操作簡單、好握，適合手比較小，不容易操作拉桿的人。

Grease
潤滑劑的統稱，指的是狀似固體奶油的潤滑劑。基本上潤滑劑跟液態油一樣，都以潤滑零件為主要目的，「將增稠劑平均分佈於作為基底的潤滑油裡，讓潤滑油形成半固體的狀態」便是潤滑劑的定義。增稠劑中的纖維狀構造可讓潤滑油咬住金屬，當金屬受到壓力時，潤滑劑便會滲出達到潤滑的效果。另外有些增稠劑會對油封造成影響，請特別注意。通常潤滑劑分為二硫化鉬潤滑劑 (molybdenum grease)，以及鐵氟龍潤滑劑 (Teflon Grease)。

H
Hadley C wrench
開口處以短小的固定插銷，與開口呈現直角角度之特殊扳手。多用來固定口徑較大的螺絲。此外也應用於特定廠牌的輪組培林外蓋或避震前叉的拆解作業上。

Hub
花鼓，位於輪組中心的迴轉部品。

Integrated
整合式車頭碗，省略了收納車頭碗培林的碗，並直接將培林打入頭管中的一種車頭碗。不僅能有效達到輕量化，抑制車頭碗的高度，進而提升騎乘姿勢的自由度。也因為這樣的設計必讓頭管外徑加粗，而具有提升車頭周邊剛性的優點，公路車多半採用這種設計，僅有一小部份的 MTB 採用整合式車頭碗的設計。另外還有類似於整合式車頭碗的隱藏式車頭碗設計（或稱半整合式 Semi Integrated/Zero Stack）。

I
International Standard
國際標準，指的是碟煞卡鉗的安裝規格。以兩根螺栓將卡鉗平行固定於花鼓上。。

ISIS
ISIS 為 International Spline Interface Standard 的簡稱，指的是由 Truvativ、Chris King、Race Face 三家公司為中心所決定的曲柄以及 BB 軸 (Bottom Branket) 嵌合規格，於 1999 年的 Inter Bike Show 中首度發表。利用 10 條圓型溝槽連結 BB 軸以及曲柄是這項發明的特徵。

L
Lub
潤滑 (Lublication) 或是潤滑油 (Lublication Oil) 的簡寫。常見於美國出產的潤滑油外盒包裝。

M
Mechanical Disk
機械式碟煞，使用煞車線控制卡鉗活塞動作的煞車形式。雖然操控性比不上油壓式碟煞，但是優點就在於構造簡單，利用以往的 V 夾煞車延長線就能夠維修保養。

N
Needle Bearing
滾針培林，將傳統滾珠式培林改成圓筒狀。所能承受的重量跟衝擊比以點對點接觸為主的滾珠式培林大。避震器的連結點 (Pivot) 或是專為 DH 賽以及 Dirt jump 賽所設計的車頭叉上，都能夠看得到滾針培林的存在。常用於 Dirt jump 賽中較粗款式則稱為滾錐培林 (Roller Bearing)。

O
Octalink
八爪式，指的是 Shimano 的 BB 軸跟曲柄的嵌合方式。跟傳統的 4 方柱型相比，八爪式不僅比較容易拆裝，安裝孔也比較不容易變大，此外安裝後還具有高剛性的優點。八爪式問世當初只有 Shimano 一家廠商製作，現在很多次級廠商也開始採用八爪式設計。相較於具有 10 個圓孔的 ISIS 規格，八個方型溝槽即為八爪式的特徵。

Oil
油品，即油類用品的總稱，像是 MTB 避震器用來產生阻尼效應的避震油，單車上需要進行轉動以及摺疊部位所用的潤滑油等等都可泛稱為油品。而煞車系統所用的 DOT 規格煞車油，在英文上並非直譯為 Brake Oil，正確的名稱為 Brake Fluid，所以嚴格來講，DOT 規格的煞車油不能算是「油」品。

One Point Five
指車頭碗直徑為 1.5 mm 的規格。主要可以確保一定程度的把手轉動角度，並且讓單肩蓋形式的前叉擁有長行程的效能，還能確保車頭碗的強度跟剛性。

One Point Five 規格以 Manitou 為中心，與 Canecreek、Chris King、Race Face 以及 Rocky Mountain 共同制定的，於 2002 年問世。

Opposed piston disk brake
以活塞左右夾住煞車碟盤的碟煞設計。稍微施力便能擁有強大的制動力，為 MTB 常採用的油壓煞車系統之主流。不過要是

保養不足的話，活塞就會無法順暢作動，影響左右煞車活塞的作動一致性，最後導致制動力遭到削弱的問題。此外當碟盤歪曲時，很有可能出現卡鉗咬死碟盤的情況，這點請特別注意。

Over size
大尺寸，車頭碗內徑或跟前叉動力柱的直徑達 11/8 英吋，或把手安裝於龍頭部分的直徑呈 31.8mm 者，皆可稱為 Over size。

Overhual
全面檢修，意指將機械分解並進行修理。全面檢修的主要目的在於找出一些非拆開零組件來看才能夠看到的劣化現象，並同時發現問題，重新對零組件進行潤滑，不過進行全面檢修的時機不像汽車那般嚴格。

P

Parts Cleaner
零件清潔液，主要用來溶解機械上的油污。跟除油劑意思一樣。

Pedal Wrench
踏板扳手，將踏板裝置於曲柄上所使用的工具。一般扳手的厚度多為 15mm，不過通常踏板軸的部份空間特別狹窄，一般扳手很難施力，踏板扳手因此誕生。不過部份的廠牌的 BMX 系車款採用的是英吋規格，需特別注意。

Pillow Ball
滑枕球，培林的一種，用於需要迴轉運動或是往復運動的部位。可同時承受軸方向的迴轉力以及轉動力。在浮動式煞車卡鉗鎖點以及後避震器本體鎖點上都會用到。

Piston
活塞，用來推動煞車來令片的一種圓筒狀零件。雙活塞則稱為 Two Piston、4 活塞 Four Piston，6 活塞 Six Piston。

Pivot
搖臂連結點，即避震器搖臂的迴轉中心點。這個部份大多會裝設球形培林 (Ball Bearing) 或是滾針培林 (Needle Roller Bearing)。由於搖臂連結點的培林會在難以察覺的情況下慢慢劣化，所以請務必時常檢查。

Post Mount
卡鉗座規格之一，相較於將卡鉗螺絲以平行於花鼓軸的方式來進行安裝的「國際標準」(International Standard) 卡鉗座，

Post Mount 方式則是將卡鉗螺絲以直角方向來進行安裝。由於煞車應力並非僅由安裝上卡鉗螺絲的安裝面來承受，所以就構造力學來講，Post Mont 式樣的卡鉗座才是正確的卡鉗座設計。另外，將卡鉗螺絲鬆開，接著在按壓煞車拉桿，再將卡鉗螺絲鎖上，就能同時調整煞車來令片和碟盤的間隙，更是 Post Mount 卡鉗座的優點之一。摩托車中將 Post Mount 卡鉗座稱為「輻射式卡鉗座」(Radial Mount)，為摩托車界的主流配備。

Preload
預載 指預先對物體加載一些壓力。加壓。轉動後避震器主體上的預載環並加載預載後，便能對車輛高度以及避震器初期下沈量進行微量的調整，另外還具有減低彈簧壓縮時金屬內部的摩擦的效果。此外鎖緊無牙式車頭碗 (Ahead) 的外蓋時，也可對培林施予預載，可讓車頭的旋轉更加順暢，當然預載也別施加過量。

Pressure Anchor
緊迫螺柱，專門用來將無牙式車頭碗 (Ahead) 的培林壓力正常化並固定之工具。由於緊迫螺柱不像星形螺母 (Star Fangled Nut) 那樣必須將螺母打進動力柱內，所以使用起來相當輕鬆。

Q

Quick Release
快拆裝置，為義大利公路車廠商 Campagnolo 所發明出來的設計，不需要工具就能固定花鼓 (Hub) 或支撐柱 (Pillar) 的裝置。將快拆固定桿撥下後，利用這股咬合的力量產生縱向的壓力，以此固定花鼓等部品。

R

Reach
間距，原意為兩點間的距離。在 MTB 的世界中，Reach 指的是把手兩端的寬度、煞車拉桿與握把間的距離，另外把手與坐墊間的高度差也可稱為 reach。Short Reach Lever 即「短距把手」指的是，長度較短的煞車拉桿或拉桿部位呈現彎曲，以利手較小的騎士控制煞車的拉桿款式。

S

Saddle
坐墊，字源為「鞍」(意指騎士的座位)。單車跟騎士所接觸的點僅有把手、踏板以

及坐墊三點，相當重要。

Seat Stay
後上叉，從 Ridge Frame 的後輪花鼓開始，往斜方上的坐墊方向延伸的支撐管。如果單車為背脊式車架設計的話，後上叉的剛性將會大大影響車輛的騎乘感覺。有些後避震車款並無此設計。

Sealed Bearing
油封培林，為防止潤滑劑流失以及防止異物侵入，由橡膠或是樹脂材質外蓋覆蓋起來的培林。原意指「裝有油封的培林」，很容易跟 Shield Bearing，也就是覆蓋有金屬外蓋的密封式培林搞混，所以購買時務必小心。

Seat Tube
座管，裝有坐墊並且裝入支撐柱 (Pillar) 的鋼管。採用後避震器車架設計的單車，由於需要將避震器多連桿或是避震器本體給設計進去，所以座管多半會從中截斷或彎曲。這種車款的座管能調整的上下坐墊高度，就會比一般無避震車款來得短。

Seat Rail
坐墊支架、軌條。坐墊裡的兩根支撐架。材質有鉻鉬鋼 (chromium molybdenum steel)、鈦合金 (Titanium)、以及釩 (Vanadium)。與坐墊支撐柱結合以及可調整坐墊前後位置是現在主流的設計。此外坐墊支架的硬度會影響乘坐時的感覺。

Shifter
變速桿，用來啟動變速器的裝置。現今 MTB 的主流有：Shimano 廠的 Rapid Fire Plus、Dual Control Lever 以及 Sram 廠的 Impulse Technology、Grip Shifter 共 4 種變速桿裝置。

Short Cage
短腿型變速裝置，長度較短的後輪變速裝置。雖然變速幅度不大，但假如將變速器的彈簧設成為相同強度，那麼就能擁有強大的張力 (槓桿原理)，在 DH 賽或 4X 賽中，人氣很高。

Shift wire
變速線，用來控制變速裝置的作動。通常比煞車線還細，用來固定的線頭形狀也跟煞車線用的不同。

Silicon
矽力康，一種由矽素 (Si) 跟空氣 (O) 結合的樹脂。通常是呈現無色無臭無味且透明

MTB維修
用語辭典

狀，不僅性質安定，還擁有耐熱耐冷的優點。由於性質安定，所以會隨著溫度增強黏度的變化，此外撥水性佳，也被拿來當作潤滑劑使用。

Sludge

金屬殘留物，意指在避震油或是鏈條上可見到的一種細微金屬粉末。金屬殘留物的英文 Sludge 的原意其實是指「沉澱物」或是「淤泥」，在潤滑不足的情況下就很常見。由於新品零件的表面多半還是有凹凸不平的狀況，所以就算愛車有充分地潤滑，經由零件的運轉這種金屬殘留物還是會產生。由於金屬殘留物就這麼放著不管的話會加速零件的磨損，所以請務必隨時保持愛車零件的整潔。

Spacer

墊片，用來填補零件與零件之間因尺寸不同所造成的空隙，例如用來調整龍頭高度或是坐墊支柱。以坐墊部位來說，想將直徑 27.2mm 的坐墊支撐柱 (Seat Pillar) 裝在直徑達 30.9mm 的坐墊管上的話，那麼就需要厚達 3.7mm 的筒狀墊片來達到安裝的目的。有時墊片也被稱為「Shim」。

Spider

五爪，即用來連結曲柄 (Crank) 以及齒盤 (Chain Ring) 的星形盤。通常以 4 根或是 5 根 5mm 螺絲固定於大盤上。多半跟曲柄一體成型。

Sprocket

齒盤，與鏈條緊密結合的圓盤狀零件。位於曲柄側的稱為「前齒盤」或「大齒盤」，後輪花鼓側的則稱為「飛輪」或「後齒盤」。Sprocket 這個字多半用於後齒盤。

Star Fangled Nut

星形螺絲，以壓入的方式裝在前叉上管 (Steering Column) 上的零件。因外型近似星形或花瓣而得名。主要任務為固定動力柱。如果用的是無牙式車頭碗 (Ahead)，上緊壓力蓋時也必須用到。

Stiffness

剛性，意指物體形變的難易度，也就是物體受到外部力量時物體會做出多少形變之意。例如容易產生形變的物體就會被稱為「剛性低」。

Stroke

行程，避震器的作動距離。一般都用英吋作為單位 (1 英吋約為 2.54 公分)。4 英吋以下算「短行程」，6 ～ 7 英吋以上算「長行程」。行程的英文 Stroke 跟 Travel 字為同意，但是由於單字還要包含避震器本體作動量的意義，所以行程的英文並非 Travel，多半都稱為 Stroke。

Suspention

避震器，將車體跟輪框分離，利用彈簧來支撐的構造。通稱為懸吊系統。避震器共有兩種功能，第一個功能為彈簧收縮時，阻尼會將所受到的衝擊轉換成熱能並進行吸收的動作。第二個功能為決定輪胎的移動位置。

Swing arm

搖臂，用來固定後避震器跟後輪花鼓 (Hub) 的裝置。基本上搖臂大多是指有單一搖臂連結點的搖臂。

T

Teflon

鐵氟龍，1938 年由杜邦公司的 R.J. 普拉肯特博士研發的素材，不論在化學效應、熱效應、機械效應、甚至是電能效應上，都能夠保持性質穩定。由於鐵氟龍在各種樹脂材質當中，擁有最小的摩擦係數，所以也被應用在需要降低摩擦效應的避震器布司 (Suspension Bush) 上。除此之外有的潤滑油中也有添加鐵氟龍成份。鐵氟龍的應用商品中最有名的就是塗有鐵氟龍的平底不沾鍋。一般常說的 Teflon 其實是杜邦公司的商品註冊名稱，英文為 Polytetrafluoroethene（聚四氟乙烯），簡稱 PTFE。

Tensile strength

強度，代表零件壞掉的難易度。強度跟剛性 (Stiffness) 不可混為一談。

Through Axle

貫通軸，指貫穿車輪花鼓的車輪軸。快拆花鼓的車輪軸只留在花鼓內側不會跑到外面來，並藉由快拆裝置緊迫的力量，將輪軸固定在花鼓內側的尾端，可藉由螺絲將貫通軸尾端跟花鼓本體固定在一起，能提高一部份剛性。

Thread Compound

金屬潤滑劑，主要用來防止螺絲轉斷、螺絲油膜乾涸以及螺絲咬死零件的螺絲專用潤滑劑。特點在熱傳導率低，並且還能降低摩擦熱效應，這對容易出包的鈦合金材質螺絲來說效果斐然。其他材質的螺絲則可以以潤滑用的潤滑劑來代替。此外，由於這種金屬潤滑劑減低了螺絲的摩擦係數，所以還具有穩定螺絲扭力的效果。

Torque

扭力，轉動物體的力量，通常用於表示轉動螺絲時出力的大小。扭力過大，可能會發生螺絲滑牙、甚至斷牙的情況。

Torque Wrench

扭力扳手，擁有 6 根固定牙並且呈現星形孔的扳手。雖然用途跟六角扳手幾乎一樣，但扭力扳手能夠更容易施力，並讓工具跟螺絲之間咬合度更佳。此外，跟六角扳手比起來，扭力扳手並非常用的工具，所以扭力扳手的設計也帶有一點專業的氣息。扭力扳手常用於 MTB 碟煞系統的碟盤拆卸作業上。

Tubeless Tire

無內胎式輪胎，顧名思義，就是不需要內胎的輪胎。由於無內胎，所以也不再需要多餘的內胎橡膠，因此輪胎能夠更加有彈性，除了能夠大幅提升輪胎的接地性以及騎乘感外，還能夠減輕重量，免內胎輪胎的優點不僅如此，當遭遇爆胎等緊急狀況時，一樣能將傳統內胎塞進專用的輪圈中。

Ty Rap

束帶，用來固定外露線材及煞車油管，或比賽號碼牌的一種樹脂材質固定帶。只要將束帶繞一圈之後束緊固定就不會鬆開。其實 Ty Rap 之名是加拿大 Thomas&Betts 公司的註冊專利，英文稱為「Zip Tie」。

W

Water Displacemen

隔水抗鏽功能，有些潤滑劑不僅能除去金屬表面的水分，還能將潤滑效果滲透到金屬裡，因此擁有極佳的防鏽以及潤滑能力。洗完車後時，不需要將水擦乾就能直接噴上使用。

Wide Ration

疏齒比，指變速幅度大的齒輪比。

Wire Disk

機械式碟煞，採用傳統煞車線控制碟煞煞車卡鉗的煞車種類。即 Mechanical Disk。

Wireling

利用細鋼絲來固定車上的零件，或防止零件鬆脫。MTB 中，常用於補強握把、防止煞車卡鉗的固定螺絲鬆脫等作業上。處理細鋼絲時，小心處理鋼絲尾端的部位，以免受傷。

Wave rotor

浪花碟盤，指外型像花瓣的煞車碟盤。浪花碟盤具有煞車卡鉗不容易堆積淤泥、煞車來令片容易清理，以及可減少因煞車過熱造成碟盤變形風險的優點。浪花碟盤在泥巴路面的表現特別出色。

Z

Zero Stack

隱藏式車頭碗，又稱半整合式車頭碗 (Semi Integrated)，車頭碗的一種規格，將傳統車頭碗本體隱藏起來的設計。只需轉動一次，碗跟培林就會插進粗大的車頭碗內側。由於隱藏式車頭碗具有抑制車頭高度的效果，騎姿較為自由也是其優點之一。

其他

上緊螺絲

指檢查螺絲是否有鬆脫，並將之旋緊的檢查動作。平常就養成檢查的習慣，有助於預防螺絲鬆脫。

卡住

固定零件的螺絲或是軸芯卡住動不了的情況。這種情況多半是潤滑不良所產生的鐵鏽、外部異物所造成。解決方法只有，噴上潤滑劑再慢慢將工具拆下。

咬死

意指鎖緊螺絲時工具卡死無法動彈，或是出現被拉扯住般的手感等狀況。在這種情況下要是繼續勉強鎖緊螺絲，很容易傷到螺紋，最後造成無法固定零件的情形。主要的原因在於螺絲沒鎖好或是螺絲與砂、金屬粉之類的物質接觸，最後因摩擦熱（摩擦過熱導致零件的油膜喪失）而產生咬死現象。

吃單邊

指左右煞車來令片摩擦不平均，並且僅有一邊碰觸到輪圈前端以及煞車碟盤的狀況。這種情況下 煞車拉桿的反應會變慢，煞車制動力也會跟著被削弱。

車架裂痕

當過大的力量施於車架時，除了車頭管跟下方管的部位之外，車頭管跟前端管的熔接處也都可能會出現車架劣痕。當車架裂痕如果持續擴大，最後就會演變成車架斷裂，切勿持續使用已經出現裂痕的車架或是零件。在車架這類有塗裝的部位發現疑似裂痕時，很難判斷到底是塗裝裂痕、還是車架裂痕，最好請車店的專業師傅幫忙檢查。

滑牙

意指螺紋受損，並且喪失螺絲的功能，或是指螺絲帽變鈍的情況。一般來說沒對準螺紋，就用力想把螺絲鎖緊，或工具歪掉、尺寸不合，都是導致滑牙的原因。

磨合意指讓全新的零件可更加順暢地作動。例如將金屬、樹脂表面的細微凹凸表面磨平，或者塗上潤滑油，多半就能達到此一目的。

磨合

意指讓新的機械零件稍微作動一下。主要目的在於讓零件在作動時能夠更加順暢。

專用工具

專門設計用來拆裝某個特定零件的工具。像是大盤拆卸工具 (Cotterless Crank Puller) 以及截鏈器等都是具有代表性的自行車專用工具。其他還有一些一般騎士較用不到的專用工具，像是切管器以及頭管壓入工具等等，與其花錢購買，卻不常用到，不如將這工作委託店家代勞較經濟。

碟煞系統的不正常接觸

指在沒有按壓煞車拉桿的情況下，煞車來令片卻會跟碟盤或著輪圈輕微接觸的情況。碟盤歪掉、輪圈固定狀況不佳、異物或者是煞車來令片的接觸面左右不平均等等都可能導致這種問題。

邊緣不整不論是金屬還是樹脂等材質，在切斷面以及成型面上都會產生邊緣不整的現象。建議以砂紙將之磨平，可增加零件作動時的順暢度，還能預防因邊緣不整而引發的故障問題。

英吋規格

以英吋為單位設計出來的車體或部品規格。1 英吋等於 25.4mm，美製 MTB 多半同時混用以英吋為單位的的英制規格與以毫米為單位的公制規格，像是車頭碗規格常以 11/8 英吋的方式標示，而螺絲則多採用公制規格。有些美製零件中也會採用英吋為單位，就算尺寸接近，也不應以公制工具代用，否則可能會因為尺寸不合而導致滑牙，維修時不可不慎。又稱為 Unified 規格。

輪胎空氣壓

空氣的壓力值，有 hPa(Hectopascal)、Bar、psi 以及氣壓等單位，避震器中的氣壓單位指的是空氣避震器的氣壓以及避震器阻尼內部的空氣膨脹室的內部壓力。此外，由於輪胎跟避震器的壓力不同，所以兩者的打氣筒是不能通用的。

油壓式碟煞

利用油壓（液壓）的方式來控制碟煞的卡鉗活塞。少許的力量就能獲得強大的制動力，而且操控性極佳。不過油壓式碟煞的保養維修工作需要相當的知識和工具。

MTB *BiCYCLE CLUB* 系列
登山車維修
MAINTENANCE

PUBLISHING
樂活文化

登山車維修《BiCYCLE CLUB系列》
MTB MAINTENANCE

LOHO編輯部◎編

董事長／根本健
總經理／陳又新

原著書名／MTBメンテナンス
原出版社／枻出版社 EI Publishing Co., Ltd.
譯　者／周柏恆
企劃編輯／道村友晴
執行編輯／方雪兒
日文編輯／李依蒔
美術編輯／袁聖雄、喻慶林

廣告行銷代理
單車人傳媒有限公司
張壽生／曾聖恩／麻彥騰／王惠萱
地　址／台中市南屯區黎明路二段71巷38號
電　話／04-2381-3936

財務部／王淑媚
發行部／黃清泰
發行・出版／樂活文化事業股份有限公司
地　址／台北市 106 大安區延吉街233巷3號6樓
電　話／(02)2325-5343
傳　真／(02)2701-4807
訂閱電話／(02)2705-9156
劃撥帳號／50031708
戶　名／樂活文化事業股份有限公司

台灣總經銷／大和書報圖書股份有限公司
地　址／台北縣新莊市五工五路2號
電　話／(02)8990-2588
印　刷／科樂印刷事業股份有限公司

售價／新台幣288元
版次／2009年1月初版
　　　2010年2月初版二刷
版權所有　翻印必究
ISBN 978-986-6252-01-3
Printed in Taiwan

JAMIS BICYCLES
WWW.JAMISBIKES.COM

2009
全系列車款
新上市

2009 SCOTT SPARK RACE CONCEPT

世界盃冠軍認證 · 碳纖世代領導者

2009 SPARK RC

- IMP 碳纖模內成型技術
- 1550g 車架 + 240g 避震器 + 一體式座管
- Tracloc 三段遙控行程 Lockout / 70mm / 110mm
- HMX NET 超高剛性碳纖紗
- 整車重量 9.9kg

2008世界盃登山車錦標賽冠軍
SwissPower車隊 Florian Vogel

SCOTT

I ♥ shopping

Quick Relese

SH-143   Shopping Bag

ROTOR 3D Crank set with Q-Rings
BIKE·COMPONENTS

只為 更快 更有效率 更舒適

- 降低肌肉乳酸產生與累積 **17.65%**
- 降低身體無氧運動比例 **9%**
- 心跳率下降 **3.5%**
- 血液循環壓力降低 **3.64%** （以上為西班牙 Valladolid 大學實驗室實驗結果）
- 降低膝部髕骨壓力
- 增加膝部可活動度
- 提升持續運動耐力 （以上為西班牙 Zaragoza 大學實驗評論）

冠軍的堅持
- **Carlos Sastre**   **- 2008 環法賽冠軍**
- **Christoph Sauser**   **- 2008 UCI XC 世界冠軍**
- **Marianne Vos**   **- UCI Road 世界冠軍 / 2次 UCI Cyclocross 世界冠軍**
- **Patrick Vernay**   **- 3次全法國鐵人賽冠軍**
- **Joenie Vansteelant** **- 2次 Duathlon LD 世界冠軍**
- **還有數百冠軍選手指定使用 Rotor 產品**

無贊助指定使用只因 Rotor 真的有效

追求極致的運動性能＆樂趣　　BiCYCLE CLUB

公路車選購完全指南 2010
ROAD BIKE LIFE

跨越時間潮流的
名車系譜

與好車邂逅的 **10大法則**

車體與周邊改裝部品指南

長途旅遊KNOW-HOW
想要騎著
公路車去旅行！

最新車服＆用品圖鑑
公路車設定術＆
騎乘講座
公路車
組裝技巧

定價 NT$288

contents

BiCYCLE CLUB 系列

自行車
性能&視覺改裝
完全讀本
Bicycle Custom & Dress Up Book

運用一點巧思
就能使愛車截然不同

顏色升級 & 配件升級
改裝大全

想必有不少讀者
對於至今未曾有所改變的愛車感到厭倦吧。
其實，只要透過顏色、坐墊或車把等配件的替換，
愛車就能有全新的面貌！

攝影／大星直輝

對於寶貝的愛車
依照個人喜好加以改裝

雖然買了新車，卻對外觀感到不甚滿意的時候，藉由配件的更換來改造成自己喜歡的外觀，是最簡單的方法。像是更換車把、坐墊或輪胎等配件，只要用點小心思，就能使愛車的外觀煥然一新。只要花費少許時間與心力即可輕鬆完成改裝，希望各位務必嘗試看看。公路車的改裝配件五花八門，改裝後的造型也琳瑯滿目，尤其是配件的顏色變化性。

只要喜歡愛車的顏色外觀，騎乘的心情自然變得舒暢，同時也能引發騎車上下班或訓練的動機。

007

編輯部
親身傳授

顏色改裝的建議

編輯部成員初次挑戰顏色的改裝，經過一番絞盡腦汁後所完成的作品，
打造出一輛兼具流行與奢華風格的三色公路車。不妨從各種經驗來學習改裝原理，
本單元將介紹選用配件以及顏色改造的技巧。

攝影／大星直輝

after

手把

B-WITCH

高把

價格：2,625日幣
洽詢：東京SAN-ESU

原始設定長度相當短的高把。由於使用白色粉體塗裝，安裝時如何不傷及塗裝表面為重要的課題。

龍頭

RISING

輕量龍頭（珍珠白）

價格：3,500日幣
洽詢：AKIBO

白色粉體塗裝的螺紋式龍頭。簡約而纖細的外形線條，很適合用來適合搭配鉻鉬鋼材的車架。

外管

JAGWIRE

煞車線組

價格：3,654日幣
洽詢：重松TAK21

外管顏色採用了金色系，並盡量避免使用銀色零件，以提升全車整體的一致性。

選擇配件時
不加以妥協

即便同樣是紅色，有些顏色黯淡，有些則太過於顯眼，塗裝與材質都會影響到外觀上的感覺。因此選擇配件時，請實際拿在手上仔細觀察。

建議 **1**

輪圈

CYCLE PARADISE

PR2-50輪圈

價格：13,900日幣（單件）
洽詢：CYCLE PARADISE

在此選用50mm的深白色輪圈。若能夠自行組裝，亦可將螺帽與輻條替換為金色。

更換大面積配件
進行外觀的大幅改造

想讓外觀煥然一新的話，請著手更換輪胎或車輪組等大面積配件。其中，輪胎配件的價格較為平易近人。

建議 **2**

齒盤

SUGINO

PE130S 外齒盤
PE130S 內齒盤

價格：8,925～11,340日幣（外）
4,830～5,985日幣（內）
洽詢：SUGINO ENGINEERING

鍍鋁金色齒盤。五個固定用插銷都統一為金色。（價格：3,129日幣、洽詢：SUGINO ENGINEERING）

踏板

WELLGO

公路車踏板

價格：3,990日幣
洽詢：AKI CORPORATION

輕巧且外形簡潔有力的公路車踏板。但要找到色感與齒盤相近的踏板並非簡單的一件事。

鏈條

KMC

Z7 COLOR

價格：3,150日幣（金色）
洽詢：東京SAN-ESU

鏈條同樣選擇金色。雖然鏈條並無鍍鋁，色感上略有差異，但金色的華麗感覺依然強烈。

曲柄

SUGINO

RD2

價格：11,655日幣
洽詢：SUGINO ENGINEERING

白色粉體塗裝之曲柄，雖然為舊款，其纖細造型突顯出高貴的形象。PCD值為130mm。

FUJI STRATOS R

價格：86,100日幣
洽詢：AKIBO

搭配白色與銀色組合而成，簡單外型又帶有高雅氣息的公路車。只要進行小小改裝，就能搖身一變充滿時尚感的車款！

before

煞車拉桿

DIA-COMPE
TECH99 GOLD FINGER
價格：6,195日幣（一組）
洽詢：東京SAN-ESU

選擇金色的煞車拉桿、煞車桿主體為白色的短煞車桿，能使整體造型渾然天成。

握把

選用BMX系紅色握把，能配合輪胎顏色產生互補作用。本握把為店家特價拍賣時購入，品牌與規格不明。

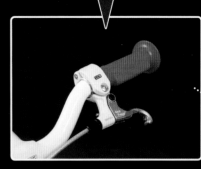

坐墊

SELLE SAN MARCO
CONCOR
價格：13,500日幣
洽詢：DINOSAUR

受到往年公路車賽車手們的愛用，再推出復刻版坐墊，不僅顏色鮮豔，也兼具絲絨質感與古典氣息。

坐墊柱

POST MODERNE
SUMICA PROPOST OFFSET
價格：5,775日幣（白色）
洽詢：AKI CORPORATION

與坐墊的結合處位於後側，即便是難以後傾安裝的CONCOR坐墊，也能取得自然而良好的安裝位置。

煞車夾器（前／後）

DIA-COMPE
BRS101
價格：7,875日幣
洽詢：YOSHIGAI

煞車夾器也是選用金色的色系。由於本煞車夾器的長度較長，能輕鬆安裝在STRATOS R所附屬的原廠輪胎上。

建議 3
選用與車架相同的顏色

進行顏色改裝前，必須先確定車架的顏色。以車架或商標顏色為基本顏色進行改裝，容易具有整體一致性。

區分喜歡的顏色與相互搭配的顏色

相互搭配的顏色組合與自己喜歡的顏色是不同的。選擇顏色時，以3～4種顏色為限，請在此範圍內選購配件進行改裝。

建議 4

氣嘴蓋

DIXNA
鋁製法式氣嘴蓋
價格：158日幣（1個）
洽詢：東京SAN-ESU

雖然是不起眼的零件，但在此選用鍍鋁金色氣嘴蓋，即便是小細節也別忘記進行顏色改裝。

輪胎

VITTORIA
ZAFFIRO2
價格：2,784日幣（單件）
洽詢：VITTORIA JAPAN

選用VITTORIA的有色輪胎。由於前後輪胎所搭配的顏色不同，只單買一種顏色的輪胎說不定會遭店員白眼相待。

知名店家的配件搭配技巧

before

GIOS SPAGIO FLAT

價格：139,650日幣

靈感湧現！充滿趣味！

擁有豐富的配件與顏色種類而廣為人知的自行車店，並提供專業的改裝服務。
讓我們一起欣賞知名店家所提供的改裝範例吧。

攝影／蟹由香

立即變身為充滿個性的外貌

在SPAGIO FLAT安裝高把，並將握把、坐墊與輪胎替換為亮眼的紅色後，強化了的街頭時尚感，搖身一變成為極具攻擊性的SPAGIO公路車。

after

① PANARACER
Category2＋內胎
價格：6,940日幣

② DIXNA
Achilles坐墊
價格：3,990日幣

③ ODI
Attack握把
價格：1,260日幣

④ FLINGER
SW663擋泥板
價格：1,155日幣

CYCLE PARADISE 千歲烏山店

從中古商品到最新產品
應有盡有的世田谷專門店

① NITTO
Mars把手（中古）
價格：1,500日幣

② 3T
Record龍頭（中古）
價格：1,000日幣

③ SELLE SAN MARCO
Regal坐墊（中古）
價格：9,500日幣

④ CYCLE PARADISE
PR2-50輪圈
價格：13,900日幣（單件）

⑤ MKS
Sylvan track踏板
價格：3,050日幣

USED ROAD BIKE

中古公路車

before

after

簡單且充滿男性風味的電鍍外型

將鋁鋁合金的車架改裝為全電鍍的外型！配件也以銀色為主體，高5cm的輪圈更是賞心悅目！電鍍造型搶眼、不容易看膩也是其優點所在。

指導店家介紹

CYCLE PARADISE 千歲烏山店

住　　址：東京市世田谷區南烏山5-11-7
　　　　　魚梅第一大樓1F
電　　話：03-5314-2827
營業時間：10:00～20:00
公 休 日：星期四
http://www.cypara.com

CYCLE PARADISE位於東京世田谷區，千歲烏山店於今年1月開幕。除了最新車款與改裝配件之外，也有豐富的中古車款與原創改裝配件及公路車。

負責改裝本車的專業改裝技師—藤田暢男

TT 公路車搖身一變為時尚公路車

經典競賽用公路車也能改裝為時尚公路車。選用白色輪圈提昇整體時尚感，並使用慢行式(Promenade type) 手把，減緩身體前傾的情況以強化舒適的騎乘感。

SPECIALIZED TRANSITION PRO
價格：300,000日幣 (車架組)

before

after

1. **ODI**
   O型握把
   價格：1,470日幣
2. **TIOGA**
   Spider twin tail坐墊
   價格：13,650日幣
3. **MICHE**
   Race輪組
   價格：36,750日幣
4. **CINELLI**
   Valencia把手
   價格：5,200日幣
5. **TESTACH**
   Aid arm輔助煞車拉桿
   價格：2,415日幣
6. **TIOGA**
   Share Foot Compact
   鉬鋁合金踏板
   價格：5,040日幣

VIGORE
鉻鉬公路車
價格：168,000日幣

before

FIG BIKE
原宿

握把與坐墊等配件的
顏色及種類一應俱全

改裝為古典風味的
鉻鉬公路車

選購把手等配件時，可盡量選擇同廠牌的產品，以達到「Smart Order」的目的。包括古銅色輪圈、真皮製車把帶與坐墊、以及橘色塗裝的車架，合力打造具懷舊風格的公路車。

after

1. **BROOKS**
   Swift坐墊
   價格：19,215日幣
2. **VIGORE**
   車架塗裝
   價格：18,900日幣（清漆塗裝）
3. **VIGORE**
   商標訂製
   價格：5,250日幣（整套）
4. **日東**
   B-105彎把
   價格：3,413日幣
5. **GRUNGE**
   Tough X龍頭
   價格：3,360日幣
6. **VELO**
   皮革車把帶
   價格：8,190日幣
7. **車輪組 (DIY式)**
   SUN ASSAUULT
   700c 輪圈＋SHIMANO
   TIAGRA 花鼓＋
   CNSPOKE 輻條
   價格：22,952日幣

指導店家介紹

FIG BIKE 原宿

住　　址：東京市涉谷區神宮前2-33-5 1/2F
電　　話：03-5413-9050
　　　　　（2F 車款＆配件）
營業時間：12:00～21:00
公 休 日：星期三
http://www.figbike.com

平易近人的風格，極度推薦給改裝初學者。老闆不僅會親手進行改裝，也會與顧客一起進行，傳授改裝愛車的樂趣，給予顧客親切隨和的印象。

平野先生改裝時都會親切地進行說明。

COLOR VARIATION CATALOG

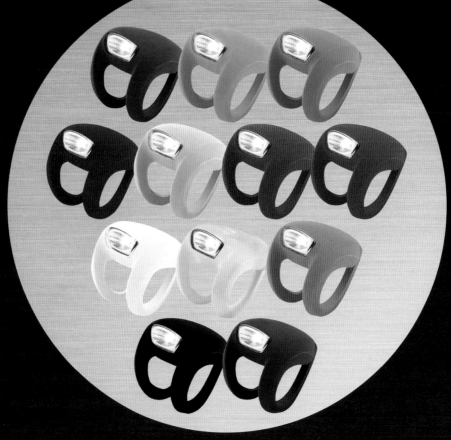

各種顏色的配件可讓自行車改造更有樂趣。
根據顏色選用適當的配件，可提升整體的一致性。
本單元將以顏色為區分，向您介紹各式各樣的改裝配件，
從酷炫時尚到充滿活潑氣息的顏色，種類應有盡有。

& OTHER DRESS UP
PARTS CATALOG

GOLD&SILVER

金&銀

想讓愛車增添奢華風的氣息
那就不可錯過閃耀的金色系配件

來自外星球的鏈條調整工具

TOPEAK
ChainBOT機器人打鏈器
價格：NT$1,790
洽詢：捷安特

銀色坐墊增加視覺效果

GRUNGE
Turbine坐墊
價格：2,625日幣
洽詢：東京SAN-ESU

導鏈器也不容忽視

KCNC
Ceramic jockey導鏈器
價格：3,990日幣
洽詢：RITEWAY PRODUCTS JAPAN

工具與時尚精品結合

TOPEAK
Mini 20 Pro
20種專業工具組
價格：NT$900
洽詢：捷安特

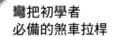

彎把初學者必備的煞車拉桿

TEKTRO
內煞車拉桿
價格：2,940日幣
洽詢：AKI CORPORATION

鋁合金公路車飛輪組

MOWA 10-SPEED ROAD CASSETTE
價格：電洽
洽詢：英友達

單速車輪組

GRAN COMPE
價格：35,050日幣（前後一組）
洽詢：東京SAN-ESU

可輕鬆安裝與拆卸

WELLGO
金銀色踏板
價格：7,140日幣
洽詢：AKI CORPORATION

鋁製電鍍煞車夾器

DIXNA
CNC Dual pivot煞車夾器
價格：28,140日幣（前後一組）
洽詢：東京SAN-ESU

兼具高品質與耐用度

CHRIS KING
非螺紋式車頭碗組
價格：19,950日幣（1-1/8）、18,900日幣（1）
27,300日幣（1.5）
洽詢：MIZUTANI自行車

大耳緣花鼓

GRAN COMPE
單速公路車限定色
價格：16,800日幣
洽詢：東京SAN-ESU

高亮度
2LED燈

KNOG
Beetle
價格：2,100日幣
洽詢：DIATECH PRODUCTS

藍

替愛車增添酷炫外型
充滿速度感的藍色系配件

RaceRocket
競賽火箭打氣筒

TOPEAK
價格：NT$950
洽詢：捷安特

簡潔的
雙面踏板

DIXNA
Road W踏板
價格：3,990日幣
洽詢：東京SAN-ESU

讓您的小摺
自動升級

WELLGO
亮彩快拆式踏板
價格：7,140日幣
洽詢：AKI CORPORATION

讓公路車的把手
更為鮮艷

SATORI
Alloy公路車把手
價格：4,725日幣
洽詢：AKI CORPORATION

鋁合金
美式氣嘴蓋

MOWA AMERICAN TYPE
INNER TUBE VALVE CAPS
價格：電洽
洽詢：英友達

去除緩衝功能的
男人味造型

GIANT
網狀握把
價格：3,675日幣
洽詢：GIANT

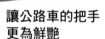

※由於握把毫無緩衝
性能，騎乘時請務必
穿戴包覆式手套。

材質堅硬的
1.5英吋車頭碗組

CANECREEK
110.Onefive車頭碗組
價格：29,400日幣
洽詢：DIATECH PRODUCTS

堅硬的主體
耐用的材質

GRUNGE
BM踏板
價格：2,100日幣
洽詢：東京SAN-ESU

搶眼的700c
鍍鋁輪圈

HALO
Aero track rim輪圈
價格：7,140日幣
洽詢：DIATECH PRODUCTS

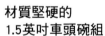

輕量化
塑膠坐墊

KASHIMAX
AERO BMX坐墊
價格：公定價
洽詢：東商會

可愛造型
橡膠外殼車燈
KNOG
Strobe
價格：1,680日幣
洽詢：DIATECH PRODUCTS

綠
以沉穩的綠色系配件
打造可愛又柔和的外觀

美式
街頭風設計
ELECTRA
Rat fink車鈴
價格：893日幣
洽詢：CORAZON

把手尾塞
MOWA BAR END PLUGS
價格：電洽
洽詢：英友達

兼具外型與實用性的
煞車夾器
DIXNA
CNC Dual pivot煞車夾器
價格：21,000日幣（前後一組）
洽詢：東京SAN-ESU

可選擇四種燈光
閃爍方式
KNOG
Beetle
價格：2,100日幣
洽詢：DIATECH
　　　PRODUCTS

Alien Lux
外星人警示燈
Topeak
價格：NT$280
洽詢：捷安特

替車架
增添重點色
DIXNA
Vantage夾鉗
價格：1,575日幣
洽詢：東京SAN-ESU

大耳緣
單速車用花鼓
GRAN COMPE
單速公路車限定色
價格：16,800日幣
洽詢：東京SAN-ESU

具高耐用性的
20英吋色胎
GUEEST
Pimp street色胎
價格：3,570日幣
洽詢：DIATECH PRODUCTS

可對應單速車與登山車
CHRIS KING
非螺紋式車頭碗組
價格：19,950日幣（1-1/8）、18,900日幣（1）
　　　27,300日幣（1.5）
洽詢：MIZUTANI自行車

方便繫在
柱狀物的車鎖
YPK
Cafe2.0
價格：2,730日幣
洽詢：DIATECH PRODUCTS

○ RED ○

紅

猛烈燃燒般的紅色系配件
打造出攻擊性的風格

可減少墊圈的使用量

DIXNA
S-shape龍頭
價格：5,040日幣
洽詢：東京SAN-ESU

替輪組變裝

GRAN COMPE
單速車限定色
價格：16,800日幣
洽詢：東京SAN-ESU

角型燈罩
在夜間依舊明亮

KNOG
Strobe
價格：1,680日幣
洽詢：DIATECH PRODUCTS

小巧外型
是最大的魅力

SIGMA
Micro
價格：1,890日幣
洽詢：AKI CORPORATION

造型簡單的
1LED車燈

KNOG
1LED LIGHT
價格：1,260日幣
洽詢：DIATECH PRODUCTS

曾風靡一時的
運動型坐墊

SAN MARCO
Concor坐墊
價格：13,500日幣
洽詢：DINOSAUR

精緻外型
適用於小徑車

XERO
X-220
價格：55,650日幣
洽詢：AKI CORPORATION

大膽使用
透明外殼的踏板

GRUNGE
Lucent踏板
價格：1,890日幣
洽詢：東京SAN-ESU

車頭碗梅花片鎖固螺絲／
水壺架螺絲

MOWA
HEADSET STAR NUT/BOTTLE
CAGE SCREWS
價格：電洽
洽詢：英友達

盒裝補胎組

TOPEAK
Rescue Box
價格：NT$150
洽詢：捷安特

在街頭暢行無阻的
700C色胎

PANARACER
CategoryS色胎
價格：2,270日幣
洽詢：PANASONIC POLY
　　　TECHNOLOGY

經典的
1英吋螺紋式立管
RIZING
輕量化立管
價格：4,000日幣
洽詢：AKIBO

PINK&PURPLE

粉紅&紫

閃爍著美艷氣息的
粉紅與紫色系配件

心型圖案
充滿女性化
ELECTRA
Sweet heart
價格：1,964日幣
洽詢：CORAZON

3種粉色系
顏色任君挑選
KNOG
Strobe
價格：1,680日幣
洽詢：DIATECH PRODUCTS

具良好緩衝性
適合女性車手
TERRY
Rosie
價格：9,975日幣
洽詢：東京SAN-ESU

花紋圖案
可愛感滿分
NALGENE
1.0L水壺
價格：1,470日幣
洽詢：東京SAN-ESU

造型簡單的
煞車夾器
DIA-COMPE
BRS101
價格：7,875日幣
洽詢：東京SAN-ESU

吸引目光的
半透明踏板
GRUNGE
Lucent踏板
價格：1,890日幣
洽詢：東京SAN-ESU

CNC切削達到
極致輕量化
TRP
R960 C夾
價格：40,950日幣
洽詢：AKI CORPORATION

外觀可愛的
451輪組
XERO
X-220
價格：55,650日幣
洽詢：AKI CORPORATION

在街頭也暢行無阻的
BMX用色胎
GUSSET
Pimp street
價格：3,570日幣
洽詢：DIATECH PRODUCTS

Alien Lux
外星人警示燈
TOPEAK
價格：NT$280
洽詢：捷安特

簡約的
標準型坐墊
GRUNGE
Turbine坐墊
價格：2,625日幣
洽詢：東京SAN-ESU

散發濃厚的
懷舊氣息
CHRIS KING
非螺紋式車頭碗組
價格：19,950日幣（1-1/8）、
　　　18,900日幣（1）、27,300日幣（1.5）
洽詢：MIZUTANI自行車

粗縫線增添變化性
ATTUNE
ST Historia握把
價格：1,470日幣
洽詢：AKI CORPORATION

小巧輕薄的
單面踏板
DIXNA
Libra QRD踏板
價格：9,765日幣
洽詢：東京SAN-ESU

平價的鎖鏈式車鎖
ABUS
Catena685車鎖
價格：4,620日幣
洽詢：DIATECH PRODUCTS

罕見的竹製把手
GRUNGE
竹製把手
價格：7,875日幣
洽詢：東京SAN-ESU

美式懷舊風
寬板坐墊
ELECTRA
Surf坐墊
價格：4,935日幣
洽詢：CORAZON

激發狂野氣息的
蛇紋胎
SWEETSKINZ
RATTLE BACK
價格：4,410日幣
洽詢：RAINBOW PRODUCTS JAPAN

提升輪組
顏色的一致性
CN輻條
褐色粉體塗裝
價格：3,150日幣（40支）
洽詢：DIATECH PRODUCTS

登山車用
碟盤式花鼓
CHRIS KING
ISO碟盤式花鼓
價格：29,400日幣（前）、57,750日幣（後）
洽詢：MIZUTANI自行車

黃&橙

充滿活力的陽光色系
具有熱帶氣息的黃色與橙色系配件

魔爪維納斯山地／
公路車立管
MOWA
VENUS
MTB/ROAD STEM
價格：電洽
洽詢：英友達

閃耀炫目的CNC煞車夾器
TRP
R960超輕型C夾
價格：40,950日幣
洽詢：AKI CORPORATION

車架V夾座螺絲組
MOWA
FRAME PIVOT
SCREWS 10MM
價格：電洽
洽詢：英友達

充滿活力的
時尚坐墊
ELECTRA
Daisy坐墊
價格：5,145日幣
洽詢：CORAZON

Peak DX
聰明頭迷你打氣筒
TOPEAK
價格：NT$650
洽詢：捷安特

耐用的公路車踏板
GRUNGE
公路車踏板 NEO
價格：2,310日幣
洽詢：東京SAN-ESU

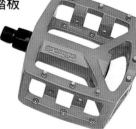

雙色陽極登山車
齒片組＆齒盤螺絲組
MOWA
DOUBLE ANODIZED MTB
CHAINRING&CHAINRING BOLTS
價格：電洽
洽詢：英友達

大方外型與簡易的
安裝方式為其魅力
KNOG
Strobe頭燈
價格：1,680日幣
洽詢：DIATECH PRODUCTS

以活潑的色彩
妝點愛車
YPK
Proloop密碼鎖
價格：2,100日幣
洽詢：DIATECH PRODUCTS

中央溝槽
提升舒適的乘坐感
SMP
EXTRA坐墊
價格：6,825日幣
洽詢：MIZUTANI自行車

運動型單面踏板
WELLGO
Color cage靴套式踏板
價格：3,150日幣
洽詢：AKI CORPORATION

白色與透明車燈
KNOG
Strobe
價格：1,680日幣
洽詢：DIATECH PRODUCTS

俐落的
多邊手握造型
ERGON
限量白色版GX1
價格：NT$1,320
洽詢：捷安特

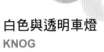

Mono Cage CX
白色水壺架
TOPEAK
價格：NT$170
洽詢：捷安特

坐墊上的鉚釘
充滿懷舊風味
SAN MARCO
Regal白色坐墊
價格：11,000日幣
洽詢：DINOSAUR

CNC鋁合金
堅固龍頭
RIZING
鉬鋁合金公路車把手
價格：4,000日幣
洽詢：AKIBO

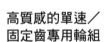
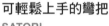

可輕鬆上手的彎把
SATORI
白色彎把
價格：4,725日幣
洽詢：AKI CORPORATION

高質感的單速／
固定齒專用輪組
Rolf-Prima
P-Town
價格：NT$25,800
洽詢：鈦美

經典造型的坐墊
SOMA FABRICATIONS
TA-BO坐墊
價格：9,765日幣
洽詢：東京SAN-ESU

具備空氣力學的
輕量化碳纖坐墊柱
ONE BY ESU
勾型碳纖坐墊柱
價格：16,590日幣（坐墊柱）、
　　　1,680日幣（螺帽）
洽詢：東京SAN-ESU

充滿魅力的
陶瓷質感車鎖
YPK
Pro loop密碼鎖
價格：2,100日幣
洽詢：DIATECH PRODUCTS

使用方便的
雙圈式車鎖
YPK
Cafe2.0
價格：2,730日幣
洽詢：DIATECH PRODUCTS

黑
具有攻擊性的風格
與紅色系配件都是不可或缺的存在

造型簡單的
散步型把手
UN AUTHORIZED
雙彎式手把
價格：4,200日幣
洽詢：DIATECH PRODUCTS

究極輕量化的
CNC煞車夾器
ONE BY ESU
Light on煞車夾器
價格：24,990日幣
洽詢：東京SAN-ESU

充滿存在感的
30mm輪圈
UN AUTHORIZED
Eight spot SS輪組
價格：29,400日幣
洽詢：DIATECH PRODUCTS

簡約的短煞車拉桿
DIA-COMPE
MX122-23mm
價格：1,155日幣
洽詢：東京SAN-ESU

低調兼具時尚感的配件
KCNC
Ceramic jockey導輪
價格：3,990日幣
洽詢：RITEWAY PRODUCTS JAPAN

極具攻擊性的外型
AKI-WORLD
黑色把手
價格：3,150日幣
洽詢：AKI CORPORATION

環保USB車燈
TOPEAK
RedLite DX USB
價格：NT$880
洽詢：捷安特

競賽用
頂級扳輪組
Rolf-Prima
Carbon TDF 58
價格：NT$76,500
洽詢：鈦美

快拆式
彎把用拉桿
TEKTRO
RL340
價格：2,625日幣
洽詢：AKI CORPORATION

深受車手們喜愛的知名車鎖製造商—ABUS，所製作的可愛造型車鎖。因為採用兒童風格的可愛外型，或許無法有效嚇阻小偷，但外觀極具吸引力。共有鋼繩式與鐵鏈式車鎖兩種類型。

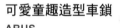

OTHER DRESS UP PARTS

其他顏色的配件

配件的種類齊全
從玩具造型配件到設計感配件應有盡有

可愛童趣造型車鎖
ABUS
MY FIRST ABUS
1505/55、1505/60
價格：2,310日幣（1505/55）、
3,360日幣（1505/60）
洽詢：DIATECH PRODUCTS

茶壺與咖啡杯造型的可愛車鈴
NUVO
CUP BELL、POT BELL
價格：441日幣
洽詢：FUTABA商店

讓愛車的花鼓閃閃發亮
花鼓毛刷
價格：300日幣
洽詢：PEARL金屬

騎乘時可讓花鼓閃閃發亮的自動清潔毛刷，深受中年婦女的喜愛。使用時須注意勿傷及花鼓表面。

茶壺與咖啡杯造型的車鈴，外觀搶眼但聲音效果普通。外殼上「Coffee」與「茶」等感覺多此一舉的文字，極具趣味性，容易吸引他人目光，是重要的裝飾配件。

各形各色的組合圖案充滿魅力
AKI-WORLD
FLOWER GRIP握把
價格：1,050日幣
洽詢：AKI CORPORATION
與知名時尚品牌相仿的花樣，充滿魅力造型極具視覺效果，讓您的愛車瞬間具有時尚感，只要裝上去，就可以感受到上流社會的魅力。

五花八門的氣嘴配件
氣嘴蓋
價格：525日幣（2個一組）
洽詢：MARUI
氣嘴蓋的造型包括個性風格的骷髏與子彈，到小魚與笑臉圖案等應有盡有，可以同時對應美式以及法式氣嘴。

獨特的機器人造型車燈
AKSLEN
HL-70
價格：2,680日幣
洽詢：YUNICO
外觀極似機器人頭部的前車燈，具備可調整亮度與光線顏色的功能，明亮且具備高安全性，充滿魅力的配件。

可以取代煞車燈來使用
AKI-WORLD
LED煞車蹄片
價格：1,890日幣
洽詢：AKI CORPORATION

內含紅色LED燈的煞車蹄片，只要煞車時就會自動發亮，充滿創意與功能性，可作為煞車燈使用，僅適用於V夾煞車器。

搭配輻條的顏色做選擇
AKI-WORLD
乳膠輻條蓋
價格：630日幣
洽詢：AKI CORPORATION
色彩豐富的乳膠輻條蓋，可以搭配輻條與輪圈的色調做選擇，來提升整體的一致性。安裝時須重新拆卸輪組，是較為繁瑣的作業。

千鳥格上管套

GIANT
上管套
價格：1,050日幣
洽詢：GIANT

將愛車置放於電線桿等地方時，請安裝上管套以防傷及上管表面。千鳥格的花紋設計，不僅增添了高貴氣息，價格也相當平易近人。

在崎嶇道路發出悅耳的鈴聲

VIVA
把手掛鈴
價格：未定
洽詢：東京SAN-ESU

因應路路面的平整度而發出聲響的掛鈴，在平坦的道路上幾乎不會發出聲音，可隨意安裝在把手上為其魅力所在，顏色種類也相當豐富。

妝點輪組的重要配件

彩色法式氣嘴蓋
價格：473日幣
洽詢：AKI CORPORATION

輪組當中的不可忽視的焦點配件，為鋁合金材質。可對應一般小徑車所使用的法式氣嘴。亮眼且堅固耐用的材質，目前有四種顏色可供選擇。

發揮創意的圓盤後輪罩

AKI-WORLD
後輪罩
價格：6,825日幣（700C、26英吋）、
5,775日幣（20英吋）
洽詢：AKI CORPORATION
透明材質的後輪罩，可在圓盤上隨性地貼上個性貼紙或是直接塗裝與塗鴉等等，或是畫上卡通圖案，在此發揮您極致的想像力。

造型獨特的彩色車鈴

ELECTRA
水晶車鈴
價格：420日幣
洽詢：東京SAN-ESU

轉動外殼即可發出聲響的獨特車鈴。顏色種類豐富，可搭配各式改裝車款。從透明的外殼中，可窺見其內部構造也是樂趣所在。

繫於把手尾端的飄帶

ELECTRA
皮革飄帶
價格：1,680日幣
洽詢：CORAZON

繫於把手的尾端，騎乘時可隨風飄揚的皮革飄帶。從美國的騎士風到街頭流行風，各式各樣的改裝車款當中皆可發現它的身影。

復古風旅行用車鈴

指南針車鈴
價格：420日幣
洽詢：MARUI

內藏指南針的便利車鈴，是旅遊迷路時的好幫手。與其他數位產品不同，無須擔心電力的問題，這也是一大魅力所在。

可安裝於把手上的便利咖啡杯架

ELECTRA
不銹鋼杯架
價格：1,890日幣
洽詢：CORAZON

安裝於把手上，可放置咖啡杯等杯子，早上不妨買杯咖啡，享受騎車通勤的樂趣。想體驗紐約客的隨性風格，千萬不可錯過這款配件。

搶眼的單速車七彩鏈條

KMC
Z510 Rainbow鏈條
價格：6,300日幣
洽詢：東京SAN-ESU

外觀非常搶眼的七彩鏈條，擁有紅、綠、黃等顏色，以隨機方式排列。材質十分耐用，並且適用於單速公路車。

可以在加油站進行打氣

GRUNGE
法&美式氣嘴轉接頭
鍍鋁氣嘴蓋
價格：368日幣（轉接頭）、
158日幣（氣嘴）
洽詢：東京SAN-ESU

可將法式氣嘴轉變為美式氣嘴的轉接頭，以及美式氣嘴蓋。只要裝上轉接頭，就可以在加油站進行打氣，如圖中般可任意組合各種顏色。

高音量的電子音可發揮警示作用

PHIL
Mega horn電子車鈴
價格：2,079日幣
洽詢：東京SAN-ESU

內含9V電池的電子車鈴，其音量非普通車鈴所能比擬，在安靜的場所可能得小心使用，即便距離很遠也能聽得很清楚，並具有高度的警示作用。

只要做部份
配件的替換
風格就會
大改變！

復古風
改裝法

充滿復古風格的外型，不分男女老少深受眾人的喜愛。
無須更動機械零件的部份，只要改變配件，
就能輕輕鬆鬆讓愛車轉換風格！

攝影／島田健次

握把

要打造低調的復古風果然還是選皮革，
像是握把與車把帶的更換，即使是初學
者也能輕鬆完成。

不可或缺的皮製配件
能夠提升復古感！

將愛車改裝為復古風格時，皮
製配件是不可缺少的好伙伴。
平時請將皮製的配件收納於屋
內，以提升其耐用度。

重點 **1**

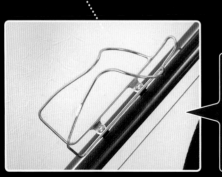

水壺架

不銹鋼製的細管水
壺架，具有古典味
道 的 外 型，可 安
穩地放置500ml的
水壺。

 before 「G」
Noblesse Oblige

價格：**99,800日幣**

採用粉體塗裝的鉬鋁合金車架，700c車輪可確保
舒適的騎乘感，電鍍前叉與懸臂煞車夾更添增了
強烈復古感。

盡可能統一
皮革配件的色調

重點 **2**

即便是相同的皮革配件，其
顏色可能有偏黑或是偏褐色
的款式。選購時請盡量挑選
色調相同的配件。

車鈴

常見於歐美高級公路車上的古銅色車
鈴。安裝後的瞬間，愛車立刻充滿高貴
古典的氣息。

坐墊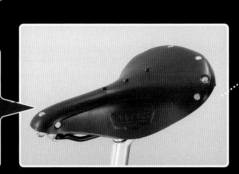

選用真皮製BROOKS
坐墊，立即提升愛車
的整體質感。坐墊後
方亦有空間，可以裝
上坐墊包。

after

重點 **3**

活用材質的
固有美感
增添金屬製配件

選用造型簡約的鋼鐵或是鋁製
配件，不僅本身具有美感，還
能強化整體的復古感。

踏板

強調材質固有美感的踏板，請配合曲柄
來選擇顏色。

復古風改裝法之 親身實踐！

在之前的單元複習了復古風改裝的重點後，接著就來改變鉬鋁合金車架的配件吧。

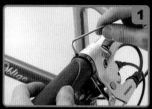

拆卸舊的握把

以L型六角扳手鬆開螺絲，拆卸舊握把。請注意圖片中的握把有四個螺絲部位。

可於把手噴灑零件清洗劑

可作為潤滑劑使用、且具高揮發性的零件清洗劑。但是若沾有油污或水時，可能無法快速乾燥。

趁清洗劑尚未乾燥時安裝握把

上了清洗劑之後就可以準備新的握把，請在零件清洗劑尚未完全乾燥時安裝上去。

調整煞車拉桿的位置

按照不同位置調整

根據煞車拉桿或握把的長度不同，有時需要以六角型扳手來調整煞車拉桿或變速拉桿的位置。

安裝握把

握把的安裝與拆卸方式有很多種，有用螺絲固定的類型、也有以黏著劑固定的類型。本單元使用的皮製握把，只要套上去就可以了，不過在安裝前請注意握把內徑是否與把手尺寸相符合。

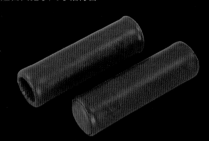

VIVI CRAFT
皮製握把
價格：3,900日幣

Green style與Green cycle station兩店家均有獨家販售之皮製握把，共有褐、黑、金黃等三種顏色。

鬆開舊車鈴的螺絲

以螺絲起子從正下方插入，逐步鬆開舊車鈴的螺絲。

卸下舊車鈴的螺絲

當螺絲變鬆後，可以輕易地轉動車鈴座，請將車鈴的螺絲部位轉動至容易使用螺絲起子的位置。

將新車鈴安裝於把手上

古銅車鈴座是以夾式的原理安裝於把手上，為了避免車鈴與把手之間產生空隙，請務必拴緊螺絲。

取得適當位置後鎖緊螺絲

決定好車鈴與握把的距離及角度後，一口氣鎖緊螺絲。只要熟悉安裝的流程，下次即可輕鬆進行改裝。

安裝車鈴

定位於街頭騎乘的自行車款式，大部份於購入時已附有車鈴，或是隨車附送，但是若追求外觀與復古的風格，推薦選購古銅色的車鈴，是改裝配件的必備款式。

VIVA
古銅色迴轉式車鈴
價格：945日幣

原本光亮的表面經過氧化後而自然形成的顏色，本店家甚至故意將全新的車鈴放置於室外，使之氧化而呈現古銅色。

指導店家介紹

GREEN STYLE

地　　址：神奈川縣橫濱市中區山下町24-8
　　　　　City court山下公園1F
電　　話：045-662-1414
營業時間：11:00～20:00
公　休　日：星期三、四
http://www.style-yokohama.com

專門為您量身打造優質為自行車生活的店家。可以多跟店員溝通，聽從相關的建議，打造出一輛充滿個人風味的自行車，也可請專員繪製改裝草稿圖。

GREEN STYLE橫濱店店長Yo-suke先生

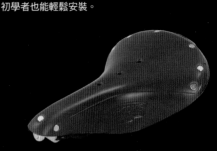

更換坐墊

許多人認為皮製坐墊坐起來比較不舒適，但只要習慣之後意外地臀部就不會感到疼痛感。有些款式也有鉚釘，可以按照喜好來選擇，此外只要有L型六角扳手，即使初學者也能輕鬆安裝。

1 鬆開坐墊支架下方的螺絲

請以內六角扳手鬆開坐墊下方的坐墊支架螺絲。

2 移動坐墊支架上緣

大約鬆開一半的螺絲後，即可移動坐墊支架的上緣部份，藉此取出坐墊。

3 取出坐墊

把舊的坐墊取下，安裝新坐墊時也是一樣，要準確地放入坐墊支架中間。

4 一邊調整坐墊位置一邊鎖緊螺絲

把車體稍微壓倒，確認坐墊的傾斜度後做最後調整，安裝時請務必注意坐墊與把手的間隔距離。

BROOKS
B17標準型
價格：9,555日幣

同廠牌的標準型坐墊，前後的鉚釘設計突顯出工匠的工藝之美，圖為褐色坐墊，也有黑色的款式。

更換踏板

材質、形狀以及顏色相當豐富的踏板，屬於比較容易安裝與更換的配件。但在裝卸時，尤其是拆卸的時候需使用踏板專用扳手，因此安裝前請記得準備使用性高的15英吋扳手，以方便作業。

1 拆卸舊踏板

以15英吋扳手進行拆卸，並朝踏板行進方向之相反的方向來轉動。

2 插入曲柄並預留空間

將一半的螺絲插入與曲柄相接處後，手握住踏板往前進方向轉動，即可自動鎖緊。

3 手持踏板轉動曲柄

將踏板完全插入曲柄後，轉動曲柄即可逐漸鎖緊踏板。

4 使用15英吋扳手減少曲柄與踏板的縫隙

為了防止騎乘時踏板脫落，最後請再使用15英吋扳手減少曲柄與踏板的縫隙。

MKS
Sylvan Road
價格：3,050日幣

日本知名廠牌—MIKASHIMA的標準型踏板。單側附有靴套用掛勾。

安裝水壺架

安裝水壺架可提升愛車整體的方便性。選購水壺架的尺寸時，請注意是否可放置充足水量的的水壺大小，也有500ml水壺專用的款式。

1 拆卸下管上的螺絲

大部份的自行車架上，都附有安裝水壺架用的下管螺絲，請使用內六角扳手卸除螺絲。

2 比對水壺架孔與下管孔的間隔距離

安裝時，請務必確認水壺架孔與下管孔的間隔距離是否互相符合。

3 以附贈的螺絲來固定位置

大部份的水壺架皆附有尺寸適中的螺絲，請以內六角扳手鎖緊固定。

NITTO
水壺架500
價格：4,367日幣

以加工技術聞名的日東公司所製作之不鏽鋼水壺架。

CLASSICAL PARTS CATALOG

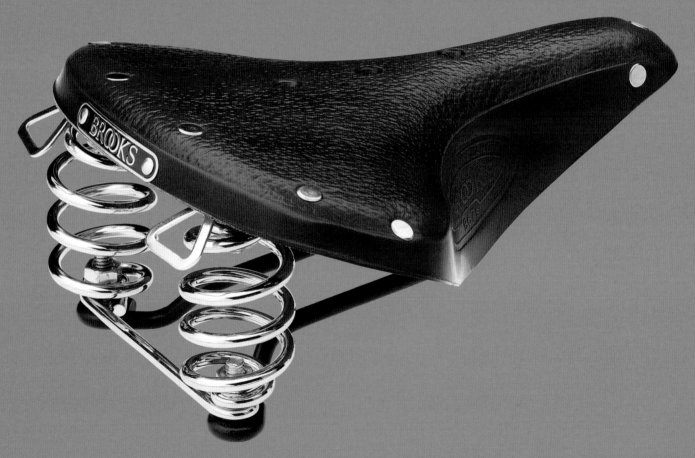

為了將愛車打造成懷舊風格，
包括天然材質的華麗配件以及充滿濃厚成熟風味的配件，
都是不錯的參考方式。本單元將全車部品分門別類，
介紹各類主流的零件與配件！

FOR HANDLE

把手周邊配件

推薦選購質地良好
觸感極佳的把手配件

具備柔暖的
軟木塞質感

HERRMANS

84B Ergo 84 Cork

價格：1,890日幣

洽詢：PR Intrernational

由芬蘭的自行車配件公
司—HERRMANS所推
出的軟木塞握把，握持
舒適感十足。

傳統的
棉質車把帶

VIVA

棉質車把帶

價格：1,050日幣

洽詢：東京SAN-ESU

棉質車把帶的歷史悠
久，良好的觸感與豐
富的顏色種類為其魅
力所在。

皮革質感與
機能的結合

HERRMANS

100B合成皮革握把

價格：3,990日幣

洽詢：PR Intrernational

具有橡膠的延展性與皮革握持的
舒適質感，握把的高級產品，推
薦給重視質感與機能的玩家。

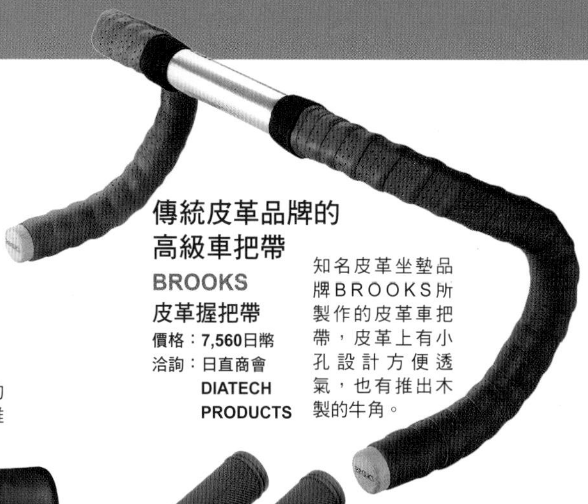

傳統皮革品牌的
高級車把帶

BROOKS

皮革握把帶

價格：7,560日幣

洽詢：日直商會
DIATECH
PRODUCTS

知名皮革坐墊品
牌BROOKS所
製作的皮革車把
帶，皮革上有小
孔設計方便透
氣，也有推出木
製的牛角。

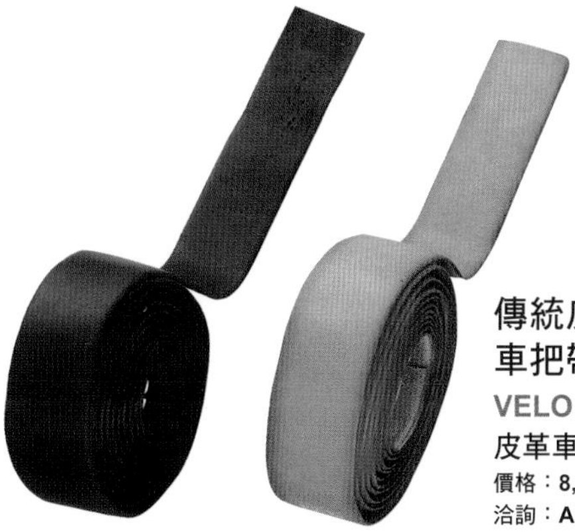

傳統皮革
車把帶

VELO

皮革車把帶

價格：8,190日幣

洽詢：AKI CORPORATION

皮革材質，經長年使用後
能更添風味，除圖中的兩
種顏色外，尚有白色與深
褐色。

獨特風味的
英國品牌握把

BROOKS

皮革握把

價格：9,345日幣

洽詢：日直商會
DIATECH PRODUCTS

纏繞於握把上環狀皮
革之獨特設計，相當
具流行感。可依照握
把長度調整皮環的
數量。

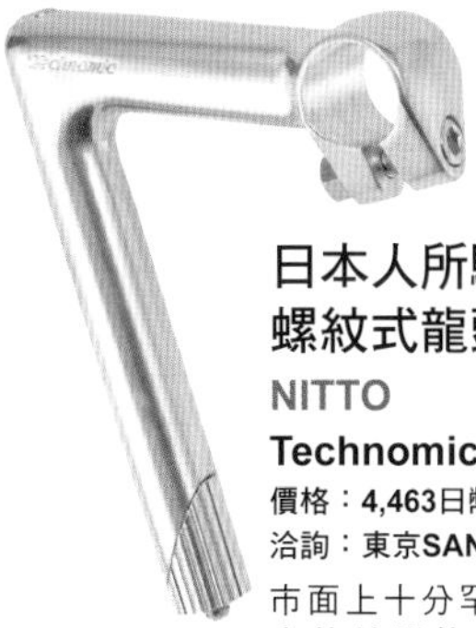

良好伸縮性的材質
適用於彎把與平把

VELO

VLG-520長握把

價格：945日幣

洽詢：MARUI

使用高延展性之橡膠材質，約
175mm的長握把。可安裝於半徑
24～22.2mm的把手上。

時尚握把套

ATTUNE

橡膠握把套

價格：1,365日幣

洽詢：AKI
CORPORATION

尾端為封閉式縫合的
時尚握把套。合成皮
革材質，即使下雨天
也不用擔心。

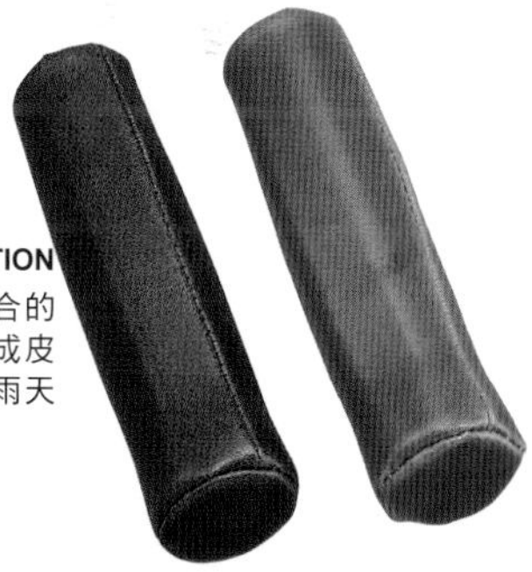

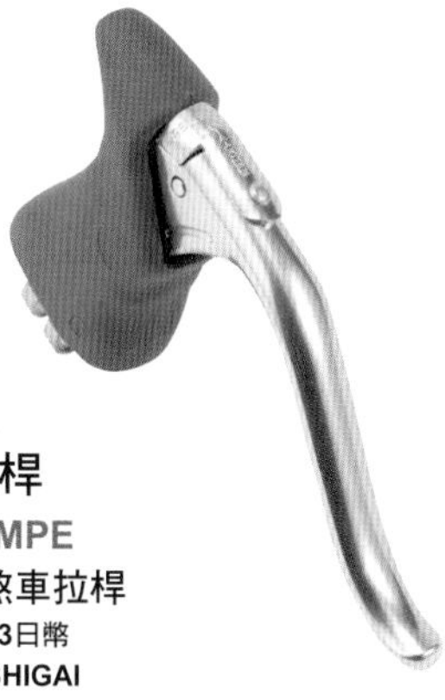

日本人所驕傲的
螺紋式龍頭

NITTO

Technomic

價格：4,463日幣

洽詢：東京SAN-ESU

市面上十分罕見，螺紋式龍頭
中的首選款式，長度約50～
130mm，也有長度較長的款式。

快拆式
傳統拉桿

DIA-COMPE

204QC煞車拉桿

價格：2,153日幣

洽詢：YOSHIGAI

傳統型快拆式煞車拉桿，休閒式
自行車不可或缺的配件。

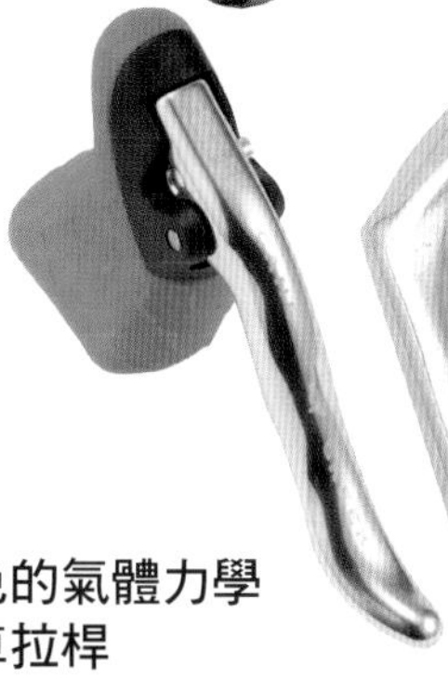

褐色的氣體力學
煞車拉桿

CANE CREEK

SCR-5煞車拉桿

價格：5,250日幣

洽詢：DIATECH PRODUCTS

拉桿的造型非常易於握持，
簡約的淡褐色煞變把十分搶
眼，圖為短煞車拉桿。

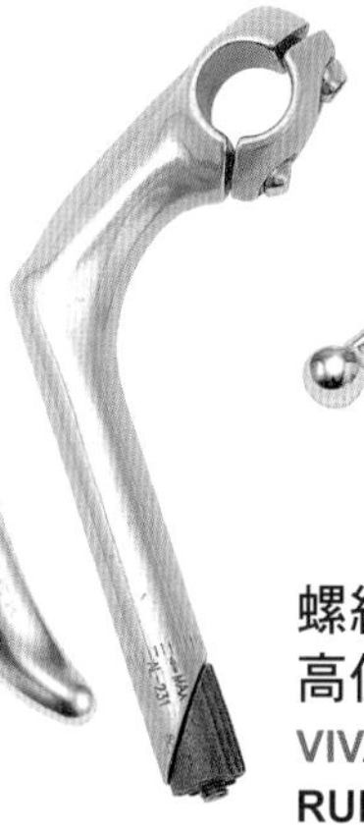

螺紋式
高位龍頭

VIVA

RUI龍頭

價格：1,155日幣

洽詢：東京SAN-ESU

具有復古造型的螺
紋式龍頭，位置可
以加高，價格相當
平易近人。

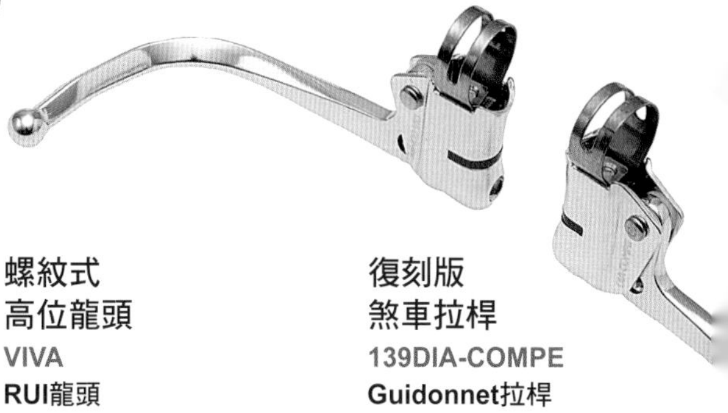

復刻版
煞車拉桿

139DIA-COMPE

Guidonnet拉桿

價格：2,730日幣

洽詢：東京SAN-ESU

可對應23.8mm的旅
行車車把與彎把，
可從把手上部進行
拉引動作。

SADDLE

坐墊

想打造懷舊的風格重點就在替換坐墊
以下介紹皮革及復刻版坐墊等配件

皮革坐墊中的代表
BROOKS
B17 Standard
價格：9,555日幣
洽詢：日直商會 DIATECH PRODUCTS
提到坐墊中的代表，絕對不可不提
B17。運動型加上寬廣的乘坐面積，
適用於競賽或是街頭騎乘。

競賽用坐墊中的最高等級
BROOKS
Team Pro Titanium鈦弓坐墊
價格：38,535日幣
洽詢：日直商會 DIATECH PRODUCTS
使用比鋼鐵輕100g以上的鈦合金
材質，是公路車的代表款式，坐
墊後也附有坐墊袋支架。

法國廠牌的運動型坐墊
GILLES BERTHOUD
Soulor
價格：28,350日幣
洽詢：PR INTERNATIONAL
法國知名自行車袋廠牌所
製作的坐墊，具有細長而
俐落的外型，坐墊支架為
不鏽鋼製。

特別規格的運動型坐墊
BROOKS
Swallow B15 Titanium坐墊
價格：53,655日幣
洽詢：日直商會 DIATECH PRODUCTS
使用鈦合金材質製作，為BROOKS
的坐墊當中最為經典且最輕量化的款
式，細長的造型適合公路車使用。

可自由調整坐墊硬度
GRAN COMPE
皮革坐墊
價格：10,500日幣
洽詢：YOSHIGAI
具多段式調節功能，可自由調整
喜好的坐墊硬度。使用與高級皮
製沙發相同的皮革。

中空皮革坐墊的先驅
SELLE ANATOMICA
Titanico LD中空坐墊
價格：14,700日幣
洽詢：DIATECH PRODUCTS
適合長時間乘坐的中空式坐
墊，符合人體工學的設計獨領
風騷。除外型獨特，顏色種類
也相當豐富。

古銅色的支架與鉚釘相當搶眼
ZINBARE
皮革坐墊
價格：13,900日幣
洽詢：EI VIVERO TRADING
使用澳洲皮革製成的坐墊，散發
古銅色光芒的支架與鉚釘部位，
相當具男人味。

城市風彈簧坐墊
BROOKS
B67坐墊
價格：10,395日幣
洽詢：日直商會
　　　DIATECH PRODUCTS
附有彈簧的皮革坐墊，適
合城市休閒車，大面積的
坐墊與彈簧的緩衝性提供
舒適的乘坐感。

皮革坐墊保養法

為了延長皮革的使用壽命，必須以皮革專用
油來進行保養。將油塗抹在皮革上，在半乾
的狀態使用乾布擦拭。平常可以用布帶綑綁
坐墊，讓皮革坐墊不會容易變形。

保養皮革坐墊可使用
BROOKS的坐墊保養油，
單價1,365日幣，不妨與
坐墊同時購入。

洗練的
雙色坐墊
KASHIMAX
CHS-240GSB雙色坐墊
價格：1,470日幣
洽詢：MARUI

雙色調的彈簧式坐墊。KASHIMAX為專門生產優質坐墊的日本知名老店。

適合城市騎乘
的舒適坐墊
GIZA
彈簧坐墊
價格：2,513日幣
洽詢：MARUI

側面打入鉚釘的城市款坐墊。由ACHILLES公司製作，使用合成皮革並放入23mm厚的舒適襯墊，顏色種類也相當豐富。

充滿懷舊風味的
鉚釘坐墊
VELO
Sports classic鉚釘坐墊
價格：2,625日幣
洽詢：AKI CORPORATION

復古的鉚釘設計，為運動型坐墊，細長的外型適合公路車暢快馳騁。

極具質感的
麂皮坐墊
AKI
復古麂皮坐墊
價格：2,940日幣
洽詢：AKI CORPORATION

麂皮的質感與沉穩的色調為其特色，簡約的外型百看不膩，適用於任何車款。

鑽石狀的縫線
極具風味
DIXNA
DSR坐墊
價格：5,460日幣
洽詢：東京SAN-ESU

採用鑽石縫線設定，加上七個鉚釘，呈現出完美的懷舊風味。使用高級的鈦合金材質，價格卻相當平易近人。

跟近年來所流行的新款坐墊造型不同，復刻版的舊式坐墊同樣引人注目！

知名的復刻版坐墊

美輪美奐的
公路車坐墊
SELLE ITALIA
Flight1990坐墊
價格：12,600日幣
洽詢：涉谷產業 日直商會

1990年代SELLE ITALIA製作的代表款式，因受到粉絲們的熱烈支持，今年總算再度復刻登場，美麗的造型歷久彌新。

塑膠製
坐墊的原點
CINELLI
Unicanitor坐墊
價格：6,700日幣
洽詢：DIANOSAUR

於70年代登場的塑膠材質坐墊，無襯墊的設計給人剛直的印象，適合單速車使用，近年來推出復刻款。

深受職業車手喜愛
不敗款坐墊
SELLE SANMARCO
Rolls坐墊
價格：10,200日幣
洽詢：DIANOSAUR

80年代推出的知名商品，適合競賽使用，曾受無數知名車手的青睞。目前也有許多車手正在使用當中。

經典的外型
與舒適的乘坐感
SELLE SANMARCO
Regal坐墊
價格：11,000日幣
洽詢：DIANOSAUR

鉚釘設計不僅具高級感，也提升乘坐的高耐用性，曾經深受眾多知名車手的喜愛。

元祖
人體工學坐墊
SELLE SANMARCO
Concor坐墊
價格：12,000日幣
洽詢：DIANOSAUR

SAN MARCO製作的經典坐墊—Concor，當時具有嶄新的設計為一大特徵。

COMPONENTS

傳動系與煞車配件

半世紀不變的經典配件與最新研發產品等
以下介紹最適合懷舊風味的高級配件

舒適好用的皮革靴套

MKS
皮革靴套
價格：2,360日幣
洽詢：東京SAN-ESU

懷舊風格的踏板不可或缺的靴套配件，其皮革部位不僅增添了復古味道，保護性極佳。

靴套必備的好伙伴

WELLGO
皮革帶
價格：945日幣
洽詢：AKI CORPORATION

用來固定靴套的皮革帶，是不可或缺的配件，可配合車款選擇各種樣式。

末代的經典五螺絲曲柄

TA
Cyclo Tourist
價格：39,571日幣
洽詢：日直商會

最近幾年由於停止生產，因此市面上已越來越少見，但同樣有許多玩家希望廠商再次生產。

不敗的經典大耳緣花鼓

SUZUE
經典大耳緣花鼓
價格：9,660日幣（F）、
　　　22,050日幣（R）
洽詢：東京SAN-ESU

具有大耳緣的花鼓，復古又帥氣的經典造型，推薦給眾多玩家的喜愛，眾所期待中推出的新款式。

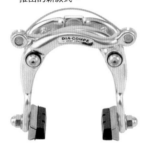

半世紀未曾改變的造型

DIA-COMPE
DC750 C夾吊煞
價格：1,890日幣
洽詢：YOSHIGAI

半世紀前由YOSHIGAI公司與瑞士WEINMANN公司合作推出的舊款煞車夾器，至今還依舊存在，可算是奇蹟。

公路車踏板的代表作

MKS
Sylvan Touring
價格：3,330日幣
洽詢：東京SAN-ESU

深具歷史價值、休閒用踏板的經典代表作。堅固的材質深受信賴，價格平實卻依舊保有高質感。

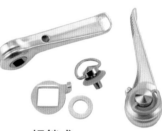

插銷式W拉桿

DIA-COMPE
Silver Double變速拉桿
價格：3,465日幣
洽詢：YOSHIGAI

曾經風行一時的復古風格插銷式W變速拉桿。由於無須選擇段速，使用起來較為簡便。

具法式風味的紅色輪胎

GRAND BOIS
Etre
價格：4,620日幣
洽詢：I'S BICYCLE

GRAND BOIS所推出的650×42B的極粗輪胎，重量非常輕兼具優秀的騎乘感，紅色的造型也很帥氣。

複合材質製作懷舊風輪胎

GRAND BOIS
CerfVert
價格：4,200日幣
洽詢：I'S BICYCLE

外型充滿復古風味，卻使用最新的複合式材質製作，高強化纖維具備輕快的騎乘感。其規格為700×28C。

TIRE

輪胎

不僅具懷舊風味
還能實現強大的騎乘性能

白色也是必備的復古風格

KENDA
Quick Tracks
價格：3,150日幣
洽詢：DIATECH PRODUCT

充滿復古味的奶油色輪胎。KENDA公司發行的自信之作，輕量化且不易爆胎為其魅力所在。

充滿懷舊風的輪胎表層

RIVENDELL
Ruffy Tuffy
價格：5,040日幣
洽詢：東京SAN-ESU

RIVENDELL精心製作的休閒式輪胎。膚色的外緣為打造懷舊風格的基本要素之一。

宛如水晶球般的耀眼光彩
HONJO
龜甲擋泥板
價格：8,925日幣
洽詢：東京SAN-ESU

要順利地安裝上去需要一些技術，但安裝完成後瞬間散發出迷人魅力的鋁製擋泥板，為日本製。

A500系列
鋁合金高質感車燈
KIMURA製作所
LH06
價格：9,500日幣
洽詢：VELO CRAFT

KIMURA製作所的師父，以極細膩的手工切削所製作的精美車燈，可安裝於F型車籃貨架貨架上，LED具有充足的亮度。

精緻的車尾燈
KIMURA製作所
TL10車尾燈
價格：9,500日幣
洽詢：VELO CRAFT

安裝於自行車車尾的後燈，後方螺絲為開關，轉動螺絲即可開啟。燈光雖然不會閃爍，卻充滿了復古風味。

優雅線條的水壺架
日東
不銹鋼水壺架
價格：5,033日幣
洽詢：日東

日東公司製作的精緻水壺架，除了有一般尺寸外，也有其他款式可對應不同水壺的大小。

口袋火箭迷你打氣筒
TOPEAK
Pocket Rocket DX
價格：NT$ 850
洽詢:捷安特

超有質感的金屬色外觀，搭配強力的汽缸，還有可以放進口袋的迷你體積，相當適合喜愛復古玩味的時尚玩家。

做工精美的圓形反光器
KIMURA製作所
TL10
價格：3,500日幣（32mm）
洽詢：VELO CRAFT

凝聚了KIMURA製作所的堅持，具有美麗線條的圓形反光器，與鋁製擋泥板最為搭配。

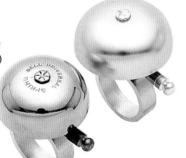

經典彈簧式車鈴
VIVA
A head彈簧式車鈴
價格：1,103日幣(古銅色)
洽詢：東京SAN-ESU

VIVA公司所製作的經典彈簧式車鈴，對應可調式龍頭，有古銅色與鋁製銀色等款式。

充滿露營風味復古坐墊包
ZIMBALE
2L 坐墊包
價格：4,900日幣
洽詢：ELVIVERO TRADING

推出了復古全系列商品，ZIMBALE首次於日本本土發售，坐墊包小巧精緻頗具質感。

選用30年前的配件、並鑽研其安裝方法也是自行車的樂趣之一，復古絕對不會退流行。

為愛車添購帥氣的復古配件

CAMPAGNOLO
GS齒盤
CAMPAGNOLO所推出的GS齒盤，低廉的價格卻擁有強悍的外表與性能，推薦給重視實用性的玩家。

CAMPAGNOLO
980後輪導鏈器
CAMPAGNOLO製作的導鏈器，980款算是比較便宜而常見的逸品，方正的線條具有帥氣的風格。

HURET
鐵製W拉桿
豪放的外型充滿法國風格，休閒車專用配件，由於是法國製，因此大多使用法式規格，購買時要特別留意。

CHINELLI
1R龍頭
外觀平整毫無凸起的CHINELLI製螺紋式龍頭，螺紋設計充滿了義大利的氣息。

您的自行車

FOR **TOURING**

重視旅遊性

shop

VELO CRAFT

FOR **FITNESS**

重視健身性

shop

BIKE PLUS

針對騎乘需求選擇部品
依用途改造

新購入的自行車往往無法配合實際的需求。
此時就以完美的改裝來彌補不足的地方！
旅遊、逛街、健身等等，各種店家都有其改裝強項，
因應需求來打造專屬於自己的愛車吧！

FOR **TOWNRIDE**

適合街頭騎乘

shop

GREEN STYLE

將公路車改裝成為
旅遊風格

將700C的公路車改裝成為旅行車，選用較小型的650B輪組、搭配較粗的輪胎與擋泥板，打造出完美的旅遊風公路車！

將700C公路車的尺寸縮小，選用較小型的650B輪組、加裝擋泥板並且使用高弧度的煞車夾器，為經典的公路車改裝技巧。寬廣的間隙在安裝擋泥板時比較容易，可拆卸的擋泥板也非常易於攜帶。於前輪位置追加了貨架，可放置包包提升長途旅行時的方便性。除額外添購的包包外，改裝總金額約5萬日幣。

側邊貨架
可透過轉接頭來安裝貨架。一般的觀念都認為將貨架安裝在前輪時，比較具有安定性。

AFTER

具備高完成性的旅行風公路車，整體造型渾然天成。在此針對SURLY的PACER車款進行改裝，擋泥板與粗厚輪胎的組合，即便道路凹凸不平，或是乘載重物也絕無問題！絕對是會讓您迫不及待騎去旅行的改裝車款！

BEFORE

SURLY PACER
即使是700C款式，在車架上附有防護螺栓，並搭載高弧度煞車夾器的SURLY PACER，相當適合改裝為旅行公路車。價格：172,200日幣　洽詢：MOTORCROSS INTERNATIONAL

選用中拉式煞車夾器
即使後上叉與輪圈的距離較遠，裝上
DC750中拉式煞車夾器也同樣可以進
行煞車動作，適合長途旅行騎乘。

較小型的650B輪組
650B輪組搭配較為粗的38mm輪
胎，即是承載重裝備於崎嶇的路面
行走，依舊毫無問題。

加裝擋泥板
選擇耐用的日本製擋泥板，
外觀閃爍著耀眼光芒。擋泥
板為組合式，可輕鬆地取下
後半部份。

TOTAL

89,447 日幣

煞車夾器：DIACOMPE DC750	3,780日幣	輻調：HOSHI 14號 Stainless	3,780日幣
煞車線承接器：TESTACH Long Ahead	1,050日幣	輪胎：PANARACER Coldelavie 38B & Tube	6,900日幣
前煞車線承接器：DIACOMPE 267-1 & CHIDORI	1,557日幣	擋泥板：本所工研 H1-26CJ、U 型支架與圓頭螺絲	11,340日幣
踏板：三島 SYLVAN TOURING	3,330日幣	貨架：TUBUS ERGO & F 型貨架	17,430日幣
握把：三島 Toe clip steel & Strap	2,900日幣	側邊包：ORTLIEB Back roller classic	20,790日幣
輪圈：GRAND BOIS Scarabe650B & Rim tape	8,925日幣	坐墊包：ORTLIEB L Size 坐墊包	7,665日幣

※本價格為VELO CRAFT店內零件價格，不含加工費用。

CUSTUM PROCESS

Process 1
安裝650B輪組

為了增加安裝擋泥板以及厚輪胎的寬裕空間，而將原本的700C輪組替換為650B的尺寸，並使用相同的花鼓。

650B輪組

請事先準備安裝了38mm粗輪胎的650B輪組，最近重新製造的650B輪組可對應粗輪胎，非常適合改裝成旅遊風格。

4

安裝650B輪組

將裝有38公釐輪胎的650B輪組置入車架內，並確認擋泥板是否有足夠的安裝空間。

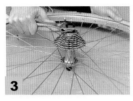

3
安裝齒盤

重新安裝剛才卸下的齒盤。包含輪胎在內的車輪半徑並無變化，因此不用擔心規格不合。

2

取下700C輪組

除輪組外也一併取出輪圈與輪胎，原本的花鼓可繼續使用，並裝在650B輪組中。

1
拆卸配件

第一個作業請將煞車夾器等配件，由車架上拆卸下來，管線可以再使用。

Process 2
安裝中拉式煞車夾器

將煞車線向左右拉開，以進行中拉式煞車夾器的安裝，煞車夾器具有高寬度，很有懷舊氣息。

中拉式煞車夾器

DC750款的中拉式煞車器，與輪圈的間距可對應60～78mm，跟一般煞車夾器相比多了2cm以上。

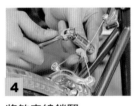

4
將煞車線鎖緊

圖中扳手所觸及的部位稱為軸輻，煞車時就是利用此部位拉動煞車線。

3
安裝煞車夾器

將煞車夾器安裝在車架上。此外，也別忘記在車架前端的車柱上安裝擋泥板用懸掛器。

2
安裝後承接器

將後面的線路固定，為了拉住軸輻，必須透過座銷並以煞車線承接器來輔助。

1
安裝前承接器

與單吊式煞車夾器相同，需要利用軸輻來拉引線路，這時可用煞車線承接器來加以輔助。

Process 3
安裝擋泥板

安裝鋁製擋泥板。依照車架款式的不同，在加工過程中有時需要一定的經驗與技術，VELO CRAFT收取的工本費為8,400日幣。

分割式龜甲紋擋泥板

閃爍白銀光芒的日本製龜甲紋擋泥板，採用鋁合金材質。擋泥板後半端部份可拆卸，提升攜帶時的便利性。

4
確認整體的間隔距離

請確認擋泥板與輪胎的間隔是否一致。能夠完美地安裝擋泥板的技術士是少之又少。

3
鎖緊擋泥板支架

以螺絲鎖緊支架與車架的連接處。因應車架的款式差異，有時也需要修改支架長度。

2

由內側嵌入螺絲

由擋泥板的內側的位置嵌入螺絲，為了讓左右的間隔相等，可以裝上固定簧片。

1

打洞前的事前準備

依照車架款式的不同，打洞的適當位置也會改變。為求完美地安裝於車架上，請務必預先確認位置。

Process ④
安裝貨架

安裝貨架後可放置側邊包,騎車旅行時非常方便,很多人可能不知道將側邊包放在於前輪部位,騎乘時會具穩定性。

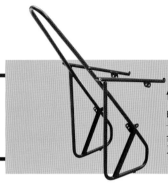

側邊包專用F型貨架

由知名德國貨架知名廠—TUBUS所精心打造的鉬鋁合金貨架,可穩固地安裝於前叉上。

4

裝上坐墊袋轉接架

為了將坐墊袋安裝於坐墊的後方,必需先在坐墊支架部位安裝轉接架。

3

安裝F型擋泥板

雖然前叉末端已連接貨架,但此貨架有插銷部位,要再將擋泥板與貨架結合。

2

利用擋泥板的插銷

可以利用前叉末端的擋泥板專用插銷,將貨架的另一端以螺絲安裝上去。

1

於前叉上安裝貨架座

於前叉的中心部位安裝貨架的接座,由於是專用規格,因此能夠穩固地安裝上去。

2

卸除前後輪

卸除前輪時無須拆除擋泥板與貨架,一般的旅行車可能得拆掉前叉與公路車並不需要。

1

卸除後擋泥板

鬆開分割部位的左右螺絲,即可取出擋泥板的後半部份,然後將再將後輪卸下。

愛車帶著走,就是那麼簡單!

將愛車放入專用的攜車袋中並搭乘火車滿懷期待地前往目的地,這就是所謂的自行車攜行。自行車攜行也是自行車旅遊的樂趣之一,但是礙於擋泥板以及貨架等配件,有時候實在難以放入攜車袋中。而為了要提升空間,還需要一個一個地拆解貨架或擋泥板等配件,實在是很麻煩。但是在本單元所使用的擋泥板為分割式擋泥板,且貨架安裝於前輪部位。只要拆卸擋泥板後半部份、反轉龍頭,並且卸除前輪與後輪,即可輕鬆地將愛車放入攜車袋內。只要採取公路車較為常見的直立收納方法,帶著攜車袋搭乘大眾運輸工具時,也不易引起其他乘客的反感。

5

放入攜車袋中大功告成!

選擇一般公路車與越野公路車專用的OSTRICH L100攜車袋,由於採用直立收納法,因此體積看起來較小。

4

將車架與車輪重疊

將整個車體直立的縱向攜行法。將車架與車輪重疊後,以鬆緊帶牢牢地綑綁固定。

3

橫向彎曲把手

鬆開龍頭的螺絲,將把手橫向彎曲,這樣前叉與貨架的相對位置不會因此改變。

指導店家

VELO CRAFT

位於東京吉祥寺,具備深厚的改裝與旅遊車製作經驗,可針對旅遊需求量身打造,並提供專業建議。

住　　址:東京都五藏野市吉祥寺本町4-3-14
電　　話:0422-20-3280
營業時間:11:00〜20:00
　　　　　(六、日以及假日,10:00開始營業)
公 休 日:星期三

走出吉祥寺站後步行約10分鐘,即可在五日市街道上發現本店。店內販售摺疊車、旅遊自行車等車款,也販售貨架以及坐墊包等各式配件,種類齊全具有旅遊風格。

有豐富擋泥板安裝經驗的店長大槻先生。

TOURING
PARTS
CATALOG

旅遊配件型錄

騎乘自行車旅遊的目的與天數因人而異。
即使不是旅遊專用的自行車，
也可以安裝貨架或是坐墊包，或是透過更換輪胎等配件，
來打造一輛專屬於自己的旅遊自行車。

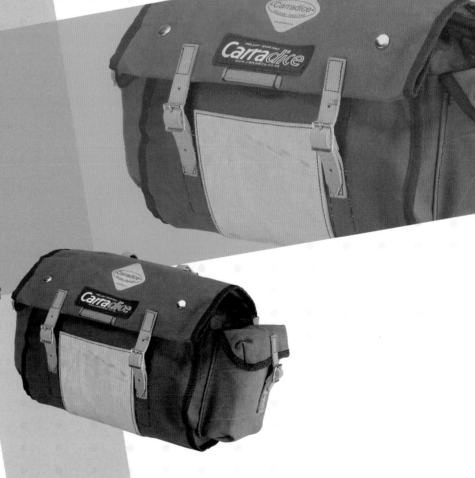

FRONT CARRIER
REAR CARRIER
SEAT POST CARRIER
FOR CARRIER
FRONT BAG
PANNIER BAG
SADDLE BAG
NICHE ITEMS
FOR COMFORTABLE
TOURING

具高耐用性的
不鏽鋼貨架

NITTO
12SL
價格：公定價
洽詢：日東
小型的前輪貨架，非常
適合旅遊車等復古車
款，細長的不鏽鋼管材
相當優雅。

FRONT CARRIER

前輪貨架

貨架的類型琳瑯滿目
有放置前端的馬鞍包及放置前輪兩側的貨架

雙支架具備優良的
穩定性

TIOGA
Front Tubular Carrier
價格：2,310日幣
洽詢：MARUI
相當適合街頭騎乘類型的貨
架，可以支撐花鼓附近的螺栓
與前叉，具備優良的穩定性。

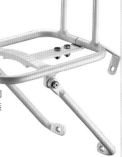

LOTUS
鋁合金前貨架
價格：電洽
洽詢：山和
它有合金管框架、實心的貨架腳
及可調整式的支架。必須要安裝
在V夾式煞車的固定座上。

快拆式的
花鼓貨架

MINOURA
MT-3500SF
價格：13,125日幣
洽詢：箕蒲
快拆式結構，可裝在
花鼓的貨架，並可裝
置大型的馬鞍包，相
當適合露營時使用。

造型簡約的
貨架

TUBUS
Ergo
價格：14,490日幣（黑色）、
　　　15,540日幣（銀色）
洽詢：PR INTERNATIONAL
沒有多餘的設計，具美麗線條
的前輪貨架，形狀針對馬鞍包
使用，也適用於露營包。

精緻的雙管式外型

TUBUS
Duo
價格：13,440日幣（黑色）、
　　　14,490日幣（銀色）
洽詢：PR INTERNATIONAL

拆卸後可輕易收納的雙
管式造型，最適合放入
小型的攜車袋。

REAR CARRIER

後輪貨架

跟前輪相比可安裝後輪貨架的車款較多
貨架選擇性也更為多樣化

快拆貨架
LOTUS
價格：電洽
洽詢：山和
除了使用便利之外，
也同時擁有堅固、耐
用以及質輕的特點。

可安裝於700c車款

BLACKBURN
Expedition Rack
價格：4,830日幣
洽詢：INTERTEC

具有可動式接頭，可
按照自行車的尺寸確
實地固定與安裝。

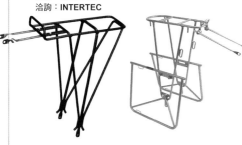

寬板的
後輪貨架

TUBUS
Logo
價格：18,165日幣（黑色）、
　　　19,215日幣（銀色）
洽詢：PR INTERNATIONAL

由於安裝的位置較低，要
彎下身來拿取行李物時也
比較容易取得平衡。

防止變形的
鉬鋁合金製貨架

NITTO
Campee cross 27 rear
價格：公定價
洽詢：日東

具有鉬鋁合金的美
麗造型，外觀典雅
的後輪貨架，適合
復古車款使用。

使用輪軸加以固定

TUBUS
Disco
價格：19,740日幣（黑色）、
　　　20,790日幣（銀色）
洽詢：PR INTERNATIONAL

不鏽鋼鋼管材質，可
對應登山車或是鉬鋁
公路車等車款。

適用於碟煞車款

TOPEAK
Super tourist DX
tubular rack
（附碟煞專用接頭）
價格：電洽
洽詢：捷安特

幾乎可安裝於所有碟煞車
款、具高度汎用性的後輪
貨架。

SEAT POST CARRIER

坐墊柱貨架

無需螺栓孔即可安裝的坐墊柱貨架
很適合用於坐墊柱較長的小徑車

顏色豐富
多種類貨架
AKI WORLD
Color post carrier
價格：2,625日幣
洽詢：AKI CORPORATION
具有豐富的顏色種類，在
貨架產品中非常少見，可
搭配愛車顏色正為其魅力
所在。

可自由
變換角度
AKI WORLD
Adjustable post carrier
價格：3,150日幣
洽詢：AKI CORPORATION

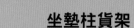

具備可調整角度之功
能，可裝在最適當的位
置，最大可承載3kg重
的物品。

選擇性相當豐富
TOPEAK
MTX Beam rack V type
價格：電洽
洽詢：捷安特

登山車用的坐墊柱貨
架，只要按壓開關即
可輕鬆地放置大型登
山包。

配合喜愛速度和
輕巧的車主
TOPEAK
RX BeamRack 公路車
用貨架
價格：NT$ 1,800
洽詢：捷安特
可以輕鬆的用快拆方式夾取在
座管上，並且可以跟TOPEAK
RX系列的任一款行李袋快卡
結合，非常方便。

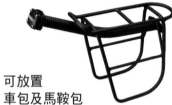

可放置
車包及馬鞍包
RIXEN & KAUL
Free rack plus
價格：9,450日幣
洽詢：PR INTERNATIONAL

不僅可放置一般的坐
墊柱自行車包，也可
在兩側放置馬鞍包。

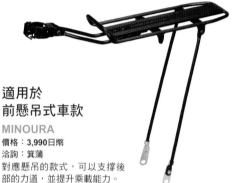

適用於
前懸吊式車款
MINOURA
價格：3,990日幣
洽詢：箕蒲
對應懸吊的款式，可以支撐後
部的力道，並提升乘載能力。

FOR CARRIER

輔助安裝配件

安裝貨架時使用專用的輔助配件
即使沒有螺栓也能輕鬆完成

適合前花鼓
沒有螺栓的車款
VIVA
Quick end adapter
前花鼓用
價格：998日幣
洽詢：東京SAN-ESU
安裝於前花鼓軸之上，即使車
體沒有螺栓也可以加裝貨架。

可輕鬆安裝的
螺栓轉接卡榫
VIVA
Quick end adapter
後輪用
價格：1,050日幣
洽詢：東京SAN-ESU
讓後輪的花鼓軸咬合時使
用，軸徑可對應到5mm。

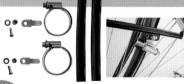

可將貨架與前叉相結合的轉接
組座。

安裝於前叉
TUBUS
前叉用組座
M2100／M2200
價格：1,890／2,520日幣
洽詢：PR INTERNATIONAL

具兩種功能
AKI WORLD
夾鉗式貨架轉接頭
價格：1,260日幣
洽詢：AKI
　　　CORPORATION
夾鉗與轉接頭合為
一體的配件，有
31.8mm與34.9mm兩
種尺寸。

利用花鼓軸
TUBUS
Quick release adapter
價格：5,145日幣
洽詢：PR INTERNATIONAL
快裝式轉接頭，可
增設於後叉附近，
以加裝貨架。

安裝於
坐墊柱上
TUBUS
坐墊柱組座
價格：1,470日幣
洽詢：PR INTERNATIONAL

自行車的坐墊柱沒有
螺栓孔時，可以利用
此組座裝上貨架。

FRONT BAG

前置型自行車包

不用下車即可拿取物品
可將相機、手機等放入包包，非常便利

具優良防水性

TOPEAK
Handlebar dry bag
價格：電洽
洽詢：捷安特
縫線部位以超音波溶解技術製成，毫無空隙具備優秀的防水性，上面有透明袋設計。

不會阻礙
STI變速線

OSTRICH
F-260K Front Bag
價格：4,620日幣
洽詢：AZUMA產業

簡約外型不會造成STI變速線的阻礙，轉動開關即可輕鬆從把手上拆裝。

適合旅行的
豐富功能

RIXEN & KAUL
All-rounder touring
價格：16,590日幣
洽詢：PR INTERNATIONAL

下方設有燈座，具備豐富的功能性，搭配轉接座即可按壓拆裝。

有效利用
把手下方的空間

GUU-WATANABE
Front bag 日出
價格：25,200日幣
洽詢：GUU-WATANABE
背面突出的設計可以插入把手下方，完全有效運用空間的前車袋。

具兩種尺寸
可供選擇

ORTLIEB
Ultimate5 classic M／L
價格：13,650日幣（M）、
14,700日幣（L）
洽詢：PR INTERNATIONAL

完全防水材質，且具有兩種尺寸，附屬配件可當作相機的收納袋。

硬殼車手包

TOPEAK
BarPack
價格：NT$1,500
洽詢：捷安特
輕巧俐落的流線外型，加上超厚實的內層，可以安心擺放您貴重的3C產品。

PANNIER BAG

馬鞍包

在4～5天的騎乘旅行中
為您推薦大容量的馬鞍包

一體成型並具有
流線造型的馬鞍包

LOTUS
價格：電洽
洽詢：山和
大容量設計可提供使用者大量儲存物品的可能性，可當貨架使用亦可當做手提包使用。

外側的置物袋非常便利

MONT-BELL
Rear side bag
價格：16,800日幣
洽詢：MONT-BELL
前面與側面的置物袋可進行小物品的置放與分類，小巧精緻的造型也不會干擾騎車的情況。15L×2

推薦給喜愛
懷舊風格的玩家

OSTRICH
DLX 側包
價格：9,135日幣（單件）、
18,270日幣（一組）
洽詢：AZUMA產業

繼承經典造型的側包，皮製背帶與扣環增添強烈的懷舊氣息。13L

具備良好防水性

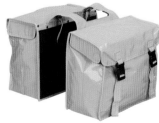

NEW LOOK
Double tas bisonyl
價格：12,600日幣
洽詢：AKI CORPORATION
荷蘭的知名設計公司所製作之馬鞍包，共有7種豐富顏色可供選擇。

扣環式馬鞍包

BASIL
d'Azur double
價格：11,500日幣
洽詢：RITEWAY PRODUCTS
運用自行車籃製作所累積的技術，推出這款扣環式馬鞍包，露營包的材質與外觀非常耐看。

完全防水設計

ORTLIEB
坐墊包
價格：6,090日幣（S）、
　　　7,140日幣（M）、
　　　7,665日幣（L）
洽詢：PR INTERNATIONAL

完全防水設計，
可擺放食物等用
品，按壓即可輕
鬆拆裝。

真皮高級材質

ZIMBALE
真皮坐墊包
價格：7,300日幣
洽詢：ELVIVELO TRADING
復古的真皮坐墊包，適合
搭配具懷舊風味的車款。

SADDLE BAG
坐墊包

安裝容易且附帶小配件的
便利坐墊包

精緻小巧的造型

LOTUS
價格：電洽
洽詢：山和

內部具有設計
完善的保護
墊，可以保護
您的物品。

可彈性調整容量

CARRADICE
Nelson long flag
價格：17,640日幣
洽詢：東京SAN-ESU
大型坐墊包適合旅
行用途，棉類材質
具防水設計。

兼具擋泥板功能

RIXEN & KAUL
Contour magnum
價格：10,290日幣
洽詢：PR INTERNATIONAL

大容量的坐墊包，
因為面積寬廣可當
作擋泥板。

一指按壓輕鬆拆裝

TOPEAK
DynaPack 硬殼座管包
價格：NT$ 1,800
洽詢：捷安特
一體式EVA的硬殼外型，
透過強化快卡座簡單就
能和您的愛車結合。

輕鬆將包包
安裝在皮革坐墊

VIVA
Bag loop
價格：840日幣
洽詢：SAN-ESU
可安裝於坐墊背面的支架
上，以方便置放坐墊包。

可防止坐墊包
與輪胎摩擦

VIVA
Back suppoter
價格：2,835日幣
洽詢：東京SAN-ESU
支撐於坐墊包的下方，可
防止坐墊包與輪胎摩擦。

確認前進的方向

TOKYO BELL
Mini compass bell
價格：630日幣
洽詢：東京SAN-ESU
車鈴上方附有指南針，認
清方向時的可靠伙伴。

NICHE ITEMS
無微不至的配件

實現您小小的願望
旅遊時不可或缺的實用配件

爬山路有了它
坡度一目瞭然

SILCA
坡度表
價格：3,150日幣
洽詢：INTERMAX

安裝在把手上，可
以隨時掌握騎乘坡
度的配件，雖然不
是電子式，卻具有
高信賴感。

大容量
透明工具筒組

GRUNGE
Votteco 1000 &
Votteco 1000工具筒組
價格：1,260日幣（工具筒）、
　　　1,890日幣（工具筒組）
洽詢：東京SAN-ESU

1公升的大容量
工具筒，工具筒
的安裝方式與水
壺架相同。

高防水性
工具收納筒

BBB
Tool & Tube L
價格：945日幣
洽詢：RITEWAY PRODUCTS
可放置於工具筒架上的工具
收納筒，具高度防水性，並
且可放入內胎。

法式氣嘴延伸頭

TOPEAK
Presta Valve Extender
價格：NT$160
洽詢：捷安特
有時法式氣嘴太短，或是管狀
胎，打氣時總讓人手忙腳亂，
有了這款法式氣嘴延伸頭，就
能解決這個問題。

適用於坐墊柱
較長的小徑車

MINOURA
Bottle cage holder
價格：735日幣
洽詢：箕蒲
安裝於坐墊柱上，轉
接座可用來安裝水壺
架，適用於小徑車。

解決車燈
安裝位置的困擾

CROPS
BX1、BX2
價格：1,733日幣
洽詢：東京SAN-ESU
可安裝在花鼓軸上的車
燈底座，可對應5mm與
9mm的尺寸。

英式氣嘴轉接頭

VIVA
氣嘴瓣 A
valve adapter
價格：231日幣
洽詢：東京SAN-ESU

可將美式氣嘴轉變
為法式氣嘴的轉接
頭，較常使用於登
山車款，可用一般
的打氣方式。

FOR COMFORTABLE TOURING

舒適的旅行配件

可因應天氣變化與長途旅程
或是停放自行車時的實用配件

長途旅行的好幫手

TOPEAK

Modula Cage XL
大瓶裝水壺架

價格：NT$320
洽詢：捷安特

可調整式的Modula XL
size水壺架真的超方便，
針對大瓶裝的寶特瓶也能
穩固的夾持。

摺疊式腳架

BBB

Sidekick

價格：2,625日幣
洽詢：RITEWAY
　　　PRODUCTS JAPAN

可摺疊以及自由改變角度
的26英吋腳架。

可配合水壺的形狀進行調整

TOPEAK

Modular cage

價格：電洽
洽詢：捷安特

可配合水壺的尺寸與
形狀來進行調整。

懷舊風味兼具人體工學

ATTUNE

Comfort leather grip

價格：1,785日幣
洽詢：AKI CORPORATION

皮革質感相當有復古風
味，人體工學的設計非常
好握。

可以對應轉把

BBB

Inter grip

價格：1,260日幣、1,470日幣
洽詢：RITEWAY PRODUCTS
　　　JAPAN

有一般長度的握把，也有適用
於轉把變速功能的短握把。

防止水壺彈出

MINOURA

PC-500
Pet cage mini2

價格：1,029日幣
洽詢：箕浦

具有安全裝置，可以防
止震動或是高低落差造
成水壺意外脫落。

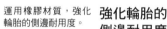

裝卸容易的擋泥板

BBB

MTB Protector
前輪／後輪用

價格：2,100日幣（前）
　　　2,310日幣（後）
洽詢：RITEWAY
　　　PRODUCTS JAPAN

不需使用時即可輕鬆拆卸的
前後擋泥板。

可對應1～1.5L水壺

MINOURA

AB-1600水壺架

價格：1,470日幣
洽詢：箕浦

可以裝置大容量水
壺的實用水壺架。

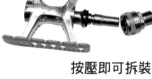

按壓即可拆裝

MKS

Promenade Ez

價格：8,200日幣
洽詢：三島製作所

無須工具即可輕鬆拆
裝的踏板，在自行車
攜行時非常方便。

輕鬆固定在坐墊柱

BBB

Road catcher II

價格：2,047日幣
洽詢：RITEWAY
　　　PRODUCTS JAPAN

無須使用工具，即可
將後擋泥板安裝在坐
墊柱上。

強化輪胎的側邊耐用度

PANARACER

Pasela blacks

價格：2,700～3,030日幣
洽詢：PANASONIC
　　　POLYTECHNOLOGY

運用橡膠材質，強化
輪胎的側邊耐用度。

強化型防刺輪胎

PANARACER

Tourer

價格：4,640日幣
洽詢：PANASONIC
　　　POLYTECHNOLOGY

強化的輪胎結構，
可以避免撞擊時的
爆胎情形。

便利的GPS導航設備

雖然目前有許多手機皆有GPS功能，但是自行車專用的GPS更增添了時速計算，或是與數位相
機連接等功能，推出了許多先進的自行車GPS配件。

兼具行車電腦的功能

GARMIN

Edge705

價格：99,750日幣
洽詢：IIYO NET

除GPS導航功能
外，還具有時速、
坡度以及心跳計等
強大功能。

高使用性的車上型GPS

GARMIN

Nuvi205

價格：公定價
洽詢：IIYO NET

雖然是車上型GPS，
但可以選擇「自行車模
式」，同樣可安裝於您
的愛車上。

可與數位相機相互連接的GPS

SONY

GPS-CS3K

價格：公定價
洽詢：SONY

可將照片拍攝的地點
資訊自動上傳至網路
地圖上，並了解其詳
細的位置。

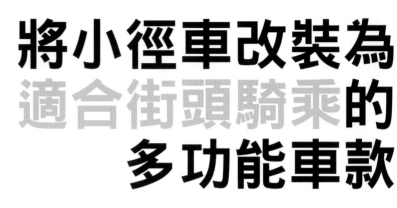

將小徑車改裝為
適合街頭騎乘的
多功能車款

出門的時候通常需要辦很多事情。
像是購物、跟朋友吃飯等等。此時只要一輛功能齊全的
小徑車即可滿足多種需求,不妨嘗試改裝看看!

攝影／島田健次、蟹由香(店家內外觀)

騎車在路上閒晃時,是否有過不
自覺地買了太多東西的經驗呢?在街
頭騎車時,有時候自行車就變成了承
載物品的重要工具。

接下來請GREEN STYLE
STATION的店長Say-G先生為各位示
範如何改裝小巧的BROMPTON小徑
車,成為充滿便利性的時尚街車。

簡單拆裝的
自行車包與貨架

具快拆式功能的自行車包,由於具有側背
肩帶的設計,可以當作一般外出用的側背
包使用。

BROMPTON
M6L

具6段變速功能的摺疊式小
徑車,其卓越的變速機能也
能輕鬆騎上坡。白色為具有
優質商店認證的店家才有販
售的款式。
價格:172,200日幣。

AFTER

白色的車架加上土黃色的皮製配件,展現了舒適
而搶眼的外型。具有高機能性並減少其運動風
味,無論騎乘時的穿著為何,這款街頭小徑車都
能相互搭配。

BEFORE

選用搶眼的皮革握把

在街頭騎乘時外觀非常重要，自行車的配件也一樣，要依照身上的帽子或手套的顏色，做整體的搭配。

可搭配休閒服裝的皮革坐墊

無論是休閒或正式服裝皆相當搭調的皮革坐墊，特意減少自行車的運動特性，增添了時尚的都市感，騎乘的舒適性極高。

使用攜車袋
即可搭乘大眾交通工具

由自家前往市中心搭乘電車等大眾交通工具時，抵達目的地後再把車子從攜車袋中加以組裝。便利的攜車袋就是具有如此細膩的功能。

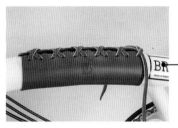

兼具外表與性能的
車架保護套

女性穿高跟鞋騎乘時容易刮傷車架表面，此時加裝保護套不僅可預防刮傷，也能強化整體造型感。

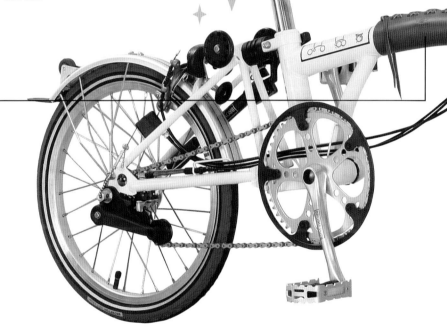

TOTAL

69,455 日幣

自行車包與貨架：VIVI CRAFT前車包（紅色・象牙色×土黃色）24,000日幣		車架保護套：VIVI CRAFT皮革車架保護套（土黃色）	5,500日幣
＋BROMPTON 貨架	7,500日幣	坐墊：BROOKS B17 Standard（土黃色）	9,555日幣
握把：VIVI CRAFT 皮革握把（土黃色）	3,900日幣	攜車袋：VIVI CRAFT圓捆攜車袋（褐色）	19,000日幣

※本價格為GREEN STYLE STATION店內的零件價格，不含加工費用。

将小徑車改裝為
適合街頭騎乘的
多功能車款 | 改裝流程 | # CUSTOM PROCESS

事前準備　BROMPTON正廠零件的改裝準備

① 安裝攜行輪組

在BROMPTOM的後叉上面裝上腳輪後，即可於摺疊的狀態下牽行車子。由於女性在搬運時較為吃力，因此將它替換為大輪徑的腳輪，使用起來更為方便。大輪徑腳輪（4個一組）／5,040日幣。

② 安裝前貨架接頭底座

只要事先安裝前貨架的接頭底座於BROMPTOM上，就可以輕鬆放置貨架與車袋，像是外出或是停車的時候，即可隨時裝卸自行車袋。貨架接頭底座／3,990日幣。

  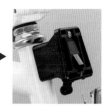

Process ①
更換皮革握把

在更換BROMPTOM的握把時請注意，由於2010年新款都是以黏著劑固定於車把上，因此替換時需用美工刀割下。

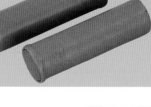

皮革握把

有些握把是以螺絲方式來固定，但安裝本握把時只要先確認與把手端的內徑是否吻合，即可用力直接套上去。

3 用力套上新握把

將握把縫線朝下，慢慢地旋轉並套入把手中。此時，清潔劑也可作為潤滑劑使用。

2 用清潔劑讓表面平滑

由於把手上還殘留部份的握把屑與黏著劑，此時噴灑清潔劑後再行擦拭，即可使表面光滑。

1 卸除舊握把

為了不傷及把手，切割時不用割得太深。切割至2/3處後，即可輕鬆用手剝除。

Process ②
更換皮革坐墊

安裝皮革坐墊時，為了方便作業，請事先準備L型內六角扳手。初學者也能夠輕鬆地安裝坐墊。

皮革坐墊

BROOKS的B17皮革坐墊，後方設有兩道導環，為了配合造型的一致性，可裝上復古的坐墊包做搭配。

4 調整角度一邊鎖緊螺絲

調整坐墊的角度與乘坐的適當位置後，即可用扳手將坐墊下方的螺絲鎖緊。

3 套入坐墊柱

夾鉗的螺絲在未完全鬆開的狀態下，確認正確的角度後，將坐墊插入坐墊柱。

2 將螺絲鬆開一半

將夾鉗完全取出後，將坐墊下方的支架套入坐墊連接頭內，此時螺絲不必完全鬆開。

1 鬆開螺絲

以內六角扳手鬆開坐墊夾鉗與支架的螺絲後，從坐墊柱將整個坐墊夾鉗分離。

Process ④
安裝皮革車架保護套

手提摺疊式BROMPTOM到處走的時候，為求不傷及車架表面，最好加裝皮革保護套。

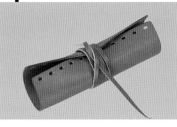

皮革材質 車架保護套

不是一般的布料材質，皮革的保護套充滿古典而沉穩的印象，皮革的保護套收納帶也很有整體感。

對齊皮帶的左右長度

安裝時避免覆蓋蓋到車架上BROMPTOM的字樣，安裝時將保護套的開口朝上，當穿過第一道皮套孔的時候，需比對皮帶的左右長度是否相同。

穿孔繫上皮帶

保護套的穿孔方式與綁鞋帶的原理相同，而綁法因人而異，像圖中的「X」型繫法是最簡單又快速的方式。

確認鬆緊度後打結

本來很硬的皮革，經長期使用後會慢慢變軟，在完成最後一孔的打結之前，請務必確認保護套與車架是否產生空隙。

Process ③
安裝自行車袋與貨架

由於BROMPTOM設有專用的貨架底座，請選購可與之相結合的貨架與自行車袋。

貨架與自行車袋的附加功能

貨架與自行車袋是不同的配件，自行車袋具備可拆式護墊，可以防止相機或電腦受到強力撞擊。

將貨架與自行車袋結合

此為BROMPTOM專用的自行車袋，搭配專用的貨架即可密合地裝上，將貨架放入自行車袋背面後，再以皮帶扣緊。

比對貨架與貨架底座的位置

針對要裝在BROMPTOM前頭的底座，貨架稍微拉高角度比較容易進行。

與底座相結合

由上而下地滑入底座，聽到「嘎」一聲表示已經順利組合完畢。欲取出自行車袋時，按壓提把即可拿起自行車袋。

Process ⑤
安裝攜車袋

不僅僅是旅遊，外出購物返家時若要搭乘大眾交通工具，攜車袋就是您最好的幫手。

攜車袋

店家原創款式，收納時可捲成筒狀的攜車袋，使用方式簡便。

將攜車袋與坐墊後方的支架相連接

BROOKS坐墊後方通常都設有支架，在安裝攜車袋時要注意方向。

將車子摺疊後放入袋內

攜車袋如同托特包般的開口，可輕鬆將愛車放入袋內，隨時扛著移動。

背在肩膀

不論身高高矮，任何人都可以輕鬆背在肩上，也可以用手壓住外側的部份。

指導店家

GREEN STYLE STATION

位於橫濱中華街街道旁，店內不僅販售本單元的BROMPTON車款，還有Birdy、Tyrell、Tartaruga等性能卓越的小徑車。

住　　址：神奈川縣橫濱市中區山下町25-14 Monani大樓 2F
電　　話：045-663-6263
營業時間：11:00～20:00（週日與國定假日營業至19:00）
公 休 日：星期三、四
http://www.gcs-yokohama.com

本店建議玩家在購買新車後，每個月固定接受保養，店員會針對每個零件做檢查，並加以改裝，店裡也販售許多小徑車專用配件。

與Say-G店長一同打造專屬的自行車吧！

TOWN USE PARTS
CATALOG

適合街頭風格的配件型錄

具備運動與時尚街頭氣息的休閒自行車。
不僅外觀的改造是欣賞重點。
本單元將介紹眾多出色的配件，不僅具備設計感，
還能讓街頭騎乘的便利性大為提升。

SADDLE
BELL
GRIP
PEDAL
TIRE
FENDER
STAND
CARRIER

LIGHT

車燈

通勤與街頭騎乘所需的多功能造型車燈
除了可愛外型也有具備高亮度的款式

照明警示車燈

TOPEAK
WhiteLite HP Foucs
價格：NT$900
洽詢：捷安特
一顆標準式或是充電式的3
號電池就能使用，高品質的
磁控開關設計，只要手指輕
輕滑動即可快速感應，輕巧
流線的造型，與您的愛車做
最完美的搭配。

拇指大小的車燈

SIGMA
MICRO
價格：1,890日幣
洽詢：AKI CORPORATION
體積雖小卻具有高亮度，魔
鬼氈設計可輕鬆裝卸，不限
裝置的部位，前燈與後燈共
有10種顏色可供選擇。

小巧精緻的樹脂外殼

Antarex
ZX-1
價格：2,520日幣
洽詢：CROPS JAPAN
方正的外型可確保車體兩側燈光的
識別度，尚有前、後車燈可供選
擇，連續照明時間約100小時、閃爍
時間約250小時。

購入整組更加划算

TOPEAK
Highlight combo
價格：電洽
洽詢：捷安特
白光車燈與紅光車燈的
超值組合，非常適合新
購入的車款使用。

造型獨特的3LED車燈

KNOG
GEKKO
價格：2,730日幣
洽詢：DIATECH PRODUCTS
兩顆4號電池約可連續使用30小時，閃爍模式
則可持續220小時，不需工具即可更換電池。
尚有前、後車燈可供選擇。

不需使用電池的太陽能車燈

CAT EYE
SL-LD200
價格：公定價
洽詢：CAT EYE
曝曬於陽光下2小時，
約可連續閃爍300分
鐘。周遭光線變暗時，
會自動開啟燈光。有
前、後車燈可供選擇。

實用的車燈組

HERRMANS
HI Safety light set
價格：2,100日幣
洽詢：PR INTERNATIONAL
前後車燈組，兩邊都是相同形狀的
2LED，可自行調整角度，附贈4顆
5號電池。

不需工具即可輕鬆安裝

PANASONIC
NL-821P
價格：2,870日幣
洽詢：PANASONIC ENERGY社
可左右90度回轉，3顆4號電池約可連
續使用100小時，閃爍模式則可持續
200小時。

具備高亮度與220度廣角照射

TRELOCK
LS605
價格：2,520日幣
洽詢：PR INTERNATIONAL
擁有特殊設計的6LED尾燈，
220度的廣角照射功能，具備
高視野率，2顆4號電池可連
續使用35小時、閃爍模式下
可連續使用70小時。.

省電耐用的LED前車燈

TRELOCK
LS725
價格：6,090日幣
洽詢：PR INTERNATIONAL
底座可對應各種把手款式，且照明範圍寬
廣。4顆3號電池約可連續使用30小時、閃爍
模式則可持續80小時。

SADDLE

坐墊

在此介紹充滿時尚感的坐墊以及
於街頭騎乘時可放置小物品的坐墊種類

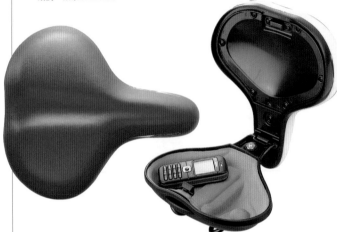

造型多變
顏色豐富的坐墊

grunge
Turbine saddle
價格：2,625日幣
洽詢：東京**SAN-ESU**

即使是平常的穿著也毫不突兀，
或者是高位騎乘的姿勢，適當的
坐墊厚度可以給予最佳的支撐。

掀蓋式開放坐墊

VELO
Drawer saddle
價格：3,675日幣
洽詢：**AKI CORPORATION**
掀開坐墊後，即為鋪有軟
墊的空間，由於整個坐墊
都是收納的空間，置放物
品的容量十分充足。

附有置物袋的坐墊

VELO
SENSO SHIFT1
價格：4,620日幣
洽詢：**AKI CORPORATION**
合乎人體工學的設計，乘坐起來相
當舒適。側邊式防水材質的置物
袋，可安心收納手機等小物品。

BELL

車鈴

車鈴看似不起眼卻是不可或缺的小配件
請配合車架的顏色進行選購

極美的時尚車鈴

Jango Courtesy Bell
價格：NT$300
洽詢：捷安特
採用銅金屬材質，鈴聲清
脆，加上完美的黑白塗裝，
搭配愛車煞是好看。

擁有豐富的顏色

TOKYO BELL
Window bell
價格：420日幣
洽詢：東京**SAN-ESU**

從簡單的黑色到柔和的
粉色，豐富的顏色種
類，可讓您搭配車架顏
色挑選。

夾式車鈴

grunge
A head 鋁製小車鈴
價格：1,050日幣
洽詢：東京**SAN-ESU**

夾在把手上並加
以固定的車鈴，
小巧的造型適用
於公路車。

充滿復古氣息的車鈴

SHINSEI
Jumbo bell
價格：1,050日幣
洽詢：東京**SAN-ESU**

具有古早時期「叮
咚」的鈴聲，碩大
的車鈴適合安裝於
懷舊風味的車款。

GRIP
握把
選購握把時不只要注意設計感與觸感
更要留意握持時的舒適度

三種形式的
握把可減緩手部疲勞
ATTUNE
3PT Slim ergo grip
價格：1,260日幣
洽詢：AKI CORPORATION

依照軟硬區分為3個程度：掌心部位較
軟、握持部位中等、內部則較硬。

握感舒適
不易疲勞的握把
ATTUNE
Color comfort grip
價格：1,260日幣
洽詢：AKI CORPORATION

容易握持的形狀，可以減輕手腕疲勞
的合成材質，且顏色種類非常豐富。

造型簡約的
卡榫式握把
BIKE RIBBON
B-Side／Bubbles
價格：2,100日幣
洽詢：PR INTERNATIONAL

有兩種不同硬度的
B-Side合成材質握把，
與仿70年代復古風味的
Bubbles握把。

PEDAL
踏板
在街頭騎乘時以平踏板為主流
也可配合鞋子種類以及騎乘方式加以選購

顏色種類豐富
公路車用踏板
DIXNA
Trace pedal
價格：3,308日幣
洽詢：東京SAN-ESU

具簡單外型的公路車用踏板，豐富的顏
色種類深受玩家喜愛，也有單獨販售彩
色外殼。

快拆式踏板
wellgo
Color quick pedal
價格：7,140日幣
洽詢：AKI
　　　CORPORATION

方便的快拆式設計，停放於街上時可卸
除以防有心人士竊取。共有6種顏色可
供選擇，且附贈踏板收納袋。

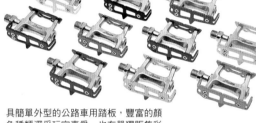

橡膠硬殼設計
wellgo
Monocoque pedal
價格：2,205日幣
洽詢：AKI
　　　CORPORATION

寬廣的防滑橡膠踏
墊設計，任何鞋款
都不易發生打滑或
刮傷，非常適合街
頭使用。

TIRE
輪胎
輪胎是決定整體感覺的重要配件
請注意尺寸的選擇

重視舒適
的騎乘感
PANARACER
T Serv PT
價格：6,240日幣
洽詢：PANASONIC
　　　POLYTECHNOLOGY
輪胎製造大廠PANARACER
所開發的「T Serv」系列，
具備耐爆胎性、高衝擊吸收
性等功能。

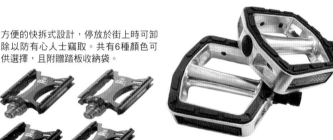

充滿運動風味的
輕量化輪胎
PANARACER
Closer
價格：3,550日幣
洽詢：PANASONIC
　　　POLYTECHNOLOGY

以「更輕鬆而快速的騎乘」為概
念所開發的輕量化輪胎，有多種
側邊顏色可供選擇。

小徑車專用色胎
INNOVA TIRE
Smooth color tire
價格：1,890日幣
洽詢：AKICORPORATION

20英吋色胎，只要
選擇搶眼的顏色，
就能引人注目，使
人留下深刻印象。

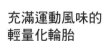

FENDER
擋泥板
下雨天或潮濕路面不可或缺的重要配備
在此向您介紹可快速拆卸的擋泥板

摺疊式擋泥板
AKI CORPORATION
Portable fender saddle bracket
價格：3,045日幣
洽詢：AKI CORPORATION

無須工具即可直接組裝於坐墊的伸縮式擋泥板，輕巧便於隨身攜帶，適合通勤使用。

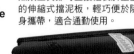

充氣式擋泥板
TOPEAK
Air fender a1
價格：電洽
洽詢：捷安特

小巧的外型收納方便，欲使用時將空氣灌入即可安裝。有前、後擋泥板等款式。

寬廣的板面
可確實遮擋泥水
POLISPORT
Beaver tail
價格：630日幣
洽詢：UNICO

可直接與坐墊後端相結合的薄型擋泥板，寬廣的板面可有效地遮擋泥水。

STAND
駐車架
逛街或購物需停放自行車時
絕對不可缺少的配件

將曲柄
變成駐車架
TOPEAK
Flash stand slim
價格：電洽
洽詢：捷安特

可從曲柄變成駐車架，且可快速拆卸方便攜帶。適用於登山車款。

雙腳式
具備優秀的安定性
ESGE
Double lag stand
價格：4,725日幣
洽詢：UNICO

如果對於單腳式的穩定度不夠放心時，雙腳式則具備高穩定度，收納時可合併兩根支柱。

摺疊式快速駐車架
TOPEAK
LineUp Stand
價格：NT$1,500
洽詢：捷安特

鋁合金的本體結構可以快速摺疊，輕巧好攜帶，只要簡單的幾個動作就能展開，再將前輪或後輪輕輕一靠，輕鬆就能完成停車動作。

可應用碟煞
等各種車款
AKI WORLD
3D Side stand
價格：1,890日幣
洽詢：AKI CORPORATION

可自由調整後下叉與後上叉的安裝角度，且對應於各種車款，也有黑色款式可供選擇。

CARRIER
貨架
安裝方便的貨架
無論兜風或是購物皆不可或缺

車籃專用
前置型貨架
AKI WORLD
Basket carrier
價格：2,310日幣
洽詢：AKI CORPORATION

可安裝於前懸吊系統自行車與V型煞車夾器上的前置型貨架，也有銀色可供選擇。

顏色種類豐富
鋁製貨架
amoeba
JY-R1
價格：4,410日幣
洽詢：PR INTERNATIONAL

可調整前後位置的前置型貨架。附有掛鉤，可搭配扣環帶使用。共有4種顏色可供選擇。

無須工具
即可安裝的貨架
TOPEAK
MTX Beam rack E type
價格：電洽
洽詢：捷安特

為了方便承載物品，附有彈性伸縮帶，最大負重達9kg的貨架，無須工具即可簡單地安裝於坐墊柱上。

騎乘混合自行車享受逛街購物的樂趣！

安裝於把手的自行車袋

可安裝於把手上的自行車袋，只需一指按壓即可拆卸，直接提著包包帶著走。雖然內部空間並沒有一般的車籃那麼大，但是不需要安裝貨架，也不會影響混合車的外觀，逛街購物最為合適。

RIXEN&KAUL
Shopper fashion
價格：10,290日幣
發行商：**PR INTERNATIONAL**

附外蓋的迷你托特包，外蓋中央有鈕釦，拿取物品更便利。（可加購配件）

LOTOUS
DOGGY BAG
價格：電洽
洽詢：山和
讓寵物可以與您一同享受兜風樂趣的寵物袋。內袋為可拆卸式，方便清洗。

TOPEAK
Cabriolet Basket
敞篷置物籃
價格：NT$2,950（敞篷款式）
洽詢：捷安特

古典的造型設計，現代化的機能便利，搭配TOPEAK專利QuickClick快卡機，一個按鈕就能輕鬆拆裝，超級方便！加上超堅固的鋼骨結構與厚實的底部，也很適合裝小狗狗一起出遊唷！

TOPEAK
HP Cabriolet basket
價格：電洽
洽詢：捷安特
附有可開關的敞篷式掀蓋與提把，手持攜帶也非常方便。容量為27L。

可安裝於貨架的自行車袋

安裝於後輪貨架的自行車袋，跟前置型自行車袋相比具有更大的收納空間，可以裝置大型包包。由於取出與裝入簡單輕鬆，可以對應馬鞍袋與傳統的側背型自行車袋等款式來選擇。購物、上班或者是上學，可因應各種目的使用。

時尚型購物側掛袋
價格：電洽
洽詢：山和
依人體工學設計所設計的肩帶讓您背掛此袋時毫無負擔，亦可將肩帶取下即可變更小型的手提帶。

New Look
Lily
價格：8,820日幣
洽詢：AKI CORPORATION
打開外側的鈕扣後，可看見包包內藏的貨架掛鉤。由於不容易弄髒，即使放置重要的物品也沒問題。

TIMBUK2
Pannier tote
價格：9,240日幣
洽詢：INTERTEC
雙重複合式材質製成，外部具高耐用性，且兼具防水防塵性能。內含鋁製貨架接頭。

ORTLEIB
City biker
價格：20,790日幣
洽詢：**PR INTERNATIONAL**

可收納A4大小資料的側背式自行車袋，背面的接頭可與貨架相結合。具防水功能，共有4種顏色。

防護性高可以放置精密的3C用品

即便安裝了自行車袋或籃子，但像是手機或相機等較為精密的3C物品，要直接放入容易震動的自行車內還是會有些害怕。此時，只要利用迷你收納袋，把它裝在車籃的邊緣，就不怕直接受到震動的影響，拆卸下來也可以直接當隨身袋使用。

附有萬能扣帶，裝卸簡單。如果將扣帶緊緊地纏繞於手上，也可防止扒手偷竊。本商品為RIXEN & KAUL公司製作的BaB's迷你袋。價格：3,150日幣、洽詢：PR INTERNATIONAL。

讓運動型混合自行車提升乘載物品的便利性

混合自行車具備騎乘的樂趣與速度的快感，如果要騎到街上購物時，像是裝置車籃般的便利性更不可錯過，但如果想保持混合車的運動風格與造型，並加強收納能力時，在此推薦您使用具備時尚感與功能性的自行車袋。在本單元除了之前介紹過的旅行專用自行車袋，主要針對可方便放置物品與輕鬆裝卸的城市專用車袋做詳盡的介紹。只要將車袋從車上卸除下來，就可以直接當作購物袋在路上逛街，便利又輕鬆。

改造成為長時間騎乘的健身公路車！

TREK 7.3FX本身的性能就已經很強大了，
但為求更舒適的長時間騎乘，將它改造成為健身型車款。
推薦給正在進行瘦身的玩家們！

攝影／蟹由香　撰文／山本章子

由於運動不足，或是瘦身與鍛鍊身體等需求，想要感受混合車騎乘的樂趣時，不妨裝上一些可延長騎乘時間的舒適配件，不僅兼具混合車平日的休閒性，也能像公路車般強調速度感，不但適合假日時進行長途騎乘，對於每天通勤與上學的族群而言是最佳的通勤工具。

可計算時速與距離的自行車用電腦

只要安裝可計算時速與距離的自行車用電腦，即可馬上了解實際騎乘的距離，提升每天騎車的動力，也容易訂定目標。

裝上附有牛角的握把

混合車的直線型的把手容易使手腕疲累，這時裝上牛角可以改變握持位置，以減輕疲勞。

AFTER

雖然沒有搶眼的外型，但其功能性可與專門的健身式公路車匹敵，自行車用電腦分為有線式以及無線式兩種類型，如果想要強調外觀的簡潔，推薦使用無線式。經過一番改裝之後，還是能夠享受公路車的速度與騎乘快感。

Trek 7.3FX Maroon

鋁製輕量化車架、24段變速等，為功能十分齊全的入門車。除了暗紅色總共有5種顏色。價格：72,000日幣、洽詢：TREK JAPAN

BEFORE

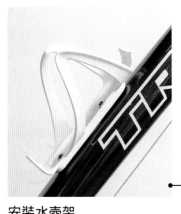

安裝水壺架
隨時補充水份

在下管安裝水壺架專用台座，這樣就可以在騎乘的過程中隨時補充水份。

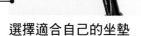

選擇適合自己的坐墊

除了坐墊的位置外，坐墊的形狀如果與自己的臀部不合，騎乘時臀部就會感到疼痛。因此針對坐墊的寬度選擇，長時間騎乘才不會有負擔。

TOTAL

25,519日幣

平面與SPD雙面式踏板

登山車常使用的平面與SPD雙面式踏板，除了正式騎乘外，也可對應平日街頭休閒的需求。

坐墊：Bontrager inform nebula plus	4,300日幣	
握把：Ergon GS2	4,725日幣	
踏板：Shimano PDA530	6,565日幣	

自行車用電腦：CATEYE STRADA	7,329日幣	
水壺架：Bontrager race-lite cage	1,800日幣	
水壺：Bike plus original bottle	800日幣	

※本價格為BIKE PLUS店內零件價格，不含加工費用。

Process ①
安裝牛角握把

在更換零件之前，請先確認煞車與變速撥桿的位置以及把手的口徑，這些部位是否與要安裝的握把尺寸相吻合。

ERGON GC2

牛角與握把一體的款式，符合人體工學的設計，即使長時間騎乘也不易感到疲累。有S與L尺寸，價格：4,725日幣。

5 拆卸握把

將握把取下。如果無法直接取下，或是不知如何切割時，可請附近店家協助。

4 不可左右同時進行

為了預防忘記之前煞車撥桿的位置，不可左右同時進行安裝的作業。

3 移動煞車撥桿位置

以L型內六角扳手鬆開螺絲，稍微移動煞車撥桿以方便進行後續工作。

2 檢查握把長度

確認新握把的長度是否能夠安裝。本次安裝需要稍微移動煞車撥桿的位置。

1 檢查把手周邊配件

確認握把的安裝位置與大小，是否與煞車、變速撥桿位置、以及把手口徑相符合。

9 插入末端卡榫即完成

插入牛角的末端卡榫，並將煞車撥桿歸回定位，即完成安裝作業！

8 同樣確認牛角的位置

將握把固定後，也要確認牛角的握持舒適度，要把它調整至易於握持的位置。

確認安裝位置

實際坐上車子，確認握把的位置與舒適度是否OK，並且做最後的調整。

6 安裝新的握把

圖中為螺絲固定式握把。若選用套入式握把時，直接套入把手即可。

Process ②
安裝坐墊並注意水平

坐墊的位置會大為左右騎乘的姿勢與舒適感，請務必注意安裝的位置與坐墊的水平度。

Bontrager inform Nebula plus

有3種尺寸可供選擇，並對應人體骨架，可確實地分散體重，有助於實現長時間騎乘的目標。價格：4,300日幣。

5 安裝新坐墊

將新坐墊的支架部份與夾鉗座相連接，再次90度旋轉夾鉗。

4 取下坐墊

如圖片般，取下坐墊後下方夾鉗的位置，就是靠這個夾鉗來調整前後與水平的位置。

3 旋轉坐墊夾鉗

一邊按壓坐墊、一邊如圖示般90度旋轉夾鉗的部位，即可取下坐墊。

2 鬆開坐墊螺絲

以6mm內六角扳手，鬆開固定於坐墊下方的坐墊柱夾鉗。

1 移動反光鏡等配件

把坐墊柱上的反光鏡等配件移至不會干擾到安裝作業的位置上。

9 鎖緊固定

確認好位置後，即可使用內六角扳手鎖緊固定。再將反光鏡等移至原本的位置。

8 調整至水平位置

坐墊應與下方接頭的最高點相互平行，一般自行車專賣店內皆有水平儀可供使用。

7 輕鎖坐墊螺絲

為調整坐墊的水平位置，把螺絲略為鎖上即可，讓夾鉗與坐墊大致固定。

6 確認坐墊的前後位置

請將坐墊支架的彎曲與部份與尾端剛好插在正中央，如圖中手指的位置。

3
塗上
潤滑黃油

在螺絲位置塗上黃油。倘若沒有塗上黃油，新裝的踏板可能會固定在曲柄上，須特別注意。

2
旋轉曲柄
更加方便

手牢牢把握住螺絲部位，朝著與前進方向相反的方向旋轉，即可輕鬆取下踏板。

1
使用專用扳手
卸除踏板

使用專用扳手來取下踏板。踏板的螺絲為逆向原理，將左邊踏板向右方旋轉即可鬆開。

6
用扳手鎖緊
螺絲部位後完成

安裝完畢，最後再以扳手鎖緊。倘若沒有鎖緊，有時候在騎乘的途中踏板就會突然掉落。

5
塗上薄油後
安裝新踏板

握住螺絲部位邊轉邊把踏板裝上，朝著與圖2相反的方向旋轉，即可輕鬆地完成安裝。

4
清潔曲柄的
螺絲孔

卸除踏板後，於螺絲孔穴內噴灑專用的清潔劑，仔細地將灰塵與髒污去除。

Process ③
安裝踏板

安裝踏板時，別忘了事先清除曲柄內部螺絲的污漬與灰塵，這樣可以防止踏板鬆動或受損。

SHIMANO PDA530

平面與SPD雙面式踏板，推薦給剛接觸卡踏的新手使用。
價格：6,565日幣。

Process ④
安裝自行車用電腦

無線式自行車用電腦的構造，是利用安裝在輻條上的感應磁鐵，將收集到的數據資料傳遞到電腦感應器。

CATEYE STRADA

具備計算時速與騎乘距離等基本機能的無線自行車用電腦。價格：7,329日幣。

Process ⑤
安裝水壺架時，請注意其材質

水壺架的材質有樹脂、碳纖或是鋼鐵製等種類。依據種類的不同，有的材質可能會因為受車架扭力過大的影響而破裂，購買時務必注意此問題。

Bontrager race lite-cage
Bike plus original bottle

水壺架使用複合材質製成，具備卓越的韌性與輕量性。共有6種顏色，價格：1,800日幣。
水壺為Bike plus獨家設計，價格：800日幣。

3

固定水壺架

由於在騎乘中水壺是最容易鬆動的部份，因此要將螺絲鎖緊。

2

使用固定劑

由於水壺架為樹脂材質，因此使用可防止螺絲鬆動的固定劑。

1

卸下台座

首先要卸下台座，使用4mm的內六角扳手將下管上的台座取下。

改造成為
長時間騎乘的
健身公路車！

2
安裝磁鐵

將磁鐵安裝在輻條時，要注意會不會阻礙到前叉與行進的騎乘感。

1
安裝電腦底座

於把手或是龍頭等適當的位置上，安裝電腦底座，接著將電腦本體卡入底座即可。

4
安裝感應器

感應器會標示安裝位置，若感應器有確實地接收到信號，即可固定於前叉上。

3
確認感應器位置

將感應器置於前叉上，讓感應器與磁鐵相互接觸，確認可接收到信號後再將之固定。

指導店家

Bike plus 埼玉大宮店

不只在購買前提供試乘服務，也提供定期維護與保養等售後服務。店內擁有種類豐富的配件款式、且不定期舉行自行車活動或是講習會，非常適合自行車的新手或是希望委託改裝的女性車手們。

地　　址：埼玉市大宮區淺間町2-329-2
電　　話：048-658-0819
營業時間：11:00~20:00
公休日：星期三、四（遇假日則延後一天休息）
http://www.bike-plus.com

協助改裝的淺野先生，是備受期待的新人。

FITNESS
PARTS
CATALOG

健身用配件型錄

若追求健身以及長時間的混合車騎乘等目的，
可以提升舒適感的專用配件是必備的好伙伴。
尤其進行長時間騎乘時，
水份補給與變換騎乘姿勢等，皆為減輕疲勞感的技巧。

GRIP&BAREND
SADDLE
BOTTLE&CAGE
PEDAL
CYCLE COMPUTER
TIRE

GRIP&BAREND

握把&牛角

最新的握把大多採用符合人體工學的設計
可提升抓握時的舒適感

輕量化手握

ERGON GX1
價格：NT$1,320
洽詢：捷安特
採用SuperLight超輕量橡膠材質，重量減輕了38%，俐落的多邊手握造型，翼型支撐結構設計，造型更炫，功能不減，能將手腕的壓力完全分散，有效改善手部痠麻的困擾，是追求輕量化極致的玩家不可錯過的自行車精品。

外型搶眼的
花紋握把

BBB
Ergo fix
價格：3,570日幣
洽詢：RITEWAY PRODUCTS
　　　JAPAN
於橡膠握把外層再縫上一層彩色外罩，不僅外型搶眼，也具有良好的抓握感。

具備良好的
抓握感

BBB
Ergo stick
價格：2,940日幣
洽詢：RITEWAY PRODUCTS
　　　JAPAN
符合人體工學的設計，能針對手掌角度提供良好的抓握感，且適用於多種握把款式。

傳統樣式的
溫暖手感

BBB
Classic
價格：2,415日幣
洽詢：RITEWAY PRODUCTS
　　　JAPAN
使用強韌的鋁合金材質，其經典的外型同樣具有良好抓握感，圓弧設計具有極佳的密合性。

長時間騎乘
也不易疲累

ERGON
GR2 Magnesium
價格：電洽
洽詢：捷安特
實現最佳的握持角度，握把的形狀可以100%與手掌密合，不容易產生疲勞。

一組的總重量僅僅58g的牛角，長度雖短卻有良好的抓握感，可以增加一組握持位置。

極致
輕量化材質

POST MODERN
Micro bar
價格：3,045日幣
洽詢：AKI CORPORATION

長鹿角
人體工學手握

Ergon GC3
價格：NT$2,080
洽詢：捷安特
擁有超長型的雙密度複合材質鹿角，更多的握持位置與舒適角度可變換，經過最精密的計算，提供最大的舒適性，兼顧輕量與強度，並嵌入止滑橡膠，手握質感再向上提升，感受無可取代的頂級舒適。

充滿巧思的
空間利用

Tranz X
Bar end tool 14
價格：4,998日幣
洽詢：YUNICO
在牛角內部可收納工具組，可放入14種實用工具。

具備柔軟的
軟木塞質感

TOPEAK
Barn mirror
價格：電洽
洽詢：捷安特
附有後照鏡的牛角握把，後照鏡最大可彎曲90度，並且360度旋轉。

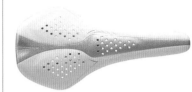

SADDLE

坐墊

找到最適合自己的坐墊
是實現長時間舒適騎乘的捷徑

外型清爽的運動風坐墊

VELO
Ventilation
價格：5,775日幣
洽詢：AKI CORPORATION

內藏矽膠，可提供舒適的乘坐感。此外，乘坐面也設有大量的透氣孔。

擁有如床墊般的舒適感

allay
Racing sports 1.1
價格：電洽
洽詢：捷安特

帶狀具彈性的軟墊，加上舒適氣墊的完美結合，可以改變坐墊內部的氣壓。

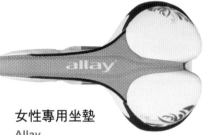

女性專用坐墊

Allay
Racing Sport 2.1W
價格：NT$3,200
洽詢：捷安特

Allay特別為女性朋友開發專屬坐墊，針對女性髖骨結構設計，坐墊曲面較平順且再加寬，更量身打造女性的AirSpan，提供更舒適的感觸。

橡膠彈性體可有效減輕衝擊

SPORTOUER
GardaMan GEL
價格：5,565日幣
洽詢：深谷產業

運動造型的高性能坐墊。橡膠彈性體材質可有效減輕衝擊，提升乘坐時的舒適感。

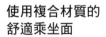

使用複合材質的舒適乘坐面

SERFAS
TEGU
價格：4,725日幣
洽詢：RITEWAY PRODUCTS JAPAN

柔軟的複合材質乘坐面，可有效地吸收衝擊，提升長時間乘坐的舒適感。

外型兼具輕量性與舒適性！

TIOGA
D Spider saddle
價格：12,390日幣
洽詢：MARUI

以橡膠樹脂加上網狀的設計，產生圓滑的造型，兼具舒適性與透氣性，重量也十分輕巧。

碳纖舒壓坐墊

Allay
Racing Pro 2.1
價格：NT$6,400
洽詢：捷安特

榮獲德國Eurobike IF及reddot設計大獎的Allay，擁有獨家AirSpan空橋設計，能使會陰部壓力完全消散。配備有頂級透氣皮面、碳纖底座及鈦合金座弓，整體造型簡潔俐落，如同一架蓄勢待發的戰鬥機。

BOTTLE&CAGE

水壺&水壺架

補充水份時不可或缺的水壺
可透過水壺架放置於自行車上

傳統造型
騎乘中方便拿取

ELITE
Bottle
價格：600日幣
洽詢：KAWASHIMA CYCLE

外型的設計方便騎乘時拿取與飲用、車隊的圖案款具有多種顏色，可以搭配自行車來選擇。

具備保溫
保冷功能

ELITE
Iceberg500
價格：1,300日幣
洽詢：KAWASHIMA CYCLE

具備特殊防水層與空氣層雙重構造，有2小時保溫保冷功能。容量約500ml。

把寶特瓶
變成專用水壺

BIKE GUY
Cap on cap
價格：294日幣
洽詢：AKI CORPORATION

可加裝於一般寶特瓶瓶口，其掀蓋式的設計，讓您單手就能打開瓶蓋，方便於騎乘時飲用。

可安裝在
把手上的水壺架

IBERA
RIXEN KAUL
價格：1,575日幣
洽詢：AKI CORPORATION

可安裝於把手或是座管上的水壺架底座，適用直徑為15～60mm。水壺與水壺架另外販售。

裝置感十足
的經典水壺架

ELITE
Patao
價格：2,500日幣
洽詢：KAWASHIMA CYCLE

銷售額一路長紅的Patao系列水壺架。鋁製材質堅固耐用，且具有多種顏色款式。

車隊版
碳纖水壺架

TOPEAK
Shuttle Cage CB
價格：NT$1,750
洽詢：捷安特

世界最輕量的水壺架之一，TOPEAK Shuttle Cage CB超輕的20g重量。並貼心附贈金色的鋁合金7075的水壺螺栓，什麼是專業？從細節就能看出端倪。

可調式水壺架

TOPEAK Modula
Cage EX
價格：NT$170
洽詢：捷安特

透過一個簡單的旋鈕，就能調整直徑大小的水壺架，無論是小至迷你寶特瓶，或是大尺寸的自行車水壺，通通一個水壺架就能搞定。

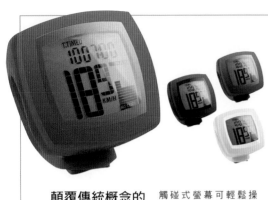

CYCLE COMPUTER

自行車用碼表

可隨時顯示騎乘距離與時速等資訊，進而掌握目前的騎乘狀態
是健身、運動以及競賽時不可或缺的配件

**顛覆傳統概念的
創新設計**

KNOG
N.E.R.D 9 Function
價格：7,980日幣
洽詢：DIATECH PRODUCTS

觸碰式螢幕可輕鬆操作，復古造型與矽膠材質充滿質感，並兼具高度性能。

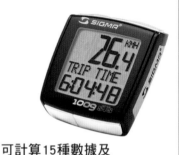

**具實用性的
基本款**

CAT EYE
VL810
價格：1,869日幣
洽詢：CAT EYE

直覺式的操作設計與低廉的價格，新手也能輕鬆使用。開始騎乘的同時，碼表將自動啟動並計算數據。為有線式。

**具備10種功能
無線碼表**

TOPEAK
Panorama V10
價格：電洽
洽詢：捷安特
小巧精緻的無線碼表，可計算10種騎乘時需要用到的數據，擴展了騎乘的需求。

**造型簡單的
入門碼表**

SERFAS
LEVEL1.1
價格：2,310日幣
洽詢：RITEWAY PRODUCTS JAPAN
簡單易懂的液晶顯示，並具備9種實用功能，經濟實惠的入門款式。

**獲得Good design
大獎的款式**

CAT EYE
RD400W
價格：12,600日幣
洽詢：CAT EYE
具備可計算踏板迴轉數等功能，同級款式中低廉的價格為其魅力所在，無線的設計也不會破壞整體美觀。

具備多功能性

CAT EYE
AT200W
價格：18,900日幣
洽詢：CAT EYE
無線式數位接收的設計，安裝起來輕鬆簡便。且具備計算累積高度、坡度以及氣溫等高階的功能。

**可計算15種數據及
資料傳輸至PC內**

SIGAMA
BC1009SST
價格：7,875日幣
洽詢：AKI CORPORATION
可計算時速、曲柄迴轉數等15種數據。透過附屬配件，也能夠將資料傳輸至PC內。

**兼具耐用性
與柔軟性**

MICHELIN
Oleum
價格：2,205日幣
洽詢：日直商會、深谷產業
MICHELIN所開發之具備高耐用性的半光頭胎，鮮艷而豐富的顏色是最大特徵。

**具備高耐用性的
實用款**

PANARACER
Tourkinist
價格：4,171日幣
洽詢：PANASONIC
　　　POLYTECHNOLOGY
高耐用性為其魅力所在，非常適合日常的通勤與上學，顏色種類與尺寸也相當豐富。

TIRE

輪胎

輪胎品質決定騎乘的舒適感
選購抓地力強的輪胎
讓騎車更具效率

公路車用色胎

Go-garneau
700x23C
價格：3,990日幣
洽詢：AKI CORPORATION

混合車與公路車用色胎，700×23C的纖細造型卻具備強悍的運動性能。

PEDAL

踏板

包括卡踏與一般鞋子也能踩踏的平面踏板等種類
SPD與平面的雙面式踏板也值得推薦

可依用途
變換外型的踏板

WELLGO
Light both side pedal
價格：4,200日幣
洽詢：AKI CORPORATION

依照騎乘場合的不同，可變
換為卡踏或是平面的雙面踏
板，並且對應SPD系統。

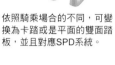

流行風格
的顏色

DIXNA
Foot print pedal
價格：6,510日幣
洽詢：東京SAN-ESU

推薦給平時較常穿著休閒鞋、或是
卡鞋的車手，其豐富的顏色種類為
其魅力所在，可對應SPD系統。

競賽與活動
兩用踏板

BBB
Duel ride
價格：10,290日幣
洽詢：RITEWAY PRODUCTS

兼具SPD與平面的雙面式鋁製
踏板，採用強韌的鉬鋁合金製
骨架。

選購心跳表，開始進行健身吧！

基本款心跳表

如果要達到騎車的適度健身效果，心跳表是隨身不可或缺的配件。心跳表不僅可以顯示心跳數，更可設定理想的心跳範圍，來強化個人的練習。從入門款到最新款的心跳表皆具備上述功能，公路車的新手可嘗試選購具備基本功能的入門款式。

POLAR
FT4
價格：13,440日幣
洽詢：POLAR消費者部門
可自動計算騎乘時所消耗的卡路里，也可設置心跳鬧鐘一但心跳超過設定值時，會以鬧鈴提醒車手。對於準備開始健身的人來說，是實用性高的入門款式。

POLAR
FT60
價格：30,450日幣
洽詢：POLAR消費者部門
POLAR的中價位款式。不僅具備基本功能，也可自動辨識目前所進行的運動是屬於何種層級，針對有效的健身做出建議與參考。

多功能心跳手表

希望更加確實地進行健身或是訓練的車手們，可選購具多樣功能的專業心跳手表。擁有紀錄移動距離與時速等功能，更可以將數據傳輸至PC中作進一步分析。如此一來，每天的運動成效即可一目瞭然。

GARMIN
ForeAthlete50
價格：21,800日幣
洽詢：iiyo net
充滿時尚感的心跳訓練手表。除了計算心跳數外，還具有GPS功能，也能夠計算時速與距離，並將數據傳輸至PC內。

POLAR
RS800CX
價格：65,100日幣
洽詢：POLAR消費者部門
包括運動與心跳速鍛鍊機能，深受許多職業車手的喜愛。同樣可計算時速與曲柄迴轉數。

兼具計算心跳數功能的行車電腦

雖然價格稍高，但優點在於將許多實用功能統整於一台行車電腦內，推薦使用功能齊全的款式，光是一台儀器即可整合各種數據並傳輸，可計算騎乘時速、曲柄迴轉數與心跳數等實用的訊息，騎乘時所必須取得的多樣數據一應俱全。較高級的款式可以連接電腦，具有可解析時速與曲柄迴轉數等數據的功能。因此本產品深受職業自行車手們的青睞，是自我訓練時的最佳工具。

POLAR
CS100
價格：19,950日幣
洽詢：POLAR消費者部門
具備可計算時速與心跳數等基本功能的電腦。此外可設定第2組資料，提供第2輛自行車的數據，也可加裝曲柄迴轉數感應器。

CAT EYE
TR300TW
價格：公定價
洽詢：CAT EYE
跨越數位無線的障礙，可同時傳輸心跳、曲柄迴轉數與時速等3種數據，且設定簡單可輕易上手。

SIGMA
BC1909STS
價格：12,075日幣
洽詢：AKI CORPORATION
可計算時速、曲柄迴轉數與心跳數等數據的無線式電腦，安裝附屬配件後可將資料輸入PC中。

心跳是如何進行測量呢？

心臟會發射非常微弱的電波，當接收器接收到此電波時即可顯示心跳數。而測量電波時需要將接收器綑綁於胸前。近年來接受器都是採用數位化傳輸，所以只能對應特殊的機種。

接收器幾乎不具互換性，各個接收器設定有不同的周波數，只能與特定的機種同步。因此即使身邊有許多人使用同一款接收器，其數據也不會誤傳。

可更有效率地進行健身運動

調節心跳數

透過心跳表，車手可第一時間即時而正確地掌握自己的運動強度。首先讓我們來計算最大心跳數，計算方式為220減去年齡，即可得出最大心跳數的估算值。

最有效果的燃燒體脂肪運動屬於有氧運動，運動時的心跳數約在最大心跳數的50～70%之間（範圍因人而異），以此心跳數為目標進行運動，能有效強化心肺功能並達到減肥的效果。若心跳數比起標準值來得高或低，有氧運動的效果將會降低許多（別的運動效果相對提高）。

066

公路車
試乘報告

ROAD BIKE IMPRESSION 2010
2010

好評
發售中

從高階車款到入門車款
連女性用車款等
超過125台備受矚目的
公路車試乘報告
為您詳盡解析
2010年最新公路車趨勢！

日本知名教練今中大介和
公路車專家山本健一多年專業經驗
為讀者們徹底解析
2010年最頂級、最新車款和
最具人氣的中階車款
從各車款獨具的性能特色切入進行試乘
絕對是您今年買車時的最佳參考！
還有自行車作家絹代小姐
獨家為所有女性讀者進行的女用車款試乘報告

樂活文化事業

郵政劃撥：50031708　電話：(02)2325-5343
戶名：樂活文化事業股份有限公司
地址：台北市106大安區延吉街233巷3號6樓

「Olaf」是什麼？
於1999年日本枻出版社所出版的《公路車完全大解析vol.2》特刊，其中介紹了在90年代由松下電工贊助的PANASONIC車隊，騎乘National自行車工業（現為Panasonic Corporation）所提供的車架。而相同的車架也同時提供給前東德的選手Olaf Ludwig使用。

我也要鉻鉬鋼管前叉！

CASE 01

對Olaf的Panasonic憧憬不已的
氏家編輯

回歸古典公路車的
時光「逆轉」大改造

買車以來，終於得到了朝思暮想的鉻鉬鋼管前叉，這個契機下也引發想將所有零件更換為古典樣式的慾望。與心中夢想的Olaf公路車逐漸接近中……。

多階段！時代大逆行！

編輯部
自掏腰包
大改裝

坐墊柱
為了配合龍頭，當然坐墊柱也要是銀色的，而且一定要電鍍銀加工。26.8mm的算是偏小的尺寸了。

龍頭
既然是鉻鉬鋼管前叉，用復古的直牙式銀色龍頭才搭調，幸好在單速車的風潮下，可搭配的選項也變多了。

把手
龍頭既然已經換成銀色的，就將把手也統一換成銀色。如果是銀色，正好可以活用電鍍加工質感。

煞車拉桿
對於已經習慣平把騎乘的本人而言，STI並不是一個很熟悉的系統。不過就趁此機會換成古典式撥把系統吧。

BEFORE

前叉
雖然碳纖是能夠加以緩衝路面衝擊的最先進材質！不過鉻鉬鋼管的纖細與典雅仍然引人注目。

● 攝影／大星直輝、編輯部
● 拍攝協助／AKI CORPORATION（birzman）

在製作這本改裝專書的過程中，果然會有編輯部成員會忍不住想要對自己的愛車動手進行改裝。「自掏腰包的話就OK」在總編輯長的許可之下，在本單元介紹大家心中最想進行的改裝項目。

編輯部氏家的生平第一台公路車，是在2009年12月購入。雖說想要買性能最優異的鉻鉬鋼管公路車，不過實際上要找到價錢與塗裝都能讓人真正滿意的鉻鉬鋼管車架並不容易。而且無時無刻老想著要換一支鉻鉬鋼管前叉！說不定在買車之前，就已經開始計劃著要把前叉換成鉻鉬鋼管。

Panasonic好像有推出與心中喜歡的藍色相近的鉻鉬鋼管前叉，難道有這麼湊巧的事情？嗯……不會這麼剛好吧！……嗯，沒想到真的有耶!!有時候真的覺得車店是金銀島。很偶然的機緣下，在熟悉的車店裡竟然有想把Panasonic的鉻鉬鋼管前叉換成碳纖前叉的車主，所以就請他出讓換下來的鉻鉬鋼管前叉。

「愛車的前叉鉻鉬鋼管計劃」就這麼迅速展開，除了前叉之外，也開始交換其他的零件。這麼一來，也把龍頭換成螺紋款式、變速器也換成撥桿式，把愛車變成有型的復古車吧！

依照90年代Panasonic車款為範本，就連至今沒親手纏繞過車把帶的氏家編輯，也開始了「回到過去」的公路車改裝之旅。

Needed Parts
使用零件
（價格皆為購買時的廠商報價）

TOTAL
29,867 日幣

前叉為免費接收的，因此以上的金額是去除前叉的總金額。因為車架是日本的廠牌，所以搭配的零件也統一使用日本的廠牌。

NITTO
S65 坐墊柱
價格：7,088日幣

閃耀著美麗電鍍銀的日東出品坐墊柱，是屬於單點固定方式，尺寸為26.8mm。

車把帶
價格：1,575日幣

煞車線用外管
價格：525日幣

有同煞車商標的白色用花，外車管把帶上印相

SHIMANO
DURA-ACE
9速變速撥桿
價格：5,800日幣

我的公路車上終於出現DURA-ACE的套件。這是有刻度的9速用撥桿。

DIA-COMPE
BL-100"BRS100 Lever"
價格：2,625日幣

這又是日本廠牌DIA-COMPE所推出的煞車拉桿，簡潔的線條是最大特徵。

NITTO
NTC-A 龍頭
價格：4,704日幣

有口皆碑的美麗質感，日東製造的龍頭。這款是前端為圓形的古典型式。

NITTO
NITTO M.104 把手
價格：5,250日幣

因不安裝STI系統，所以採用古典型式的shallow彎把，當然也是日東製。

TANGE-SEIKI
Levin CDS頭碗組
價格：2,300日幣

鉻鉬鋼的頭碗零件。要注意有牙與無牙頭管所用的頭碗零件並不相同。

PANASONIC
鉻鉬鋼前叉

真的是奇蹟似地在車店發現了Panasonic的鉻鉬鋼管前叉！

坐墊柱
散發銀白光輝的電鍍處理坐墊柱，簡潔的造型適合各種坐墊，下次想要嘗試更換成古典賽車坐墊！

龍頭
本次大改造的重點項目—螺紋式龍頭。其造型果然跟想像的一樣與鉻鉬鋼管前叉超級速配。

把手
比起稜角銳利的幾何把手，古典把手多了些許圓潤。用了雙色搭配的車把帶，看起來就像是荷包蛋一樣的配色。

煞車拉桿
不曉得是因為龍頭？把手？還是這個煞車拉桿的緣故，總覺得煞車拉桿似乎離身體更近了一點。

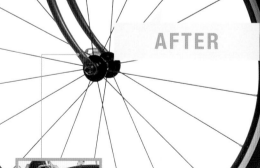

AFTER

變速撥桿
人生第一個DURA-ACE套件！因為是刻度式，所以撥動時會發出讓人興奮的聲響，連初學者也能隨意地變速。

前叉
總之就是纖細！鉻鉬鋼管車就是要裝上這種線條纖細的前叉才是絕配！但這是身為初學者的個人意見。

從這裡
開始就要
自己完成

必須委託車店進行的作業

1 更換前叉

要從無牙式龍頭更換為直牙式龍頭，就表示連頭碗零件（組）也要一起更換。因為更換頭碗零件需要特殊的工具，所以委託給具有專業知識的車店是最保險的方法。

直牙管　　無牙管

前叉管的形狀

因龍頭的種類不同，前叉管的形狀也不相同。與無牙式前叉管相比，直牙式前叉管較短，而且有螺牙設計。

拆卸無牙式龍頭用的頭碗零件

拆下頭碗零件。將前叉管裡的一端用榔頭用力敲擊。圖3就是從頭管上下兩端拆下頭碗零件後的狀態。

安裝直牙式龍頭用的頭碗零件

在安裝前要確認頭碗零件的尺寸是否適合。當頭碗安裝後，將頭碗零件嵌進頭管中，下側也相同。

拆下頭碗零件的棒狀工具插進頭管裡一端用榔頭敲擊。圖3就是從頭管上下兩端拆下頭碗零件後的狀態。

像轉動把手一樣，把頭碗零件嵌進頭管中。

安裝前叉

將前叉管安裝在頭碗零件上，當前叉管完全穿過頭管後，以頭碗將扳手固定後，就會變成圖3的樣子。這樣就完成頭碗零件的安裝。

2 安裝龍頭與把手

完成將把手安裝在龍頭的作業。因為將把手穿過龍頭時有可能會傷到把手，所以需要使用特殊工具（日東的Handle Tools3等），或是請買車的車店協助安裝也行。之後只需要插進頭管裡便完成安裝了。

1）在龍頭下端塗上黃油，要插進頭碗的部份全都要塗上薄薄一層黃油。2）將龍頭插進頭管。這時用抹布擦拭因擠壓而從頭管上端溢出的黃油。3）仔細調好龍頭的位置，就可以用六角扳手鎖緊龍頭上的固定螺絲。

3 更換坐墊柱

從黑色的耐酸鋁坐墊柱、到銀色耐酸鋁坐墊柱，目前坐墊柱的主流規格為27.2mm，但本次使用26.8mm的款式，在購買之前要先確認規格。

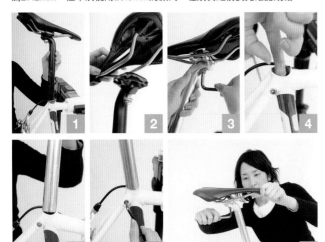

1）拆下原有的坐墊柱。2）鬆開坐墊柱的夾鉗，拆下坐墊。3）將夾鉗固定在坐墊支架之間，可以用六角扳手稍微固定。4）在座管口塗上薄薄的黃油。5）塗上黃油。6）將坐墊柱插進座管中。7）蹲到與公路車相同的高度，一邊觀察坐墊的位置與安裝的角度一邊做調整。

協助更換前叉的車店

Cycling Shop TSUBASA

這次為我們示範更換前叉作業過程，也是販售本次進行大改造公路車的車行。店長大野先生是擁有極高專業知識的技術人員，不論是頭碗的更換、前叉的改裝，都很豪邁而迅速地完成，是編輯部長久以來非常倚重的車店，在之後的店家單元中有更詳細的介紹。

6 纏繞車把帶

車把帶的纏繞方式各有不同，受到隔壁編輯部Y同事的慫恿，這次大膽地使用兩種材質與顏色不同的車把帶。聽Y說，以前的公路車選手甚至會在單邊的把手就使用兩種顏色。

1）防止煞車線浮動，在兩處以膠帶暫時固定，纏繞在把手彎曲處才有效果。2）要把煞變把的橡膠套掀起來。3）從把手的尾端朝著龍頭開始纏繞。4）再用另一種的車把帶纏繞煞變把，最後用膠帶加以固定。

太好了！
越來越接近
Olaf了

完成！

如預想一樣地完成改裝，太讓人滿足了！只更換了前叉、龍頭與把手就能打造出古典公路車的風貌。雖然走線的纏繞只嘗試過一次，還不是記得很清楚，不過第一次覺得自己稍微理解了自行車的構造。

總算能按到煞車拉桿

騎乘感極佳。雖然不太習慣STI系統，不過每次變速時還是下意識地伸出手指撥煞車拉桿，看來連大腦也需要更換成撥桿式的。

4 更換變速撥桿

拆下煞車與變速線後，就要安裝變速撥桿。要注意如果車架下管沒有設置變速撥桿的台座，則無法安裝變速撥桿。

1）將下管的STI外管止線器拆下後，就可看到變速撥桿的台座。2）左右確認撥桿的方向後安裝上去。3）用一字螺絲起子鎖緊。4）轉動張力調整栓做小幅固定。5）將變速線穿過撥桿。

5 更換煞車拉桿

與STI系統的煞變把相比，因為少了變速撥桿的部份，所以煞變把看起來比較小。一般安裝時煞車拉桿的前端，會與把手的下把相互平行。

1）將煞變把裝上把手後，先暫時固定。2）使用量尺等工具確認煞車拉桿的前端與下把手是否平行。3）安裝煞車線。4）沿著把手的弧度確認煞車線外管的長度。5）拉扯煞車線，並固定在煞車夾器的螺栓上。

用單速車辛苦地挑戰二子玉坡道的
缺錢編輯‧FUJINO

挑戰之前因為缺錢而放棄的多段改造

明明每個月有領薪水，卻無法擺脫月光族命運的FUJINO編輯，現在終於實現了朝思暮想期盼已久的變速器！

多階段！時代大逆行！ 編輯部 自掏腰包 大改裝

雖然有穩定的工作，不過總是無法擺脫貧窮命運的苦命編輯—FUJINO。就連買自行車時，也礙於預算因素遲遲無法購入變速器，所以每天只能騎單速車。幾年前買了GIOS生產的競速自行車車架Pure，雖然搭配各種中古的零件組了一台車，可是因為最後預算不夠，不得不放棄變速器。

不過在這次的單元中，FUJINO藉由無法在此透露的兼差，終於賺到了一些錢，並且買到夢寐以求的變速器了！雖然以雜誌的企劃來說，算是極為不起眼的改裝，但性能確實有長足的進步，是值得好好介紹的改裝方式。因為不需要特殊的工具輔助，因

此對於藉由整修自行車賺了些小錢的FUJINO來說，也是比較容易進行的改裝。考慮到零件的相容性，因此改裝的零件的來源主要還是中古零件行。雖然要判定中古零件的狀況是有點難度，但有時候可能會挖到意想不到的寶物。這次意外地找到狀況不錯的7400系統DURA-ACE後變速器，所以決定以這個零件為中心來進行改造作業。

在公司擦拭零件的狂熱份子—FUJINO編輯

只要一開始擦拭零件就忘了時間的FUJINO。中午在編輯部開始擦拭變速器，等到一回神已經是晚上10點了。

改裝的基礎車架為 GIOS的Pure低價版全改裝
由某茅之崎的GIOS專賣店，購入的Pure。車上零件也是以便宜的中古零件所組裝。因為沒有變速爬坡時很辛苦。

BEFORE

Needed Parts
零件主要是以便宜且耐用為主要選擇

超便宜的前變速器
只要300日幣就能買到的前變速器。看製造型號，應該是對應SORA等級的3盤式大盤。

飛輪當然是競速規格
12-21T如此讓人喪膽的密齒比飛輪，等級不明。與後變速器為一組購買剛好8千日幣左右。

後變速器是憧憬的DURA-ACE
在中古零件店挖到上了年紀的DURA-ACE。就個人來說，很喜歡這時期DURA-ACE的簡潔造型。

巨大的前變速齒盤
熟人廉讓的前變速齒盤。共有55T與53T兩片，這次改裝用的是53T。

TOTAL 19,515 日幣
以中古零件為中心。例如從熟人那裡接收一些快壞掉的零件等，當然主角就是DURA-ACE的後變速器。

乖乖地買了全新的線材
因為很久沒碰變速線了，所以直到最後關頭才想到竟然忘了買。

對應8速飛輪的強壯鏈條
8速用鏈條。鏈片厚重但施加了扭力，具有不易扭曲的安心感。

無刻度的把端式變速撥桿
選用了把端式的變速撥桿。雖然沒有刻度，不過這樣的復古感反而不錯。

一併更新磨損嚴重的煞車皮
煞車皮已經劣化，無法發揮煞車效用，所以這次一併更新。

② 安裝改裝零件

安裝驅動相關的零件。在安裝零件的同時一併進行清潔作業，就能減少安裝後螺絲鬆動等的意外。因為BB四周容易累積髒污，所以要仔細地清理。

前變速器
剛好很幸運地買到了便宜的31.8mm口徑前變速器，不過是3盤用的。用在雙盤上會確實動作嗎？

安裝外齒盤
安裝前外齒盤。體積很大好像能跑得很快。這種改裝方式完全是逆向而行。

安裝卡式飛輪
因為SHIMANO的棘輪軸可以相容8速到10速，所以能輕易進行改裝。竟然也能裝上20年前的卡式飛輪！

鏈條張力調整器
構造簡單易於使用的鏈條張力調整器。在外型上自己也很喜歡，拆下來真有些不捨。

調整前變速器的擺動範圍
因為是3盤用的前變速器，所以擺動的幅度較寬，要注意是否會造成鏈條脫落。

煞車皮
換上新的煞車皮。要兼顧煞車把與夾器的槓桿比例，但懸吊式煞車的制動力較差，安裝時要確實地設定。

後變速器
主角的DURA-ACE後變速器。已經拆開過一次確認運作狀況，狀態良好。嬌小的設計直至今日仍不退流行。

鏈條齒盤
可以把鏈條齒盤當成內齒盤使用，齒數為42T，算是有點大，如果有錢的話希望能換成39T。

單速飛輪
拆下單速的飛輪。輪組是一般的卡式軸，所以可以直接對應一般的飛輪。

一不小心就用了高速零件

好久沒調過變速器了！

把端式變速撥桿
把端式變速撥桿是安裝在把手的尾端。變速線直接連到車架上，這樣比一般的變速撥桿更易於使用。

順便更換輪胎
輪胎的劣化情形也很嚴重，不良路況也能輕鬆行駛。28C規格，不良路況也能輕鬆行駛。所以升級成

① 首先拆下不要的零件

因為FUJINO是用逆勾爪的車架勉強組裝成單速車，所以還剩下張力調整器等多餘的零件。在此將不需要的零件拆下，還有利用價值的就加以保留。

改裝時需要的使用工具

設計優良的專業工具

本次的改裝大約需要用上這些工具。雖然不需要使用大型的特殊工具，不過除此之外如果還有工作台的話作業會比較輕鬆。如果使用兼顧設計性與實用性的BIRZMAN工具，改裝作業也能更愉快地進行吧。

DragonFly 9,10&11SPEED
價格：7,875日幣

像科幻片中會出現的太空梭造型，非常具有未來感的剪鍊器。只要交換配件，就能對應9～11速的鏈條。

TOPEAK D-Torq 電子式扭力扳手
價格：NT$7,000

從1 Nm的扭力值就能偵測到，最高可達20Nm。設有蜂鳴器，鎖到預設的扭力值就會發出警示音，提供最安全的騎乘保障，同時TOPEAK還貼心附上硬殼收納盒，可以置放扭力扳手等各式的內六角扳手套件。

TOPEAK PedalBar踏板扳手
價格：NT$950

透過旋鈕就能瞬間拉長力臂，增加施力時的力量，同時還設計了隱藏式內六角工具接座，可以對應所有規格的踏板。

飛輪拆卸扳手
價格：3,675日幣（9SPEED）
4,200日幣（10SPEED）

拆卸飛輪時必備的工具。不過要注意的是，因變速的段速不同，對應的扳手也會相對有所差異。

Long arm ball point trox key set六角扳手組
價格：3,360日幣

尺寸從1.5～10mm的六角扳手組。長的一端為球狀，因此就算是傾斜的角度也能輕鬆地轉動螺絲。

Tool Stick 11/22結合了時尚跟工藝，每支Tool Stick都有四個工具接頭，可以隨著使用需要而改變，可以當成T型手把或是I型旋桿，對應各種角度的零件鎖固，通通可以搞定！

TOPEAK Tool Stick 11/22 多轉向工具組
價格：NT$380／單支

AFTER

從把手尾端的
變速撥桿進行變速

變速是從把手尾端的變速撥桿來操控。只纏了下半部的車把帶，試著營造出競技的風格。

雖然是3盤用前變速器但有確實的動作

雖然是對應3盤的前變，可是完全沒有問題。變速也非常的順暢。困難的是齒比太重，很難踩踏。

再也不丟人現眼的超級潮車登場！

第一眼看到時，讓人忍不住懷疑這是職業選手的車嗎？採用了較重齒比的傳動系統，整體外觀完全散發出「我速度很快」的氣勢。

經過了一番改造後，整體看起來像是性能優異的正統競技自行車……也許會這樣想的人也只有我自己吧！不過的確完成了充滿個人風格的改裝。想起改裝之前的齒比是44T×16T，改裝後卻能一鼓作氣地將齒比拉到高速規格的領域，這種過程實在充滿成就感。想到職業選手在這樣的齒比下還能輕鬆地踩踏，果然實力不同凡響。順道一提，我個人崇拜的選手是一位能在55T×11T齒比中，還能輕鬆做踩踏的怪物等級選手，雖然是很天真的想法，不過今後如果有機會，還想要再加重齒比。

每天藉由自行車單趟騎乘7km通勤的FUJINO，通勤路線主要是以多摩川自行車道為主，不過由於性能大幅提升，現在在多摩川的堤防，也能

編輯部 **自掏腰包**大改裝

多階段！時代大逆行！

這個時期的
DURA-ACE真的很帥

DURA-ACE與小型的飛輪，光看這裡就覺得很快。肉腳FUJINO很明顯地是完全高攀了這個變速系統。

輪胎也做了更換

因為一併更換了較寬的輪胎與煞車皮，所以在路況不良的路段也能安心騎乘。

通勤變得超有趣！

因為大幅提升了速度，所以縮短了通勤時間，這樣每天就能更晚起床了！

以高速行經路況不佳的路面，其實還蠻有樂趣的。另外煞車系統也逐漸適應車體，制動性因此提升許多，大幅加強騎乘時的安全性。雖然前後的齒比都偏重，不過跟以前相比，在爬坡時省下不少的力氣，再次體會到單速車真的很不適合爬坡，深切感受到本次改裝的真正價值。

今後的改造目標是逐漸將齒比進化到最適當的狀態，並加強off-road的騎乘舒適度。不過當下先追不上自行車的性能，所以當下先試著鍛鍊腳力，重點是荷包也所剩無幾。

我的車看起來很快吧？

接下來
要挑戰輕量化！

雖然外觀上沒有什麼明顯改變，不過騎乘性能確實有很大的提升。改裝作業也不需要太多專門的知識，只要花2～3個小時就能搞定，感覺就像是假日在家裡做DIY一樣，這樣的改裝作業不會太辛苦，而且也提升了通勤的效率，每天通勤變得愉快多了。加重的齒比連帶地提高了巡行速度，使得通勤時間縮短許多，對於每天早上起床後超沒精神的FUJINO來說簡直是天大的好處。不過為了今後能夠挑戰不良路況，必須進一步換成多顆粒輪胎，其實新輪胎已經偷偷下訂了。可是還有足夠的改裝預算嗎？

適合改裝的自行車型錄

做為個人化改裝的自行車,在構造上越簡單越好。

配備的零件與車架的規格也要選擇相容性高的產品。

如果要進行車架加工等大規模的硬體改裝,建議選用堅固的鋼管車架。

多用途
休旅單車7.1

Jango
M.A.B

價格:NT$39,500
洽詢:捷安特
車架:7005鋁合金
尺寸:XS、S、M、L、XL
顏色:銀
套件:Jango專屬套件
　　　w/Shimano Deore
輪胎大小:700×38C

全球第一台模組化單車系統Jango誕生了,兼具便利度和趣味性更是Jango的特色。搭載專利的Plug & Bike配件整合技術,讓整車、零件、配件三者完美的融合在同一部車上。

傳統幾何水平車架的MINI VELO ROAD。雙變速撥桿安裝在上管,由於輪胎的間距較大,要安裝擋泥板等零件非常方便。

古典設計的小徑公路車

BRUNO
MINI VELO ROAD 20

價格:59,850日幣
洽詢:DIATECH PRODUCTS
車架:Reynolds 520
Cr-mo butted tubing
尺寸:510mm
顏色:法國白、森林綠、寶石藍
套件:Shimano(2×8S)
輪胎大小:20×1.5英吋(406)
重量:10.5kg

以改裝作為
基礎概念開發而成

FUN RIKI
TYPE SLOPING

價格:50,400日幣
洽詢:DIATECH PRODUCTS
車架:Tig Welded Original Steel Tubeing
尺寸:470mm
顏色:黑、藍、咖啡
套件:1S
輪胎大小:700C

以改裝為前提而研發設計的單速車,因為採用法式mixte車架設計,所以穿裙子也能輕鬆騎乘。後勾爪沒有變速座,但有裝置逆勾爪。

搭配復古味
2010年度新經典款
GIOS
VECCHIO

價格：NT$33,800
洽詢：鈦美
車架：Cr-mo 4130鉻鉬鋼、GIOS、SPECIAL TUBING
尺寸：48/50/52/54cm(C-C)
顏色：義大利國旗配色
套件：Shimano 4500/7700
輪胎大小：700×23C
重量：10.0kg

以簡潔的TIG鋼管公路車結合了義大利國旗色的塗裝，使用頂級DURA-ACE的傳統變速撥桿，是一部成熟的義大利復古風公路車。

最適合長距離改裝的車款。除了可以安裝前後貨架，左側的後下叉上甚至有備用的鋼絲，是相當專業的規格。

長距離騎乘就是這一台
LOUIS GARNEAU
CT

價格：NT$23,000
洽詢：泓輪
車架：CR-MO DB
尺寸：460、500、540mm
顏色：LG WHITE、STEEL BLUE
OLIVE GREEN、BLACK RED
套件：SHIMANO SORA（3×7S）
輪胎大小：700×35C
重量：11.7kg

古典設計與
便利性同時並存
LOUIS GARNEAU
MVS-R

價格：NT$19,500
洽詢：泓輪
車架：CR-MO DOUBLE BUTTED
尺寸：410mm
顏色：LG WHITE、GREEN GRAY
套件：SHIMANO（2×8S）
輪胎大小：20×1英吋（451）
重量：10.9kg

鉻鉬鋼車架搭配451輪組的小徑公路車。因為座管的角度相當傾斜，所以雖然是小徑車但能以相當自然的姿勢騎乘，較大的輪胎間距也是魅力之處。

簡潔的單速車。車架洗練的配色加上不顯眼的商標，適合搭配色彩鮮艷的零件來進行改造。標準配備中包含了freewheel與fixed gear。

規格簡潔的
街頭單速車
GIANT
FIXER F

價格：49,350日幣
洽詢：捷安特
車架：Aluminum Track
尺寸：510、550mm
顏色：Gray、Pink、Light Blue
套件：1S
輪胎大小：700×23C
重量：8.9kg（510mm）

傳統的700C長途騎乘公路車。雖然原廠的配備是立刻就能上路的超豪華規格，但要真正成為旅行用自行車，還需要加裝車手袋與坐墊袋。

重現過去美好時代的
SPORTIF
ARAYA
EXCELLA SPORTIF

價格：210,000日幣
洽詢：新家工業
車架：KAISEI 022 Cr-mo
尺寸：510、550mm
顏色：深藍色、芥末色
套件：SHIMANO 105（2×10S）
輪胎大小：700×25C
重量：10.8kg

日常使用上
非常方便的規格
RITEWAY
SHEPHERD IRON F

價格：59,640日幣
洽詢：RITEWAY PRODUCTS JAPAN
車架：Cr-mo Main tube、Haitenria stays
尺寸：480、500、520mm
顏色：Concrete Gray・Matte Black・Dark Blue
套件：SHIMANO（2×8S）
輪胎大小：700×23C
重量：12.2kg

鋼管車架的混合式自行車。雖然有些重量，但非常的堅固。因為擋泥板與貨架的擴充孔齊備，所以易於改裝成旅行用自行車。

屬於穿梭街頭的單速車。典雅的古典風格與外觀是最大魅力。因為車架、擋泥板等大面積的零件的配色是偏向高雅的風格，所以改裝時希望能活用這點。

古典風格的
復古單速車
VIVO
BELLISSIMO

價格：59,640日幣
洽詢：DIATECH PRODUCTS
車架：Cr-mo steel with Lags
尺寸：500、530mm
顏色：Green、Grey、Cream
套件：1S
輪胎大小：700C

保有GIOS
古典味的性能小車
GIOS
PANTO

價格：NT$42,000
洽詢：鈦美
車架：Cr-mo 4130鉻鉬鋼GIOS SPECIAL TUBING
尺寸：48/51cm（C-T）
顏色：GIOS藍
套件：Shimano TIAGRA
輪胎大小：20×1-1/8"（451）
重量：10.5kg

PANTO跟市面大部份的小徑車相比後軸距較短，堅持公路車的騎乘角度與維持鋼管車的水平上管，在操控與加速上會有明顯優勢的小徑車。

自行車的「規格」知識！

坐墊柱口徑、輪組尺寸等規格，在愛車進行改裝時請一定要瞭解。只要了解規格，在選擇零件時會輕鬆許多。

Seat Post

Frame End

Drive Train

Handle&
Stem

Crank&B.B.

Brake

Wheel&
Tire

如果要進行改裝一定要掌握的重點

自行車的改裝零件，與汽車及機車等交通工具有所不同，其零件的相容性很高。例如煞車的部份，只要與底座的尺寸相吻合，幾乎就能夠安裝在大部份的車款上，這點也是自行車之所以易於改裝的原因。

話雖這麼說，但一定會出現無論如何也裝不上去的零件，或是改裝條件受到限制的零件，而要迴避這樣的狀況，就必須要熟悉自行車的「規格」。像是輪組的尺寸與坐墊柱的口徑，其實都有一定的「規格」存在，在選購之前應該要事先了解。很多人好不容易買了輪胎，卻因為尺寸不合的關係，輪胎就會因此磨到車架，或是坐墊柱無法插入車架等窘境，其實只要了解自行車的規格就能加以避免。

不過有時在自行車型錄上並未標示明確的規格，雖然從搭配的零件上多少能推測出來，可是依照年份的不同或是廠商改版等原因，造成車店也無法掌握並即時更新到完整的規格訊息。在沒有資料可參考的情形下，就必須利用精密的儀器，親自測量龍頭與坐墊柱的口徑，以獲得正確的尺寸資訊。

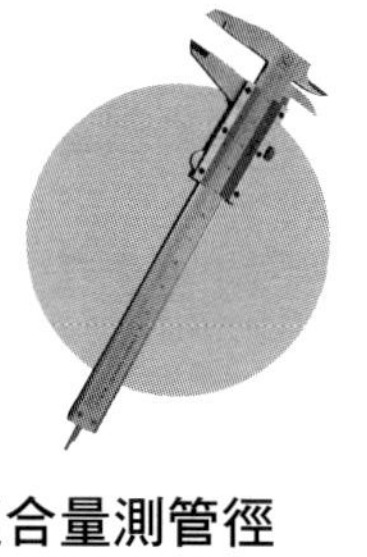

最適合量測管徑就是游標卡尺

便於量測管徑的游標卡尺。請選擇可以量測內、外管徑大小的款式，或是具有最小單位在0.1mm的游標卡尺。

Handle& Stem

把手與龍頭的直徑就分為許多尺寸，在改裝時的重點就在於轉向軸與把手的口徑。而頭碗零件除了前叉管徑以外分為3種尺寸，要注意的是這些尺寸是不相容的。

轉向軸的內徑
與直牙式龍頭的外徑相對應。要注意的是，有時因為是碳纖前叉的緣故，管厚的不同造成內徑與表格無法對應的狀況。

轉向軸外徑
要得知無牙式龍頭的尺寸時，必須先了解轉向軸的口徑。如果在測量時手上沒有龍頭，可從墊圈上量出管徑。

把手管徑
這是在交換把手時重要的數據。一般來說共有25.4mm（JIS）、26.0mm（義式）、31.8mm（Over size）3種。

直牙式龍頭
鉻鉬鋼管車等古典風格的車款上常見樣式，多為1英吋規格，以螺帽調整星狀物的張力。

無牙式龍頭
運動型自行車上最常見的樣式，與一體式龍頭相同具有相容性，頭碗的固定方式也相同。

一體式龍頭
公路車等高階自行車上常見的樣式，由龍頭頂端的螺絲調整星狀物的張力。

轉向軸的種類		
轉向軸外徑	內徑（直牙式龍頭外徑）	管厚
25mm(法式)	22mm	1.5mm
25.4mm(1英吋)	22.2mm	1.6mm
28.6mm(1-1/8英吋)	25.4mm(1英吋)	1.6mm
31.8mm(1-1/4英吋)	28.6mm(1-1/8英吋)	1.6mm

改裝的必備知識
自行車的 規格 知識！

Wheel& Tire

需要內胎的輪胎可分為HE（Hooked edge）與WO（wired on）兩種規格，兩者之間並不相容無法互換。要注意雖然同樣是英吋的標示，但HE與WO的胎圈直徑並不相同。

英式氣嘴
主要是輕便車、街頭騎乘用的混合自行車會採用的氣嘴模式。結構簡單而便宜，缺點是無法細微地調整胎壓。

輪徑的不同
由左至右為WO的20英吋、HE的20英吋、HE的18英吋。為了防止混淆在型錄上同時會標示ETRTO，WO的20英吋為451，HE的20英吋為406。

輪胎尺寸的判讀方式
從圖中可看出輪胎尺寸：700是胎徑、28C是粗細。有時也會標示ETRTO，所以也能從ETRTO推測出尺寸。

法式氣嘴
運動型自行車上最常採用的氣嘴形式。輕量而嬌小的結構不會影響到輪框的強度。可以輕鬆地打氣是最大的優點。

美式氣嘴
MTB等輪圈較寬的車種會採用的氣嘴形式。因與汽車的氣嘴形式相同，所以在加油站也能打氣。缺點是重量較重。

主要的輪組規格		
HE(hooked edge)	ETRTO（胎圈直徑）	主要的對應車種
16英吋	305	
18英吋	355	BD-1
20英吋	406	DAHON、KHS 小徑車等
24英吋	507	
26英吋	559	全 MTB

WO(wired on)	ETRTO（胎圈直徑）	主要的對應車種
16 英吋	349	BROMPTON
17 英吋	369	Moulton
18 英吋	400	
20 英吋	451	MANHATTAN、GIOS 小徑車等
24 英吋	520	GIANT MR4 等
26×1 英吋或 650C	571	三鐵車、Tokyo bike
26×1-1/2 英吋或 650B	584	休閒車等
26×1-3/8 英吋或 650A	590	休閒車、一般的 26 英吋車
700C	622	混合車、公路車、29er MTB
27×1-3/8	630	一般的 27 英吋車
27×1-1/4	630	舊式英國車

V型煞車

一般的混合式自行車會採用的煞車卡鉗。相同的底座也能安裝懸吊式煞車，而不同的卡鉗在煞車的制動性也不同。

C型卡鉗煞車

公路車等輪胎較細的車款採用的煞車卡鉗。由輪胎與車架間距，可以將卡鉗的長度分為「長腳」與「短腳」兩種。

碟煞

在輪組、車架上都需要底座。碟盤的大小與安裝方式可分為好幾種，改裝前需要先確認。

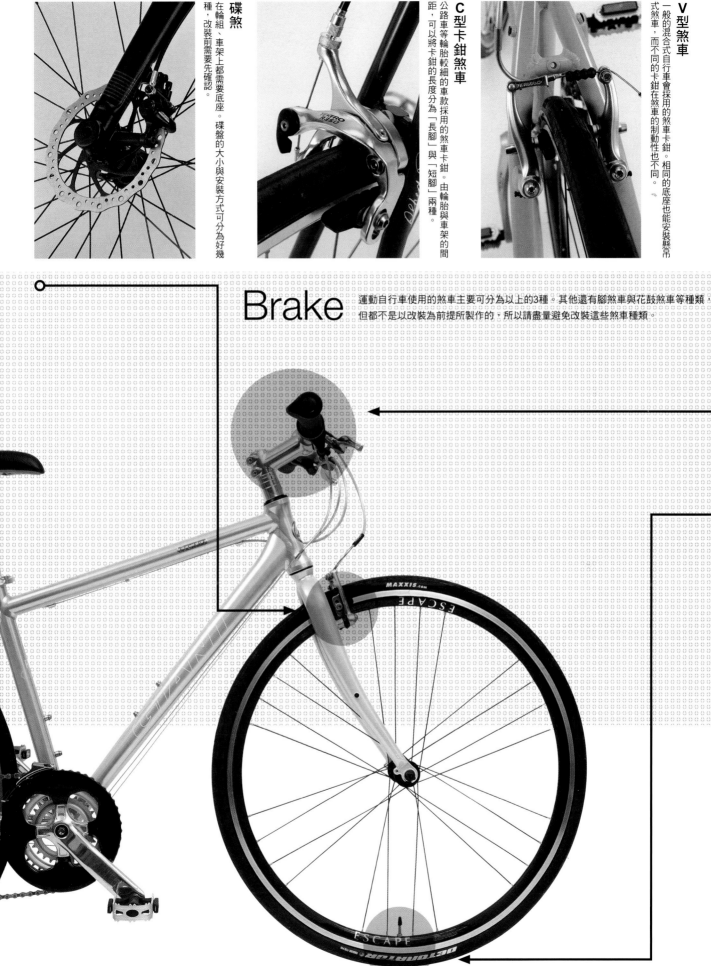

Brake

運動自行車使用的煞車主要可分為以上的3種。其他還有腳煞車與花鼓煞車等種類，但都不是以改裝為前提所製作的，所以請盡量避免改裝這些煞車種類。

管材的厚度
車架外徑到管材厚度×2就能算出坐墊柱的口徑。不過要取得更精細的數據，以游標卡尺做測量在數據上會比較準確。

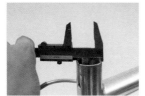

座管頂端內徑
要注意的是以游標卡尺的構造來說，並不容易量出管材的內徑。尤其是異徑管在車架中央的內徑比較寬。

坐墊柱外徑
在更換坐墊柱時最好再次量測坐墊柱的管徑，因為只要差了0.2mm就無法相容，所以必須更為慎重才行。

Seat Post

分類很細的坐墊柱尺寸，雖然車架管材的外徑可分為幾種規格，但內徑則是依管材的粗細而有不同。從最細的25mm到最粗的31.8mm，以0.2mm的單位遞增。要注意的是管材尺寸只要相差0.2mm，便無法相容。

特殊形狀
內變速等特殊形狀的花鼓，因與一般的花鼓沒有相容互換性。有些設計在BB的部份以確保鏈條張力的裝置。

正勾爪
從後輪的後方水平安裝之勾爪，競速車、BMX等車款多半採用這種方式。鏈條的張力是以輪組的安裝位置來做調整。

逆勾爪
搭配外變速器的自行車多半是這種勾爪形狀。後輪由斜前方裝上，鏈條的張力是由變速器來維持。

Frame End

車架的後勾爪寬度可分為5種形式，種類也各有不同。一般來說變速段數越多，勾爪的間距就越寬。勾爪寬度110mm的競速用車架，其花鼓軸心的粗細也會不同，必須注意。

後勾爪的寬度	
勾爪寬度	主要的對應車種
110mm	競速車
120mm	競速車、5S 公路車
126mm	6、7S 公路車
130mm	8、9、10、11S 公路車
135mm	MTB、安裝 Inter8 的自行車

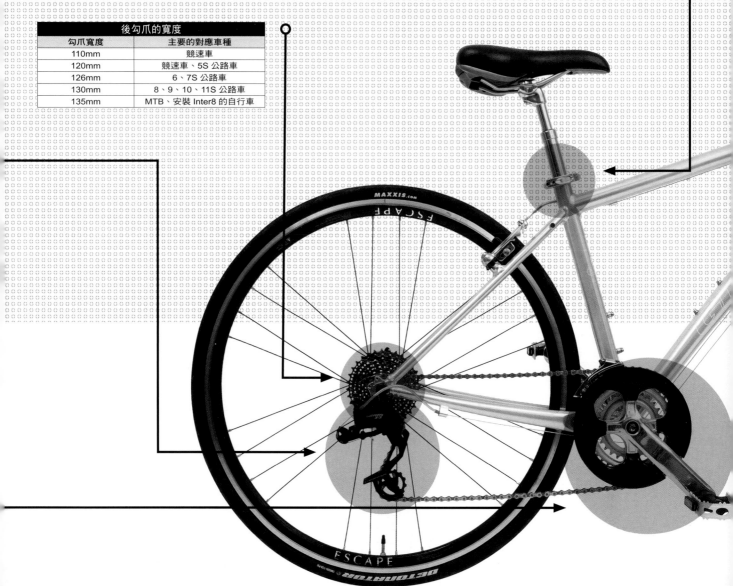

Drive Train

精密的零件互相組合而成的驅動系統，只要更換了其中的一個零件，都會對其他的部份造成影響。依廠牌的不同，相容性也有所差異，因此在做驅動系統的改裝時，希望能盡量使用相同廠牌與等級的零件。

7速變速器

低階套件可對應鏈條幅度較寬、較容易操控。相同的變速段數，有時也能與其他廠牌通用。

10速變速器

傳動零件的等級越高，所要求的精確度就越高，因此很難與其他廠牌、等級的零件並用。

皮帶式傳動

皮帶式傳動或輪軸傳動的系統中，可以改造的零件非常少，與鏈條傳統系統完全無法相容，所以不適合改裝。

BB形狀的不同

右上圖是SHIMANO最新款式，雖然輕量化且高剛性，但可相容的改裝零件並不多。左上圖是最常見的四角型軸心固定形式。雖然是較舊的形式，但本身與曲柄有許多可相容的改裝零件。右圖是SHIMANO的Octalink形式的曲柄，屬於上一代的規格，可替代的零件正逐漸減少。收納BB的五通也有幾個規格。右側逆牙是JIS規格、兩側皆為正牙的是義式規格。而BB30是將五通的部份擴大，提高剛性，是一部份的競賽公路車所採用的特殊規格。

Crank& B.B.

曲柄與BB周邊也分為幾種規格。包括收納BB的五通尺寸、曲柄的固定方式、大盤固定螺絲的間距等，請確認各廠牌、等級間的相容性來進行搭配，進行改裝時就能更加順利。

PCD110（壓縮盤）

稱為壓縮盤的PCD齒盤較小，所以內齒盤可以做更小齒比的設定。

PCD130（一般）

正常齒盤的PCD（5個固定螺絲等間距）一般是130或135，請確認各廠牌、等級間的相容性來進行搭配。

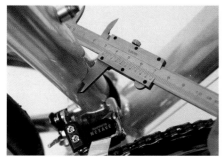

變速器的口徑

如果前變速器是管束規格，則必須清楚固定前變速器的管束口徑，通常是與座桿束的口徑相同。

BB的規格			
規格	寬度	內徑	螺牙方向
ISO、JIS	68mm	34mm	右側逆牙
義式	70mm	35mm	兩側正牙
BB30	68mm	42mm	無牙

改裝

改裝 Q&A

回答自行車
改造的疑問

針對自行車改造時常出現的問題進行回答
輕鬆說明對改裝有益的知識與Q&A

改裝
高級

Q 想將混合式自行車改裝成彎把

A 要將混合式自行車改裝成彎把，會遇到各種困難問題。由於混合式自行車所採用的V煞與彎把所使用的STI系統煞變把，其煞車的軸距比例不同，如果直接使用不但彎把的活動幅度必須變大，煞車制動性也會過強而造成危險。現在市面上並未出現對應V煞的STI煞變把，所以要進行改裝，就必須選擇對應V煞的彎把用煞把，而變速撥桿則使用安裝在把手尾端之尾型變速器。另外可以藉由改變夾器軸距比的轉接頭，或是使用懸吊式煞車來做改裝。

如果將來預定要把自行車的把手改裝成彎把，建議購買煞車夾器形式為C夾的平把公路車，另外在店內選購時直接將購買的公路車款改為平把，也是不錯的方式之一。只要保留彎把與煞車拉桿，隨時都能再將之改裝回彎把的狀態。

對應V煞的煞車拉桿—DIA
COMPE 287V。擁有與V煞相同
的軸距比，並配合把手末端形式
的變速，來完成彎把改裝。

改裝
基礎

Q 一定要安裝前後煞車嗎？

A 一定要安裝前後煞車。煞車是保障騎乘安全的最基本零件，原理是透過摩擦力來改變行車的速度，藉由前後煞車的運用可以讓操控更為靈活，一般都是以逐漸減速的方式避免煞車時過度鎖死而造成打滑的危險，煞車的時機和力道大小也會影響煞車的效果和反應，騎乘時需將視野放寬，並事先判斷前方的路況提早做準備，來降低因反應不及而造成的意外。有些人會覺得fixed gear單速街車的車款只要停止踩踏就能加以煞車，所以只要裝上前煞車就已足夠，但fixed gear並非屬於制動裝置。雖然法規的定義與實際的取締上，仍然有許多曖昧不明之處，但在意外發生時，肇事者騎乘安全性不足的自行車，在法理上一定會處於不利的立場。另外像後踩式的煞車形式，只要逆踩踏板就能加以煞車，因此可以算是制動裝置。

改裝
高級

Q 勾爪寬度能夠修改嗎？

A 如果是鉻鉬鋼或不銹鋼材質的車架，是能夠進行修改的。6速時代126mm寬度的勾爪，基本上把130mm的輪組末端打開後放入，大致上也還不會有什麼問題。如果覺得這樣不夠安心的人，可以請有技術的車店協助將勾爪撐開。即使這樣，實際也是利用物理的方式，左右各將後上叉彎曲2mm。在還是5段變速的時代，要將120mm勾爪擴張到130mm時，通常後叉需要以過火或增加肋樑等重大手術才能完成。但最基本的前提，能以這樣的加工方式，通常只有具韌性的鋼管車架才能辦到，一般的鋁合金車架有可能會因此損壞。

沒有煞車裝置的自行車，基本上就是用在場地競輪，絕對不能騎上街頭。如果想嘗試沒有煞車的快感，請到競速學校等場地進行。

看起來好像沒有煞車的後踩式系統，在花鼓中安裝了制動裝置，原理很簡單，只要逆向踩踏曲柄就能煞車。

用力地將後勾爪撐開。在彎曲車架的同時，謹慎以量尺量測擴張的程度，接著用勾爪修整工具將左右兩側的勾爪修正到平行。

Q 公路車的輪胎 寬度可以到多粗？

A 當公路車安裝了C夾煞車，如果是一般的短腿C夾的形式，則可以相容到25C的輪胎。當然依C夾的軸距容許寬度而有所不同，有的廠牌只能對應到23C就已經算是極限了，另外長腿的C夾則能裝到28C也沒有問題。而懸吊式煞車在不碰觸到肋樑的情形下，最多安裝35C的輪胎也沒有太大的問題。

安裝長腿C夾的公路車。可以看到輪胎與C夾臂之間有較寬的空間，所以可以輕鬆地安裝28C的輪胎。

Q 想將直牙式龍頭改為無牙式

A 只要使用直牙轉接頭就能在直牙式龍頭上安裝無牙龍頭，這個零件約1,000台幣就能買到。由於舊型的直牙式龍頭生產量越來越少，雖然裝上去會導致重量變重，但可對應的選擇種類也很多，因此也能選擇無牙式龍頭。另外，要將無牙式龍頭改裝成直牙式，在使用相同前叉的狀況下，需要在前叉上切割螺牙或是更換頭碗零件，算是相當耗工的改裝作業。

Q 要如何達到輕快的騎乘感？

A 要改變騎乘感，重點就在於輪組周邊。如果使用了高階的輪胎，在騎乘感上就會有明顯的提升與變化。另外輪組外圍的輕量化，以及整體的輕量化也是有很大的效果，例如更換輪組也是不錯的方法之一。如果是定價3萬台幣左右的車架，換上1萬台幣左右的輪組，實際騎乘時就能感受到驚人變化。此外要特別注意的是，混合式自行車的後勾爪寬度大多為135mm，所以是無法與市面上的130mm公路車市售零件相容。

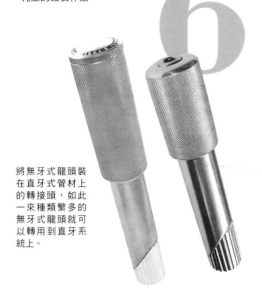

將無牙式龍頭裝在直牙式管材上的轉接頭，如此一來種類繁多的無牙式龍頭就可以轉用到直牙系統上。

市面上有許多公路車用的輪組，而輪圈的高度對於騎乘感的影響也很大，輪圈較低的車款適合爬坡，中等高度則是全方面對應，較高的輪圈的空氣力學佳，因此適合高速的巡行。

Q 想將公路車改裝成單速車

A 可以安裝市售的轉換套件，在棘輪套上墊圈即可單速化，如果有5速用的車架，因為後勾爪寬度為120mm，所以能容納市面上單速車用的輪組，另外在花鼓部份加上5mm的墊圈，一般公路車用的130mm後勾爪也一樣能安裝。不過現在的車架多為逆勾爪形式，所以為了要維持鏈條張力，通常需要搭配張力調節零件。

正在進行單速改裝的公路車。在棘輪上套上墊圈，即可完成單速化。圖中正在安裝鏈條張力調整器。

Q

26英吋的MTB可以安裝700C的輪胎嗎？

A

由於MTB的輪胎與肋樑之間的間距較大，就算是700C，只要是偏細的輪胎款式，多半是在輪徑可容許的範圍。至於碟煞也可以直接沿用，一般比較容易產生問題的是夾器式的煞車，在改裝的時候要藉由煞車底座上的轉接器，或是大幅地上下調整煞車皮的位置，就可以解決規格上的限制與問題。

MR.CONTROL可調整式V煞。煞車皮可以做上下調整，26英吋到700C的輪胎都能以相同的底座來對應。

Q

套件的升級有效果嗎？

A

依零件的不同，套件升級所帶來的效果也會有所差異，但整體來說，等級越高的零件相對地重量就越輕。而在性能上最高等級與次級的套件應該幾乎感覺不到差異。在套件升級中最能感到效果的就是煞車，以SHIMANO來說105套件與更低階的相比，制動性就會產生差異。另外MTB的煞車中，Deore等級與更低階的相比，握把的剛性就有所不同。後變速的段速來說到TIAGRA為止是9速，105以上是10速，而以變速的順暢度而言TIAGRA的等級就已經有很高水準的表現了，也不會感到有所不足。

SHIMANO的入門款與頂級款的煞車，外表雖然看起來一樣，但使用的材質與製作方式都不相同，當然煞車的制動性能也有明顯的差異。

Q

套件一定要是相同等級的嗎？

A

因變速段速上的問題，所以變速器相關的零件，如果是SHIMANO的8速，就必須全部都是8速，而10速就必須全部統一成10速。另外要注意的是公路車的DURA-ACE與ULTEGRA之間，105的10段是無法相容的，這兩個等級的套件在煞車的制動量上也不同。對初學者來說有許多難以分清楚的規格混在一起，因此基本上不要混雜套件等級是比較安全的。當然如果有足夠的知識，就能善用零件間的相容性，混搭不同等級的套件。成車為了維持性能並降低價格，所以常有不同等級套件混搭的情況。

上圖為密齒輪齒比，下圖則為寬齒輪齒比齒盤的模樣。常見的是將混合式自行車的寬齒輪齒比改裝成街頭公路車用的密齒輪齒比。

Q

MTB與公路車專用的零件
只能用在指定的車種上嗎？

A

並不是只能使用在指定車種上，像是有許多混合式自行車都使用了MTB的套件，不過多半都在傳動系統上更換為公路車專用零件，並改裝為適合都市騎乘的密齒輪齒比。至於煞車系統的互換性上，公路車與MTB的相容性很低，須特別注意。

Q 零件的廠牌一定要一樣嗎?

A 基本上各廠牌在規格上會有不同,所以廠牌一定加以統一。但像是副廠也會推出對應SHIMANO的傳動系統Campagnolo之轉換套件,雖然傳動系統是SHIMANO,但煞變把又想用Campagnolo的時候,這種方式可以滿足以上的需求,但「SHIMANOLO」的合體方式並非原廠所推薦的改裝,所以需在評估風險後進行。

Q 該如何針對零件的色彩作統一呢?

A 與搭配服裝一樣,最基本的就是配合車架的顏色。如果要亮眼的效果,可以利用標誌所使用的顏色來搭配,至於要大幅地改變自行車的印象,就從輪組、輪胎等顯眼的零件下手。雖然會忍不住想用很多顏色,但要稍微保持理性,將顏色統合在2~3色之間是比較不會失敗的搭配。另外鋁合金零件所使用的上色方式會因製造批次、種類、形狀的不同而有細微的色差,所以最好是親自確認過顏色,才能找到自己想要的彩色零件。

Q 想要改變車架的顏色

A 車架的顏色是可以改變的。其中的方法就是直接把車子帶到店家,委託專家進行上漆,但上漆之前先把零件拆卸下來,如果是需要專門工具才能拆卸的零件,可以另外付費委託店家幫忙拆卸。至於上漆的費用,塗裝較為便宜的車架與前叉約新台幣7000元,至於高級又美麗的粉體塗裝則需要新台幣15000元左右就能進行,基本上這個費用已經包含修補與脫除舊漆的程序,但有些廠商會另行計費,所以一開始要問清楚。另外自己動手DIY也是一個方法,不妨去市面上購買脫漆劑與噴漆,只要費點時間與功夫,約新台幣1500元就能幫車架替換顏色。

如果是優質店家,即使是別的店面買的自行車,也會願意進行改裝。當然改裝與修理都需要支付適當的工資費用。

Q 使用中古零件時須注意哪些重點?

A 最近透過中古零件專門店與網拍,越來越容易取得中古零件。在購買後的重點就是鑑定零件的狀態,究竟是清洗後就能使用的零件,還是只要交換消耗品部位就好,而消耗品部份是否還能從市面買到等等。另外在相容性上,是否能安裝在現有的自行車上,以及零件是否能確實動作等,因此要鑑定中古零件需要一定的知識,初學者在購買時最好有熟悉自行車的朋友陪同。在累積了相關知識之後,就會發現當新品零件所無法滿足的功能,竟然能藉由中古零件來達成,由於舊型零件種類眾多,所以這也是另一個樂趣。

能便宜買到中古零件的自行車跳蚤市場,每年的規模越來越大,在選購前要大致瞭解零件的好壞,才能從中找出適合改裝的零件。

在KADOWAKI COATING進行粉體塗裝的過程。以靜電讓塗料粒子附著在物體上,可以製造出廣受好評美麗而有強度的塗裝完成面。

Q 一般的車店都會幫人改裝嗎?

A 基本上從原店家買車後,他們都會協助改裝,如果是優質的店家,他們也很樂意幫非自家店面售出的車款進行改裝,當然相對地需要改裝的工資。如果是這樣的情況,最好能在進行改裝的車店直接選購改裝零件,因為店家通常希望客人能在自家店面購買相關改裝的零件。而使用中古零件時,在評估過風險後可以嘗試自己動手。

91p
Cycle Maintenance
飯倉清

92年成立了到府維修專門店「Cycle Maintenance」，提供自行車的修繕、調整、拆解等技術性的服務。也發行了多支的維修DVD，獲得廣大的人氣。
http://www.sai-men.com/

自行車改裝名人單元

兩大技師的
改裝競賽

活躍於日本自行車專業雜誌《自行車生活》的
兩大技師—飯倉清與遠山健，
在此以圖文的方式，介紹兩位專家的改裝代表作與改裝流程！

97p
狸Cycle
遠山健

「狸Cycle」（日文與Recycle同音）的店長，專長是回收舊自行車及零件，並讓它們重生。不只是回收自行車，也在推廣自行車運動上奉獻心力的自行車仙人。
部落格：http://tanukicyclr.blog75.fc2.com/

將棄置不用的
舊款MTB改裝為通勤車

改裝為
輕快騎乘的
自行車款

Before

很少使用
放著堆灰塵的MTB

有不少人可能在幾年前買了MTB，可是實際上卻很少騎到山上。MTB天生就很適合off-road，但在市區騎乘時就稍嫌重了點，搬運也很不方便，對市區街道來說，避震器、三盤式大盤與大顆粒巧克力胎，這些零件都明顯地太多餘了。

如果是以柏油路面騎乘為主，細胎是最佳的選擇。選用了比原有的輪胎各輕上100g的26×1.25英吋胎，這樣就能帶來輕快的騎乘感。

造成踩踏沉重原因的巧克力胎。on-road用的輪胎不但輕量，胎紋也是路面專用所以阻力較小，在煞車與過彎時都較為輕鬆。

改裝步驟 **1**

將沉重的顆粒胎
換成輕快的輪胎

輪組維持原樣，只是把輪胎換成適合on-road的輪胎，輪胎的粗細可依個人喜好，不過輕量的1.25英吋對初學者來說太細了一點，1.5英吋則正好是一般自行車輪胎的寬度，而且比原來的巧克力胎更容易踩踏，當然內胎也要換成細的。

前變速器的位置是配合外齒盤的高度，所以齒數改變，前變速器的高度也要跟著做調整。同時也要兼顧到變速撥桿與齒盤的相容性。

拆下曲柄。如果要整支曲柄都更換，必須考慮將曲柄調整到最佳長度。以前的MTB多半使用175mm的曲柄，建議可以改成170mm的長度。

改裝步驟 **2**

將前變的3盤
換成2盤

輪胎變細後外圈也變小，所以輪胎轉動一圈的距離減少，齒盤也要跟著調整。本次將前變改裝為on-road用的壓縮齒盤。如果覺得BB周邊的更換很費工夫，也可以採用不拆曲柄只更換齒盤的方式。

後變速更換為
適合街道騎乘的齒比

Off-road所需的寬齒比飛輪，對於on-road的騎乘而言會因為齒比落差太大而難以使用。道路騎乘時小盤為11T或12T，大盤有23T到25T就已經足夠，公路車用的9速飛輪價格較低而且更換方便。自己無法更換時，也可以花些工資委託車店進行更換。

公路車用變速器

在更換時要確認是否相容。SRAM的套件就分為能與SHIMANO搭配與無法搭配的種類，因此光以段速來判斷就會出差錯。

沿著飛輪齒盤在後變速的菱狀支架有一個獨特的角度，右側是公路車用，因角度較緩，動作時是接近平行的狀態。

大小差很多
MTB用與公路車用

左側的飛輪是MTB用，相較之下右側公路車用的飛輪真的很嬌小。所以更換成公路車用的飛輪，不但可以達成輕量化、外觀也更加俐落。而最大的重點就在於密齒輪齒比，在經常使用的齒比範圍內，可以做更細緻的變速調整。

更換後變速器

更換飛輪的同時最好能一併將後變速器更換成公路車專用的款式，雖然MTB用的後變速器也可以相容，但在動作反應以及變速角度上，多少會有不良影響。

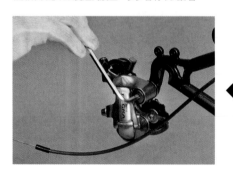

避震前叉更換成
碳纖無避震前叉

如果是on-road的騎乘，則不需要有避震的前叉，避震前叉不但較重，而且會造成施力的耗損。還好有幾家廠商推出了無避震的款式，所以這次採用無避震前叉，最好選擇碳纖材質。頭碗的更換需要專業的工具，所以最好委託專業人士處理。

碳纖MTB前叉

現在只要約2萬日幣就能買到堅固而值得性賴的碳纖前叉，碳纖材質提供了輕量與吸震性，煞車底座可相容V煞、C煞的夾器。
價格：27,300日幣　洽詢：AKI CORPORATION

更換為無避震前叉

如果不更換頭碗零件，則只需更換下培林碗就能更換前叉。因前叉肩長與上一支不同，所以請在確認過騎乘姿勢後，再進行操控管的裁切。

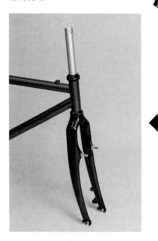

更換成碳纖無避震前叉後，車身線條變得更為俐落。前叉肩長變短，而前操縱管的角度變的較直，使得把手的操控更加敏銳。

彎把＆STI系統的引進

由於前叉的長度改變，所以如果要維持跟以前相同的騎乘姿勢，就必須考量從地面推算回去的高度，龍頭的墊片也會因此增加，另外不要忘了安裝懸吊式煞車專用的線止。

由V煞進化為懸吊式煞車

如果採用懸吊式煞車，煞車的軸距就必須與STI煞車拉桿相同。前後煞車都需要安裝線止，如果後煞車無法安裝線止，則可以小型的V煞來做替代方案。

SHIMANO BR-R550

市售的SHIMANO製懸吊式煞車是飯倉先生所推薦的優秀產品。便宜兼具高品質，而且安裝簡單、制動力強。價格：7,350日幣（前後）　洽詢：SHIMANO SALES

改裝步驟　5

藉由導入懸吊式煞車引進彎把系統

MTB也能改成彎把，如果安裝了懸吊式煞車，就能使用一般的STI煞車把。因煞變把的位置比平把還要遠，所以龍頭應該會變短，因此要確實地設定騎乘姿勢。

安裝SPD踏板與皮革坐墊

為了幫自行車加分，所以選擇了SPD踏板與SELLE AN-ATOMICA手工皮革坐墊，以及適合長途騎乘的anatomic坐墊。
價格：18,900日幣　洽詢：DIATECH PRODUCTS

改裝步驟　6

以踏板與坐墊做結尾

以簡潔的配件作為整體外觀的加分。因為SPD踏板體積不大，所以對輕量化也有貢獻。光是安裝上皮革坐墊，就能替整台車帶來成熟而沉穩的感覺，是不可缺少的重要配件。完成走線並微調煞車與變速系統，就完成改裝了！

After

完成改裝

不只外觀改變，也達到了2.3kg的輕量化！而且是沒有特別使用輕量化零件的情況下，只要再下點功夫，還能再輕個1kg，成為一台能輕快地穿梭於街頭的獨家規格車。

12.8kg ▶ 10.5kg

幫你改成
想要的樣子

將混合自行車
改裝為古典風格的街頭車

我來幫你改裝！

Before

想改成
自己喜歡的樣子

編輯部D小姐

買下了印有閃亮標籤的
COLNAGO自行車。作為
通勤車對於零件的性能感
到不足，而且用不到的齒
比過多，更重要的是在外
觀上想要更有古典風格。

標準規格的自行車

擁有帥氣COLNAGO標籤的混合自
行車。古典風格的標籤與車架的米
白色非常搭配。善用這個感覺，同
時把車改裝成更適合通勤使用。

改裝步驟 **1**

首先是收集零件

雖說是改裝，但也需要一定的零件採購費
用。D小姐是公司新人，所以沒有什麼預
算，既然礙於預算的限制，就只能選用報
廢的零件，進行回收再利用的改裝。這
也是SAIMEN所擅長的改裝方式。除了由
SAIMEN所提供的零件外，D小姐也由編
輯部與跳蚤市場收集了一些舊零件。

收集到的零件

因為是報廢的零件，所以多少有些零
零落落。但既然有機會再利用它們，
如何使零件重生也正是一位自行車愛
好者的使命。接下來就是靈巧地搭配
所購買的配件，營造出一致性。

新添購的
零件與配件

決定自行車風格的黑色塑膠擋泥板
與皮革坐墊，同時也採購了搭配時
尚車架的V煞與俐落的齒盤鏈條蓋
板，並選用擁有古典風格偏寬的
28C光頭胎。

拆下將要更換的零件

拆下握把。以細字螺絲起子小心地撐開握把，從中注入清潔劑就能輕鬆地拆下握把。撥桿要先拆下線材的部份，再以六角扳手鬆開固定螺絲。

配合肩寬進行把手的裁切

依照肩寬將過長的把手裁短。量測過後D小姐的把手左右各需要裁切3cm，順著標記垂直地切斷把手，就能達到正確的騎乘姿勢而不易感到疲勞。

安裝新的零件

接著安裝撥桿式變速器與煞車拉桿。撥桿式變速器是以拇指來操控變速的裝置，因左側的前變是單速，所以不需要變速。塗上清潔劑後一鼓作氣地將握把推進把手中。

獨立的煞車拉桿

為了簡化操控系統，所以將煞車拉桿獨立於變速系統之外，變速系統也選擇了易於操控的撥桿式系統。

改裝步驟 **2**

讓把手四周簡潔好握

首先注意到的是把手四周的改裝。由於以D小姐的肩膀寬度來看，現有的把手寬度太寬了，所以必須將把手裁短來做調整。另外把手四周有種MTB車款的擁擠感，因此也改裝成便於使用的俐落街車風格。

褐色的仿皮握把

握把也要帶點古典風格，所以選擇了可愛的褐色仿皮握把。

簡單又好握

時尚的V煞

V煞的煞車夾具通常看起來都很巨大，而這個廠牌的V煞的特徵是造型十分簡潔而不誇張，並擁有極高的制動性與設計性。

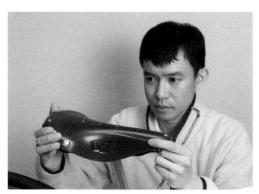

古典風格的皮革坐墊

這次選擇了經典的BROOKS B17 narrow。窄版的設計、加上褐色的皮革打造出古典的氣氛。
價格：11,340日幣　洽詢：DIATECH PRODUCTS

改裝步驟 **3**

看起來超帥的坐墊與煞車

雖說是用舊零件來省錢，但這裡是投入最多預算的部份。首先是古典風格的必備配件—BROOKS皮革坐墊，相信對於外觀絕對有加分作用。V煞則是選用制動力強而造型獨特的CANE CREEK。

設計感超群的煞車

DIRECT CURVE系列的煞車之最大特徵，就是擁有獨特的設計感。照片的款式雖然已經絕版，但仍有高階的款式留下來。
洽詢：DIATECH PRODUCTS

更換為公路車用變速器

換下巨大的後變速器，採用了具有老舊歷史的SHIMANO 600後變速器。雖是D小姐從跳蚤市場找到的零件，但這個變速器竟然很神奇地跟D小姐同年。

簡化飛輪

雖然公路車用飛輪的變速幅度較窄，但能依照路況與腳部的負荷情形做細微變化，在市區的騎乘上反而比較不會疲倦，而且外觀也簡潔許多。

如果是市區騎乘則用輕齒比

如果是ON-ROAD且鮮少騎乘於坡道的通勤方式，對於安裝在混合自行車上的MTB傳動系統來說，齒比的規格落差過大，因此改裝為變速幅度較小的公路車用齒比是較好的選擇。前變速就乾脆簡化成單速，來加以減輕重量，像是刪除多餘零件的減法式改裝，對於輕量化是非常有效果的方式。

大齒盤改為單速

因為大盤改為單速，所以可以拆掉前變速器，拆下具重量感的三片金屬齒盤，並且繼續沿用刻有COLNAGO商標的曲柄，在內側安裝鋁合金齒盤與外齒盤防護鏈條蓋板。這樣大盤四周就變得簡潔許多，同時還能輕量化，外型越來越像一台潮車！

確實安裝輪胎

熟練的技師不需要挖胎棒就能輕鬆安裝輪胎，在安裝輪胎時除非輪胎太硬，不然基本上是不會使用到挖胎棒，因為在安裝時使用挖胎棒，有時候會造成爆胎。輪胎安裝的最後階段，就用照片所示範的姿勢用力地把輪胎扳進輪圈。

選擇光頭胎

選擇了復古風格的側邊光頭胎，最近古典風再次流行起來，所以這樣的輪胎也相對增多。配合擋泥板的尺寸，使用偏寬的28C輪胎。

更換輪胎並加裝發電花鼓電燈

為了營造復古輪胎的氣氛，所以側邊選用了光頭胎，並在輪組加裝了發電花鼓電燈，讓回家的夜間騎乘更為安全。如果是每天的通勤使用，則可以選擇不需電池的發電花鼓電燈，可以省下一筆預算，而且也比較明亮而安全。

花鼓用電燈

在跳蚤市場找到的花鼓用電燈，在選購花鼓用電燈時要注意的是車燈所對應的電壓。

安裝車燈

發電花鼓電燈的價格，如果加上輪組的成品約1萬日幣左右，由於不需要更換電池，而且從安全性來考量，並不算是昂貴的花費，另外也不用擔心車燈被偷或是忘了帶車燈而回不了家的狀況。

通勤就用發電花鼓電燈

雖然LED的電池式車燈體積小而方便，主要功用並非照明，而是警示對向來車。花鼓車燈可以照亮路面並掌握狀況，發電的部份在於花鼓，所以阻力較小也比較安靜。

注意螺栓孔

許多的混合自行車車架的前方與後勾爪附近，都設置了專門安裝擋泥板的螺栓孔，在後勾爪上有兩個貨架與擋泥板專用的螺栓孔，而下方的就是給擋泥板安裝使用。

古典風格的關鍵 安裝擋泥板

為了將自行車改裝為古典街車，最關鍵的零件就是擋泥板。簡易的擋泥板雖然實用，但與車子間缺乏一體感，所以在此希望能安裝全罩式擋泥板。但是安裝時為了要維持全面的間距均等，可是連專業技師都要費一番功夫的作業。

裝上擋泥板時尚變身

調整擋泥板的長度，並且安裝到車架上。要沿著輪胎弧線完美地裝上去是有點難度的，為了要安裝的漂亮，有時候需要加以開孔與擴孔或是增加墊片等費工的手續。同時要注意擋泥板與輪胎之間的距離，確實地安裝。

時尚的擋泥板

帶有低調時尚感的黑色擋泥板，運用具有彈性不會產生折痕的材質。
DIXNA Cross Fender。
價格：3,780日幣
洽詢：東京SAN-ESU

After

改裝完成

依照古典風的概念完成改裝了！增加了必要零件的同時刪除了多餘的規格，因而達成了輕量化兼具時尚的外觀。

兩大技師的改裝競賽

狸Cycle篇

Part 1　淑女車變身運動自行車

在此試著將構造簡單的淑女車,改裝成行走性能極佳的運動型自行車。一般日常用車相當方便的貨架與擋泥板,由於在本次改裝時並不需要,所以把它們拆掉藉此達到大幅的輕量化。雖然幾乎沒花到什麼錢,但卻能帶來令人吃驚的改裝效果,外觀保持舊車風格卻又兼具簡約的印象。

店內不做普通的改裝,專攻特殊改裝的狸Cycle老闆─遠山先生。自宅兼改裝車店中,日夜都有粉絲聚集。

before

隨處可見的一般淑女車。搭載菜籃、車燈等標準裝備,雖然是很方便的自行車,不過很重外觀也不帥氣。

首先把自行車完全拆解,淑女車是以這些零件組成的。因為本身不求輕量化,所以一個個零件都很重,而且有些零件不一定是必要的。

after

拆掉菜籃等多餘的零件,並且在後輪安裝變速器,做大幅輕量化的同時,也增加了運動的性能。從緩坡到一定速度的騎乘,這台改裝車完全能應付自如。

1)將彎把反裝,就形成了半彎把的狀態,可以採取較為運動型的騎乘姿勢。2)將變速撥桿移至座管的上端。也能節約線材。3)安裝後變底座,增加變速段數。輪組以後花鼓式棘輪重新編組。

Part 2　淑女車變身辣妹車

原本樸素的淑女車,這次要進行裝飾性的改裝。車架除了要加以彩繪,還要貼上水晶等裝飾,並在表面噴上透明漆來固定。車頭的標誌以水晶指甲用的材質做成的花朵來裝飾,加上毛皮坐墊與白色輪胎,完成非常華麗的改裝。

1)車頭的標誌以水晶指甲用的材質所做成的花朵來裝飾。2)後上叉頂端也是以相同構造的花朵來裝飾。3)塗裝成淡粉色的車架並以指甲油進行彩繪,並在各處加上水晶裝飾,讓車架像是鑲嵌了寶石般閃亮。4)坐墊貼上毛皮打造出高級感。

before

改裝前的普通淑女車,銀色的車架非常的樸素,希望能改裝成適合女性騎乘的夢幻車款。

after

休閒式的把手與白色輪胎,搭配懷舊風格的花紋車架,有極佳的畫龍點睛效果,後煞車安裝在後下叉上。

Part 3
將競速車架
改裝成公路車

從外觀上猛一看雖然像是公路車，其實車架選擇的是競速車架。後花鼓雖是130mm，但更換上較薄的螺帽後，可以安裝在後勾爪寬度為120mm的車架上。在後勾爪加裝了變速器的底座，藉此安裝後變速器。雖然鏈條的間距很緊密，不過實際騎乘沒有太大問題。以最新的套件所組成的車款，在剛性與信賴性上都有十足以上的把握，這台公路車在騎乘姿勢的設定上，是採取與競速選手在公路上練習及實戰時一樣的位置，以及相同的幾何設定。雖然並非所有的競速車架都能改裝，但改裝完成後就是一台實戰性能高超的車款。

第一眼似乎是台鉻鉬鋼管公路車，但從極短的後三角可以看出競速車架特有的結構，毫不放過任何力量來加以傳輸的特殊構造。把手也使用了易於掌握下把的競速用把手，整體的騎乘姿勢完全是按照競速的設定。

1）加裝了變速底座。最小盤與車架間的距離只剩毫釐。2）安裝了公路練習用的後輪煞車。3）後輪與座管間的距離也非常狹窄。4）剛性極高的中空二代中軸曲柄的四周。5）前煞車也是必備的零件。

Part 4
兒童用運動自行車

試著稍微改造成兒童用的自行車，要針對兒童的身材，打造出讓他們也能輕易操控的正規運動自行車。這兩台都是兒童用的24英吋MTB，但只要換上適合運動的驅動系統與把手，並重新檢視坐墊的位置即可。從小就讓兒童開始接觸運動自行車，也許長大後會成為很強的自行車選手吧！

單速的版本，而且有安裝前後煞車，所以能在一般道路上騎乘。如果裝上了固定齒盤就可作為單速自行車使用。等到習慣了固定齒盤，就可以從小鍛鍊兒童的踩踏力量與技術。

配備了變速器的小尺寸版本公路車。雖然24英吋的輪胎相當小，但騎乘的性能絲毫不輸給一般的公路車。改裝完成後不只是兒童，連身材嬌小的女性也能享受運動自行車的樂趣，變速撥桿安裝於把手尾端。

以銀色的車架搭配銀色零件所改裝而成的街頭競速車。遠看可能不太容易察覺，但靠近細看後會發現曲柄、龍頭上有敲擊加工的花紋，是充滿手工改裝感的自行車。頭管安裝了以錫鑄造的原創零件，而零件上的花紋只要用榔頭敲打就能輕鬆做到。另外頭管上的裝飾是用錫製作，只要利用家裡的瓦斯爐，就可以輕鬆進行作業，請一定要親身試試看，不過錫溶液雖然在金屬中算是低溫，但對於人體而言還是很高的溫度，因此在作業時請特別謹慎小心，以避免發生燙傷或火災。

銀色單色烤漆的車架，與施加了敲擊花紋加工的零件，兩者非常的相配。因為是外觀簡潔的單速車，改裝後產生了氧化銀所附帶的特殊風格，敲擊花紋的加工適用於龍頭、坐墊柱、曲柄等面積較大的零件。

1）以敲擊花紋加工的直牙式龍頭。古典而纖細的線條非常適合這種加工方式。2）同樣經過敲擊花紋加工的曲柄與氧化銀的車身非常搭配。但大盤等較脆弱的零件無法以同樣的方式加工。3）鑄造而成的特製貓型頭管裝飾，當然也是以敲擊花紋來加工，以統一整體風格。

以榔頭圓形的一端進行敲擊花紋加工。依榔頭的形狀所敲擊出的花紋也會不同，所以嘗試各種花紋也是樂趣之一。請選擇強度較高、較有重量的零件來進行加工。另外在要求精準度的螺絲與曲柄周邊的加工需謹慎地進行，至於車架等管材較薄的部份嚴禁加工。

1）以厚紙板與木材來製作鑄模。厚紙板模以2片木板夾住固定。2）利用廢棄的鍋子融化錫塊。錫塊可以在DIY賣場等地方買到，如果買不到，也可以用不含松脂的銲錫代替。3）將融化的錫倒入鑄模裡。為避免液態錫凝固，這個作業必須迅速地進行，但要小心不要被液體噴到。4）經過10分鐘的自然冷卻後，就可以拆模。拆下的零件修整過形狀後，彎曲成車架的弧度。鑄模可以重複利用，當然錫塊也能重複融解。

消光黑的簡潔鉻鉬鋼競速車架，搭配了木紋的零件，就能打造出高雅的街頭車款。進行零件的木紋加工，以DIY賣場買來的材料就能完成，使用的材料有固定塗料的金屬底漆、黃色噴漆與棕色的塗料，最後在表面塗上保護漆即可完成。如果更換顏色，則能做出迷幻風格的花紋。

1）木紋塗裝的曲柄。從側面檢視時由於面積寬廣，是相當引人注目的部位。塗裝後進行簡單的清理，顏色較能持久。2&3）施加塗裝的坐墊柱與龍頭。因為塗裝面容易受傷或脫漆，所以如果會頻繁地改變騎乘姿勢的設定，則不推薦這樣的塗裝方式。

1）全面噴上金屬底漆後再噴上黃色噴漆，之後以棕色塗料塗上斑紋。2）從上方噴灑保護漆。這個步驟需重複幾次。3）等保護漆乾了就完成加工。可以依照自己的喜好來選擇保護漆的顏色，如果是迷幻風格的色彩，可以選擇透明保護漆。

消光黑的鉻鉬鋼車架與木紋零件非常搭調，坐墊為了搭配木紋風格，因此選擇了BROOKS的皮革坐墊。

休閒型把手擁有一股成熟的氣息，由於可用輕鬆的姿勢騎乘，所以是最適合在街頭穿梭的改裝方式。變速改為撥桿式雖然多少有些不方便，但把手上的走線相對減少，外觀也顯得洗練許多。

對於公路車的前傾姿勢感到吃力、也沒有特別要求運動騎乘感的族群們，推薦可以將把手改裝為較平滑的休閒型，以取得較直挺的騎乘姿勢，讓公路車變身為可在日常街道輕鬆騎乘的自行車。如果車架上有變速撥桿的底座，則可將變速改為撥桿式，走線既不會影響到把手的掌控，而把手四周的改裝也會更加容易。

Part 8
公路車的單速化

將公路車變身為簡潔的單速車，是狸Cycle最擅長的改裝項目。在後變速底座上安裝鏈條張力器，來加以維持鏈條的張力。藉由利用齒盤的齒數與半截式鏈條的驅動，也因此不需要鏈條的張力。另外以競速型花鼓加上墊片的輔助，就能加以改裝成固定齒盤。這樣的改造方式不僅讓外觀變得更為俐落，也能達到輕量化的目標。

簡潔的外觀十分引人注目，完成了單速化的改裝。鏈條張力器就是要維持鏈條張力，所以不用擔心騎乘時鏈條脫落，此外鏈條接觸的齒盤變少，鏈條也較不易彎折，騎乘的踩踏感會更為直覺化。

與黑板相同，可以在車架上輕鬆地作畫，最大的魅力是用板擦加以擦拭後，就能重複使用。因為黑板塗料有高耐水性，所以使用上沒有太大問題。如果車架管徑較粗，彩繪的面積也會變寬，所以建議選擇空氣力學車架來做改裝。

Part 9
可用粉筆彩繪的黑板自行車

以黑板塗料進行車架塗裝的自行車。黑板塗料可以在材料行或DIY賣場買到，因為能用粉筆畫上自己喜歡的圖案，就像是每天都騎著不同花樣與設計的自行車一樣。可惜的是只能用粉筆的顏色……。只要是金屬的車架，通常都可以進行車架的塗裝，讓色彩更具變化，不過比起鉻鉬鋼車架，管徑較粗的鋁合金車架可能比較適合。而有空氣力學設計的扁平車架，由於能彩繪的面積較寬，因此易於繪圖。

**ODBOX殿村
ROOM室長**

位於東京・御徒町的車店
一ODBOX ANNEX，殿村先
生是店內自行車樓層中知名
公路車專櫃「殿村ROOM」
的當家，是自行車業界無人
能出其右的知名顧問。

殿 親自指導
自行車專用工具
使用方式

製作自行車需要許多專門的工具
身為專業自行車技師中，有「殿下」美名的殿村先生
讓我們來看看他的工具箱吧！

與汽車、機車等交通工具相比，使用者能夠自行運用現有的知識與技術，輕鬆地進行維修與改裝，這一點正是自行車充滿樂趣的地方。如果像是日常例行性的保養與維修，其實只需要簡單的隨身工具就足以應付，但要完整地組裝一台車時，就需要應用為數眾多的專業工具。其中像是專門用來拆卸自行車部份零件用的工具，有些工具只能對應某些廠牌在某時期所出品的零件，通常專家才會具備這些精密的工具。業餘者與專家的組裝手法，其最大的相異之處不僅在於技巧的高低，連使用的工具也有很大的差異。就讓我們來瞧瞧這些能夠挖掘出自行車最大潛能的專業技師工具箱吧。

基本工具 ●●●●●●●●●●●●●●●●●●●●●●●●●●●●●●●●●

首先由基本工具開始。從自行車的保養到改裝，如果想要學習更豐富的自行車知識，這些工具都是不可或缺的。就算已經有攜帶型的工具，但還是希望能準備六角扳手與螺絲起子等，在使用上一定會比攜帶型的工具方便許多。

4mm
用來固定龍頭螺絲、或是安裝煞車皮等。是使用頻率僅次於5mm的六角扳手。

3mm
固定後變速器導輪螺絲以及鋁合金水壺架螺絲等，雖然出場的機會不多，但還是會派上用場。

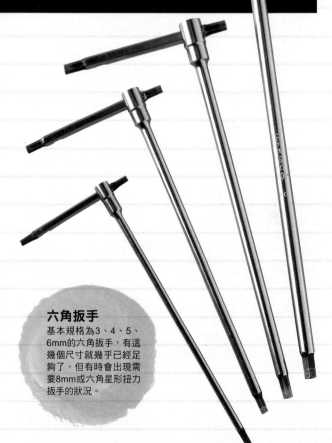

6mm
安裝坐墊上下直牙式龍頭的角度、或是從軸承安裝踏板等，6mm的扳手大多用在需要扭力的地方。

5mm
從安裝後變速器開始，幾乎所有的零件都會用到的5mm扳手。可以說自行車的安裝作業有一半以上都是使用5mm扳手。

六角扳手
基本規格為3、4、5、6mm的六角扳手，有這幾個尺寸就幾乎已經足夠了，但有時會出現需要8mm或六角星形扭力扳手的狀況。

後變速器的行程調整、B張力螺絲、前變速器導板行程的調整、夾器單側的調整等。會用到十字起子的大概是以上的情況吧。

十字螺絲起子
雖然使用的頻率不高，但緊要關頭不可或缺的十字螺絲起子。依螺絲大小分為1號、2號。

壓扁線頭就需要用到斜口或鱷口鉗。如果線材沒有安裝線頭，就會因此鬆開。

鉗子
裁切各種線材使用。煞車的外管也是用鉗子來裁剪，還有壓扁線頭也是。

活動扳手
轉動固定在零件上的專門部位時，所用到的就是活動扳手，殿村先生會依狀況分大中小來使用。

雖然用鉗子也能裁切，但反覆的裁剪會讓裁切面髒污。使用鋼線剪就能俐落地剪斷，裁切面也保持的很平整。

尖嘴鉗
拉住線材、或是手指所無法伸到的位置拿取物品等，十分很重要的尖嘴鉗。

鋼線剪
內含鋼琴線的變速線等線材，由於不容易裁切，因此是組裝自行車必備的專門工具。

踏板的固定螺絲位於曲柄的另一側，一般的扳手無法伸入。雖然用六角扳手也能固定，但要確實固定還是需要踏板扳手。

踏板扳手
確實固定踏板所需的工具，是屬於薄型的15mm扳手，一般的扳手太厚故無法使用。

操縱管周邊使用的工具 ·····························

進行頭碗零件的拆裝時，調整自行車重要的操縱管所利用的工具，因為多半很
專業而且昂貴，所以這個部份應該是屬於專業技師的領域。但近年來逐漸增加
的一體式設計，所需的專門工具越來越少。

一般的工具是管
狀，並從上方以榔
頭敲擊，但這個工
具是利用重量來下
壓固定前叉珠巢。

前叉珠巢安裝工具
為了承接頭碗培林，需在
操控管上安裝前叉珠巢。
帶著重量的金屬環是殿村
先生自行製作的工具。

頭碗組裝工具
將前叉頭碗壓進車架的
工具。為了精確地安
裝，就需要如此結構穩
固的工具。

頭管兩側以安裝工具確實地緊
壓，水平而且均等地施加壓力。
結構穩固的工具，才不會造成
頭碗零件變形。

有切口的一側會擴
張而抵住頭碗，所
以用榔頭輕敲就能
輕鬆拆下，原理十
分簡單。

將前叉珠巢拆卸工具抵住內側，並以榔頭輕敲。如果前叉珠巢為細的鋼管前叉，就能以這個方式拆下。

前叉珠巢拆卸工具
（舊型）
在前叉珠巢突出於前叉的部
份，以這個形狀的金屬工具
抵住後用榔頭敲開。這也是
殿村先生為了提高精準度所
特製的工具。

頭碗拆卸工具
拆卸頭碗的工具。由沒
有切口的一側穿過頭
管，切口的部份就會在
頭管裡抵住頭碗，然後
把頭碗壓出來。

前叉珠巢拆卸工具
現今的前叉珠巢已經有大
口徑化的趨勢，所以無法
從前叉內側把前叉珠巢壓
出，這時候就使用由上方
拉扯的方式。

頭碗扳手
雖然這是直牙式專用的規
格，但裝卸頭碗與培林承
接座的調整，都需要這兩
支薄薄的頭碗扳手。

要鎖緊頭碗，需要一支扳手按住培林承接座，
同時以另一支扳手鎖緊上方的螺帽。

用工具抓住前叉珠
巢後，轉動把手就
能拉起零件。

輪組使用的工具 ●●●●●●●●●●●●●●●●●●●●●●●●●●

以下是自行車的關鍵零件,輪組組裝與調整時所使用的工具。輪組的調整是考驗專家經驗與技術的時刻,在現今廠編輪組的全盛時期,車店內手編輪組的機會雖然變少了,但在調整輪組時仍需要專門的工具。

將輪組放在輪組校正台上,如圖轉動鋼絲銅頭扳手來調整輻條的張力,並修正輪框的偏擺。

輪組校正台

這是殿村先生所使用的輪組矯正台,已經有半世紀的歷史,仍然持續運作中。在此裝上輪組,以調整銅頭與輪組的偏擺。

空氣力學輻條固定器

形狀扁平的空氣力學輻條,通常在轉動輻條銅頭時會跟著一起扭動變形,所以需要這個工具來加以固定。

銅頭扳手

將輻條與輪圈加以固定在輪組上的就是銅頭。找到適合銅頭尺寸的凹槽,就能轉動銅頭。上圖是SHIMANO輪組用的銅頭扳手。

輪組中心定位檢測弓

確認輪組左右是否均等的工具。對準花鼓軸與輪圈上下兩端,共3點來進行檢測。

拆解花鼓時需將扳手抵住花鼓軸心後轉動。

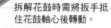

花鼓專用開口扳手

拆解花鼓、調整培林使用的扳手。厚度只有15mm,共有13、14、15、16、17mm幾種尺寸。

以輪框中心定位檢測弓,分別對準輪組的兩側做檢查。輪組的軸心必須一直維持在中央的狀態。

BB用工具① 處理車架用 ●●●●●●●●●●●●●●●●●●●●●●●●●

承受來自腳部的力量並將之轉換為自行車動力的BB部份,是最要求精度與強度的部位。使用這裡所介紹的技師用專門工具,細心地從BB等部位組裝而成的自行車,當然是讓人愛不釋手。

BB鉸刀

清理附著在BB內的塗裝與髒污等,可提高BB的螺牙密合度的鉸刀。加工後可提升BB的安裝精密度。是非常昂貴的工具。

BB銑面工具

用來切削與整平BB接觸的承接罩表面塗裝。最近的BB形式中,在接觸面的精確度要求越來越高,所以修整是必須的。

轉動把手切削BB的側面,看得到金屬顏色的部份就是銑面的部份。

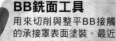

像這樣將鉸刀左右安裝在BB兩側。新的車架在處理後,會有許多的碎屑出現。

BB用工具 ② 裝卸BB用 ●●●●●●●●●●●●●●●●●●●●●●●●●●●●●

完成準備工作後，接著使用以下介紹的工具來安裝BB。隨著時代與廠牌的不同，BB也陸續出現各種不同的規格，由於各有其對應的專用工具，因此這個部份也是一般初學者難以自行動手的部位。

BB30壓入工具
對應BB30規格，將BB壓入的工具。大口徑的BB30並沒有螺牙，而是以壓入方式安裝進培林裡。

除了方軸規格外還有八爪式的規格，但都是屬於卡式BB，所以只要有工具就能簡單拆裝。

卡式BB用裝卸套筒
對應方軸規格而普遍流通的卡式BB專用拆裝工具。只要套在BB的溝槽內轉動即可。

BB承接環安裝工具中空二代中軸用
對應SHIMANO最新推出的中空二代中軸規格的工具。轉動在BB側用來安裝曲柄的轉接環，要鎖緊需要施加相當的扭力。

將工具嵌上轉接環後轉動。因為需要相當的扭力，所以殿村先生加裝了長握把。

維持右承接罩的穩定，同時轉動工具。以高扭力鎖緊，完全固定後承接罩也能拆下來。

右承接罩裝卸工具
需要扭力來加以安裝的承接罩，與圓椎式的右側承接罩，進行拆裝時所用的專用工具。配有裝在把手上的延伸握把。

S字勾型扳手與BB扳手
安裝舊式的承接罩與圓椎罩式BB時使用的工具。圓圈型的一端用來固定右側，S字的一端則固定左側。

圖中就是BB左側與Y字扳手接觸的樣子。在安裝的最後階段，像右圖一樣使用Y字與S字的扳手，一邊調整承接罩的鬆緊度一邊加以固定。

Y字扳手
圖中下端就是Y字扳手。是固定在BB左側的2個小孔裡，轉動BB承接罩用的。這個工具的另一端設計成頭碗專用的造型。

S字勾型扳手的一端像這樣勾住BB的螺帽。

曲柄拆裝工具 ●●●●●●●●●●●●●●●●●●●●●●●●●●●●●●●●●●●●

隨著時代變遷而衍生出的各種曲柄安裝方式。近年來競賽公路車的趨勢是將曲柄與BB一體化的模式。但以四角軸心搭配方軸曲柄的規格，則是一般自行車到低階運動自行車都很普遍採用的方式。

中空二代中軸用曲柄蓋安裝工具
SHIMANO所推出的BB一體化曲柄。左側曲柄直接固定在BB承接罩上，而這個工具就是負責鎖緊左曲柄的蓋子部份。

曲柄軸承螺絲拆卸套筒
可對應方軸式的曲柄軸承螺絲拆卸套筒，從曲柄壓入此工具後，就能取出曲柄。即使是原廠的規格也能輕鬆搞定。

中空二代中軸規格，就像這樣用手把BB推入，然後將左側的蓋子鎖緊。最後用六角扳手固定左曲柄。

拆下曲柄的軸承螺絲，裝上曲柄軸承拆除套筒，然後轉動上方的螺絲，把零件取出。

Campagnolo用曲柄拆卸工具
Campagnolo現有的曲柄是將BB分成兩等分，在中央相互嵌合。而此工具就是鎖緊這個部位的螺絲。握把是殿村先生自行加裝上去的。

棘輪扳手
安裝方軸曲柄時會派上用場，曲柄的軸承螺絲因為位於曲柄裡面，所以一般的扳手無法伸進去。

這個形狀的棘輪扳手能轉動曲柄中央的螺絲。

扭力管理工具 ●●●●●●●●●●●●●●●●●●●●●●●●●●●●●●

最新款公路車日漸增加許多碳纖零件，因此如果沒有確實做好扭力管理，很容易會因扭力過大而造成破損的意外。要確實的管理扭力，就必須依賴扭力扳手。在組裝碳纖公路車的零件時，可以說是不可或缺的工具。

扭力扳手
這兩支是殿村先生愛用的扭力扳手。一支是用在曲柄等需要高扭力的部位，另一支則是用在龍頭等低扭力的部位。

像是坐墊柱等碳纖製的零件，或是安裝在碳纖材質上的零件，都會標示需要的扭力。而要針對指定扭力鎖緊螺絲時，就需要使用扭力扳手。

鏈條用工具 ●

鏈條當然也有專用的工具,鏈條是以壓進鏈片中的插腳來連接,所以只要把插腳推出來就能剪斷鏈條,要連接鏈條時就把插腳壓進相疊的鏈片中即可。因鏈條長度與廠牌的不同,也各自有相對應的鏈條工具。

依變速的段速與廠牌的不同,鏈條的形式也有所差異,所以要慎選對應的工具。

Campagnolo 用打鏈器

要連接Campagnolo的原廠鏈條,就需要使用原廠的打鏈器。這是2萬日幣以上的高級品,Campagnolo的鏈條不妨就在車店裡加工吧。

SHIMANO 用打鏈器

SHIMANO HG鏈條用的打鏈器,只要轉動把手就能擠壓出插腳切斷鏈條,或是接合鏈條。

串連SHIMANO的鏈條時,要使用上圖的備用插腳,先將插腳插進鏈片中,再用工具壓進去,最後用鉗子把導針折斷即可。

一般用打鏈器

單齒齒盤車一般鏈條的打鏈器就是長這個模樣。造型像鉗子一樣,不過裡面有一跟專門壓出鏈條的尖頭。

飛輪用工具 ●

近年來構造有明顯改變的零件之一,應該就屬後變速的飛輪吧。在現今主流的棘輪與飛輪的結構之前,都是採用後花鼓式棘輪,棘輪不是在花鼓上,而位於飛輪的部位,整個棘輪是能與花鼓分離的形狀。這裡要介紹這兩種拆卸方式。

飛輪固定環 裝卸套筒

這是拆卸固定於飛輪之固定環用的工具。如果是SHIMANO後期的產品,連後花鼓式棘輪也能拆卸下來。

飛輪拆卸扳手

與飛輪固定環裝卸套筒搭配,在轉動套筒時這個工具負責固定住飛輪。

SHIMANO用　　SUNTOUR用　　Campagnolo用

後花鼓式棘輪 拆卸套筒

具有歷史的後花鼓式棘輪,各廠牌也有推出許多專用的拆卸工具,殿村先生本身就擁有10個以上。將套筒套上就能進行拆裝。

在轉動並拆卸飛輪固定環時,鏈條扳手就像這樣把飛輪固定住。

將後花鼓式棘輪拆卸套筒從內側套上,用活動扳手迅速地轉開,就能確實把零件拆下來。

廠商資訊

在此列出本書所刊載自行車車款、
改裝零件、周邊配件等提供販售之批發商，
實用的資訊可作為改裝時的參考。

捷安特
www.giant-bicycles.com/zh-TW/
Tel.0800-461-406#7

鈦美
台北市內湖路一段360巷6號3樓
Tel.02-8751-2289

泓輪
台中市南屯區五權西路二段
666號14樓4A
Tel.04-3600-6969

英友達
台中區南屯區新民巷9號
Tel.04-2479-3208

山和
台北市北投區東華街二段294號11樓
Tel.02-2827-5488

日本（按照英文字母與中文筆劃順序）

AKI CORPORATION
大阪府守口市橋波西之町1-10-2
Tel.06-6995-7880

AKIBO
大阪區堺市北區中百舌鳥町5-758
Tel.072-258-4391

AZUMA產業
東京都足立區栗原4-14-18
Tel.03-3854-5251

CATEYE 商品服務課
大阪府大阪市東住吉區桑津2-8-25
Tel.06-6719-6863

CROPS
東京都涉谷區惠比壽南1-11-12-202
Tel.03-5724-5951

CORAZON
石川縣河北郡內灘町西荒屋口108-33
Tel.076-286-0015

CYCLE PARADISE
東京都世田谷區經堂1丁目12-8齋藤大樓1樓
Tel.03-6326-5220

DIATECH PRODUCTS
京都府宇治市槙島町大幡147-1
Tel.0774-20-9964

DINOSAUR
奈良縣奈良市北之庄西町2-8-15
Tel.0742-64-3555

El Vivero・Trading
Tel.090-9193-3956
viveros@gol.com

FUTABA商店
愛知縣名古屋市西區中小田井3-360
Tel.052-504-835

guu-watanabe
東京都武藏野市吉祥寺南町3-33-1
advance芦澤1樓
Tel.0422-40-9044

GIANT
神奈川縣川崎市中原區小杉御殿町2-44-3
Tel.044-738-2200

GREEN CYCLE STATION
神奈川縣橫濱市中區山下町25-14
monani大樓2F
Tel.045-663-6263

GREEN STYLE
橫濱市中區山下町24-8
CITY COURT山下公園1F
Tel.045-662-1414

iiyo net
崎玉線富士見市勝瀨1256番地
Tel.049-267-9114

intertec
東京都涉谷區千駄之谷1-30-8
davinci千駄之谷2F
Tel.03-5413-3741

INTERMAX
山梨縣甲府市山宮町3049-2
Tel.055-252-7333

JOB INTERNATIONAL
大阪府吹田市江坂町3-47-11
Tel.06-6368-9700

Kawashima Cycle Supply
大阪府堺市堺區北庄3-3-16
Tel.072-238-6126

KHS Japan
大阪府大阪市東成區大今里5-5-5
Tel.042-756-8771

MARUI
兵庫縣神戶市東灘區魚崎濱町27-1
Tel.078-451-2742

MIZUTANI自行車
東京都足立區足立2-37-16
Tel.03-3840-2151

MOTOCROSS INTERNATIONAL
愛知縣名古屋市名東區上菅2-1111
Tel.052-773-0256

Mont-Bell Custom Service
大阪府大阪市西區新町1-33-20
Tel.0088-22-0031

Panasonic Energy Company
大阪府守口市松下町1-1
Tel.06-6991-1141

Panasonic Cycle Technology
大阪府柏原市片山町13-13
Tel.072-978-6621

Panasonic Poly Technology
大阪府大阪市北區東天滿2-6-2
Tel.0570-005381

PR INTERNATIONAL
愛知縣名古屋市名東區豬高台2-101
Tel.052-774-8756

RITEWAY PRODUCTS Japan
東京都豐島區南池袋3-18-34
池袋CITY HEIGHTS102
Tel.03-5950-6002

SONY消費者客服部門
Tel.0120-777-886

SUGINO ENGINEERING
奈良縣奈良式東九條町287-1
Tel.0742-62-5311

TREK・Japan
兵庫縣神戶市東灘區深江濱町81
Tel.0570-064-804

SHIMANO SALES
大阪府堺市西區築港新町1-5-15
Tel.0570-031961

UNICO
大阪府堺市堺區中向陽町1-4-22
Tel.072-232-8175

VITTORIA JAPAN
愛知縣名古屋市昭和區櫻山町1-15
Tel.052-851-0221

velocraft
東京都武藏野市吉祥寺本町4-3-14
Tel.0422-20-3280

YOSHIGAI
大阪府門真市東江端町7-25
Tel.072-884-8020

三島製作所
埼玉縣所澤市 谷1738
Tel.04-2948-1261

日東
埼玉縣鳩之谷市南3-23-7
Tel.048-286-7771

井上橡膠工業
愛知縣名古屋市熱田區幡野町18番8號
Tel.052-678-5003

日直商會
埼玉縣越谷市流通團地1-2
Tel.048-988-6251

東京SAN-ESU
東京都台東區上野3-7-1
Tel.03-3834-2041

重松TAK21
大阪府大阪市內久寶寺町4-3-6
佐佐木大樓1、2F
Tel.06-6764-4110

深谷產業
愛知縣名古屋市中區大井町1-38
Tel.052-321-6571

新家工業
大阪府大阪市中央區南船場2-12-12
Tel.06-6253-6317

絹 自行車製作所（silk cycle）
埼玉縣比企郡鳩山町石坂1414
info@silkcycle.com

箕浦
岐阜縣安八郡神戶町大字神戶1197-1
Tel.0584-27-3131

BiCYCLE CLUB 系列

自行車
性能&視覺改裝
完全讀本
Bicycle Custom & Dress Up Book

自行車性能&視覺改裝完全讀本
《BiCYCLE CLUB 系列》

LOHO 編輯部◎編

董事長／根本健
總經理／陳又新

原著書名／自転車カスタム＆ドレスアップBOOK
原出版社／枻出版社EI Publishing Co., Ltd.
譯　者／霍立桓、常磐綠
企劃編輯／道村友晴
執行編輯／方雪兒
日文編輯／楊家昌
美術編輯／Edmund

廣告行銷代理
單車人傳媒有限公司
張壽生／曾聖恩、麻彥騰、廖小嬋
地址／台中市南屯區黎明路二段71巷38號
電話／04-2381-3936

財務部／王淑媚
發行部／黃清泰、林耀民
發行‧出版／樂活文化事業股份有限公司
地　址／台北市106大安區延吉街233巷3號6樓
電　話／(02) 2325-5343
傳　真／(02) 2701-4807
訂閱電話／(02) 2705-9156
劃撥帳號／50031708
戶　名／樂活文化事業股份有限公司
台灣總經銷／大和書報圖書股份有限公司
地　址／新北市新莊區五工五路2號
客服專線／(02)8990-2588
印　刷／科樂印刷事業股份有限公司

售　價／新台幣288元
版　次／2010年7月初版
　　　　2011年3月初版二刷
版權所有　翻印必究
ISBN　978-986-6252-20-4
Printed in Taiwan

在世田谷的單車製造學校「R自行車集團」學習

自行車組裝DIY！

只要有工具與知識，就能自己動手DIY

是自行車改裝最有趣的地方

一台車架可以分別組成競速車與公路車！

R自行車集團

東京・世田谷的廢校重建計劃，屬於世田谷單車製造學校中的車店與自行車學系。倡導自行車製作、改裝等文化。

SHOP DATA

地址：東京都世田谷區池尻2-4-5
電話：03-6805-4920
營業時間：13：00～19：00
公 休 日：週一

Base Frame
SILK CLUB RR

從單速車到公路車都能對應，最適合進行各類改裝，搭配圖上的零件就能成為單速車。價格：9萬日幣
洽詢：絹 自行車製作所

Photo：YUKA KANI

競速車篇

零件較少的單速齒輪因為構造簡單
最適合當作第一台DIY的車款

荒井老師＆有廣同學

主導R自行車集團，譽為自行車老爹的荒井老師來親自授課！學生是曾有自行車快遞經驗的大學生—有廣同學。

從單速
開始進行！

2 安裝單速齒盤

裝上能對應單速到10速的特製花鼓。由SHIMANO FH-M495改裝而成的荒井牌花鼓5,775日幣。裝上已切掉螺絲之中心鎖花鼓固定齒盤，並於卡式棘輪上安裝單速齒盤與墊片。

1）棘輪側加上墊片與單速齒盤。2）相反側的螺絲已經切掉，安裝固定齒盤。3）兩側都能使用的規格。

1）在BB處套上墊圈，並用工具來以固定，作業就能更順利。2）左BB碗是正螺牙。3）像這樣對右BB碗施加扭力。

1 安裝卡式BB

首先選擇安裝較為容易的卡式BB。要注意一般JIS規格的BB右側是逆螺牙，因此右BB碗需要以確實的扭力來固定。

5 連接鏈條

用打鏈器連接鏈條。能對應固定與單速齒輪的車架，關鍵就在於後勾爪為逆爪，因為能將輪胎往後拉，所以能微調鏈條的張力。

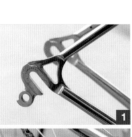

1）逆勾爪。車軸約可前後移動2cm左右。特製的花鼓配合勾爪寬度是130mm。這樣的勾爪就能兼顧單速與10速的規格。2）鏈條是使用7・8速的產品。

鎖緊曲柄的固定螺絲。最近的固定螺絲用具多半是六角型的，因此要確實固定需要很大的扭力。

4 安裝曲柄

將曲柄安裝至BB軸。這次選用對應四角軸心的曲柄，曲柄孔剛好可以套上四角型的BB軸，然後鎖上固定螺絲。雖是老舊的方式，但仍有許多低階的曲柄採用這種方式。

3 安裝前、後輪

如果有工作台，就能光以車架進行組裝，但沒有工作台時就先把輪胎裝上吧。這樣會比較安定且易於作業。安裝輪胎時的重點是要正面站在自行車的上方。

⑦ 安裝煞車與拉桿

煞車選擇了舊式但簡單的 DIA-COMPE N500款式。配合煞車的形式,拉桿也選用上拉式的握把。由把手下方套進煞車拉桿後,再固定拉桿內的螺絲。

1)煞車由前叉後方固定,第一步先暫時固定就好。2)從把手下方套入煞車拉桿。3)確實固定拉桿。

⑥ 安裝把手

接著安裝把手。把手選用競速用管徑25.4mm的鋼管把手,其外型讓人忍不住想握住下把手。至於公路車用龍頭,能對應25.4mm口徑的現品越來越少,因此在選擇上要特別注意。

1)靈巧地將把手穿過龍頭,並在中央加以固定。2)接著將龍頭插入前叉操縱管。

⑨ 安裝線材

安裝好煞車線後,整體組裝就幾近完成。因為是單速車,所以只要微調煞車線,很輕鬆就能完成。

1)考量煞車的軸距,將煞車線固定在夾器上。2)剪斷多餘的線材,裝上線頭固定。

確實地用踏板扳手固定踏板。如果沒有固定好,曲柄側的螺牙就會因此壞牙。

⑩ 安裝踏板

最後裝上踏板就大功告成,再加上復古的腳套,要注意左側的踏板是逆螺牙。

外管束帶是用來將煞車外管固定在車架上的零件。像這樣在車架上安裝束帶。

⑧ 用束帶固定外管

因為車架上並沒有外管的固定線止,所以要用束帶固定。外管束帶通常是將競速車改造成街頭車所時常使用的零件,因為有需求量,所以最近又開始生產。

完成!

完成了非常正統的競速車。只要更換輪組的左右方向,就能享受棘輪與固定齒盤所帶來的樂趣。輪胎使用快拆固定。

本次所使用的零件。蒐集了許多舊型公路車正統規格的零件。

1

安裝散珠式BB

捨卡式BB而選擇了散珠式BB。在BB安裝培林並以承接罩固定，調整培林狀態的古典方式，可以說是BB的基本原理。需注意的是，散珠式BB需要特殊的工具才能加以安裝。

1）右承接罩用工具施加張力來固定。2）圖中零件為BB的塑膠罩與培林。3）以Y字扳手作調整。

2

安裝飛輪

舊型車款大多使用後花鼓式棘輪，但130mm勾爪也是現今多半使用的飛輪形式。這次使用的花鼓雖能對應到10速，但最後選擇對於鏈條精度要求不高的8速。

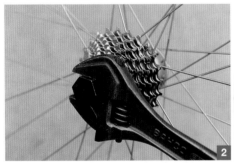

1）飛輪齒盤只要沿著花鼓的棘輪溝槽依序套上即可。
2）最後用專用的套筒工具與開口扳手鎖緊。

自行車
組裝DIY

3

安裝輪胎

如果沒有工作台時，為了保持車架的安定性並讓作業順利，就先把前後輪胎裝上吧。公路車胎選用了可以改變外觀氣氛的白色輪胎。

4

將變速器裝上車架

接著安裝變速器，能先裝上車架的零件就先安裝上去，包括曲柄、前後變速器、變速撥桿與BB下方的導線等。至於走線的微調，就等到這些零件都裝好後再進行會比較順利。

使用四角軸心的曲柄。因為車體也有前變速器，所以大盤選擇了2盤式大盤。

安裝BB下方的導線。舊款多半是直接焊接在車架上，現在則大多從下方以螺絲固定。

因為這個車架沒有變速撥桿底座，所以用束帶來安裝，但由於此款束帶已經停產，是有些困難之處。

安裝前、後變速器。後變速器很簡單，但前變速器花了點時間才決定好安裝位置。

逆勾爪需站在公路車的正後方，以確定輪胎與後叉的左右間距保持均等，並由下往上安裝。

6

安裝坐墊柱與坐墊

接著安裝坐墊相關的零件。在安裝坐墊柱之前，要在座管內側塗一層黃油，因為這樣能防止雨水滲入造成車架生鏽。生鏽的坐墊柱實在是很難加以拔起，這點請特別注意。

1）別忘了座管內要塗上黃油。2）裝好坐墊柱後，開始安裝坐墊，不妨試坐看看找出適當的位置。

5

安裝煞車與把手

在操縱管內部上了黃油後，將龍頭裝上車架。要仔細地確認煞車拉桿是否左右平均，如果纏好車把帶後才發現左右不均，可是讓人欲哭無淚啊！

1）直牙式龍頭只要將頂端的螺絲固定，所以裝卸程序簡易。2）裝上煞車拉桿後，以長尺確認安裝位置。

8

安裝內部走線

安裝了外部線路之後，就要安裝內部的走線。首先為了調整煞車皮的位置先做臨時的固定。等到位置確定後再正式固定，並裁剪多餘的線材。

1）一邊按壓夾器，並保留適當的空隙來固定線材。2）也有一邊拉住線材的同時並加以固定的專用工具。

從離頭管10～12cm處以束帶固定煞車外管。前後端固定後以尺量出中心點，再以束帶固定。

最後前煞車的外管也是以相同的弧度連接，要睜大眼睛從車子正前方專心作業。

從後煞車開始調整長度。為了保持正常的走線長度，離座管約8cm處以束帶固定後方的外管。

公路車的情況中，煞車線要從距離上把約兩個拳頭高的高度，畫出美麗而實用的弧線並連接煞把。

7

決定煞車線材的長度

從煞車那一側調整外管的長度，以外管束帶固定走線，最後再從拉桿側作長度的微調。如果是行經拉桿上方的走線款式，這是最為困難的部份，請努力讓左右兩側保持均等而美麗的弧線。

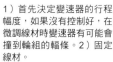

1）首先決定變速器的行程幅度，如果沒有控制好，在微調線材時變速器有可能會撞到輪組的輻條。2）固定線材。

10

固定後變速線

安裝後變速器的線材。在安裝之前，先微調螺絲並決定後變速器的擺動位置，然後再安裝固定住即可。因為是無刻度變速撥桿，所以不需調整刻度。

9

仔細調整煞車皮位置

在暫時固定住線材後，就要決定煞車皮的位置。握著煞車拉桿的同時，找出煞車皮能確實夾住輪圈的位置。確定最佳的位置後就加以固定，接著要調整煞車夾器的左右平均，避免在煞車時只有單側產生作用。

像這樣一邊握住煞車一邊調整煞車皮的位置。舊款的煞車在調整間距時，因為沒有微調螺絲，所以必須整個夾器都要移動。

13
剪掉
多餘的線材

安裝完鏈條後，操作一下前後變速器作確認，最後剪掉多餘的線材。在固定線材的螺絲處留下2～3cm的線材就已經足夠了。

1）以剪線鉗剪掉多餘的線材。
2）以鋁製套頭來收尾。

12
決定鏈條
長度與連接

在前大後小的狀況下，後變速的導輪所呈現垂直狀態的長度，就是鏈條的長度。連接鏈條時，讓鏈條脫離大盤會比較好作業。

1）前大後小（最重的齒比）時先確認需要剪掉多長的鏈條。2）用打鏈器連接鏈條。

1）站在把手正面，就能左右均等地進行纏繞，也易於處理彎曲處。2&3）煞變把部位重疊地纏繞，來隱藏束帶痕跡。

11
固定
前變速的線材

安裝前變速器的線材。因為如果不先拉引線路，會無法決定正確的前變速器位置，所以稍微固定後，在微調時找出最適當的安裝位置。

前變速器沒有安裝線材時，很難調整行程的幅度。所以一邊扳動撥桿，找出最適當的位置。

14
纏繞車把帶

最後纏繞車把帶。選用的是過去公路車的標準規格—白色棉質車把帶。棉質車把帶不像現在的橡膠款式會加以延伸，所以不容易產生皺紋，看起來比較帥。

自己組裝好囉！

自行車組裝DIY

完成！

簡潔而精悍的車架，可算是公路車的標竿，果然競速車就是要使用鋼管才夠帥啊！

改裝愛車時 值得信賴 & 改裝用配件 種類齊全

SHOP 21

進行改裝的時候由於有些步驟無法自行完成，
因此找到一家值得信賴的店家是非常重要的。
日本的改裝店家林立，且店內擁有豐富的配件與專業的服務，
下次到日本不妨參考本單元提供的店家資訊，
打造專屬於自己的酷炫車款。

攝影／大星直輝、片桐圭、蟹由香、墨崎大輔、恒吉潤、野澤隆弘、藤村望、編輯部

和田 Cycle

shop info.
地址：東京市杉並區桃井4-1-1
電話：03-3399-3741　營業時間：13:00~21:00
公休日：星期二、三　http://www.wadacycle.jp/

擅長改裝小徑車的老店，位於杉並區的青梅街道上。店內擁有各式各樣的專業配件、並憑藉著多年的改裝經驗替客人服務，為東京市區屬一屬二的店家。不僅提供改裝服務，也會幫客人處理爆胎的問題，因此店內總是十分繁忙。長年以來具備深厚的改裝經驗、且和藹可親的店長—和田先生，總是擁有許多忠實的顧客。

店長
和田良夫

以Moulton TSR為基礎，改裝成充滿休閒風格的自行車，並加裝花鼓燈以及附輔助握把的煞車拉桿，車籃也相當便利。

Cycle House Shibuya 花茶屋店

shop info.
地址：東京市葛飾區花茶屋1-26-2
電話：03-5650-2510　營業時間：10:00~19:00
公休日：星期二、三　http://www.cycleshibuya.com/

彷彿美式嬉皮車一般的高聳把手、搭配砲彈造型車燈，總是吸引路人的目光。裝置於亮黑色車架上的粉紅色配件與馬鞍袋也十分醒目。

擅長改裝Birdy、BROMPTON以及Tartaruga等小徑車車款，並搭配從各國引進的改裝配件，在小徑車界中深受顧客的喜愛，店內也有販售獨家研發的保養配件，並提供售後的完善服務。本店所改裝的自行車不但具有搶眼的外型，更同時具備高度的實用性與騎乘的舒適性。

商店代表
涉谷正昭

寺田商會

shop info.
地址：東京市墨田區押上1-11-6
電話：03-3623-0382　　　營業時間：08:30~18:00
公休日：星期日、國定假日　http://home.att.ne.jp/orange/terada/

以Moulton小徑車為改裝對象，並採用Campagnolo C-Record的曲柄與煞車夾器等配件。為Moulton小徑車粉絲所憧憬的改裝樣式。把手則為本店自行研發的款式。

1928年於東京市墨田區押上創業至今的老字號自行車店。服務親切的第四代店長—寺田光考，無論對於新舊客人皆始終保持一貫的熱誠態度。店內除了販售Moulton小徑車外，也有原創的自行車款以及高階公路車等款式，種類十分多樣化。神奇的「寺田魔術」總是能將自行車的潛力提升至最大極限，也深受許多自行車老手們的好評。

店長
寺田光孝

東京

04 PROTECH 五反田

shop info.
地址：東京市品川區五反田東4-1-1
電話：03-5422-8458　營業時間：11:00～21:00
公休日：星期一（國定假日時改為星期二）
http://www.protech-kk.co.jp/

店員
田中雄也

於2009年11月正式開始營業的自行車店，店內擁有混合式自行車、以及能享受高速騎乘樂趣的競賽用碳纖公路車等多種車款，是一間能夠提供實在的建議與改裝方法的優良店家，從零件的選購到實際的改裝，本店都能給予適當的協助。具備紮實改裝技術的年輕店員　田中先生，總是對顧客說：「希望您也能親身體驗改裝愛車的樂趣。」

宛如Mini Cooper的風格，搭配皮革坐墊、簡潔的握把，以及登山車零件組等，利用不同的搭配方式交織出充滿英國氣息的改裝風格。

東京

05 東急 Hands 涉谷店

shop info.
地址：東京都涉谷區與田川町12-8
電話：03-5489-5111　營業時間：10:00～20:30
公休日：全年無休　http://www.tokyu-hands.co.jp/

樓層經理
西智先生

2009年6月正式擴大營業的店家，寬廣的購物環境，可稱為自行車店中的「便利商店」。店內販售旅行用貨架與各種顏色豐富的配件，可針對顧客的需求給予最好的建議。此外，本店也進駐具備SBAA認證的技術人員，即時為顧客服務與解答，針對改裝上零件規格的辨識與選擇，提供最正確的方法與相關知識。

Y's Road 涉谷

shop info.
地址：東京都涉谷區涉谷2-22-14 新兔大樓1F
電話：03-5486-6031　營業時間：11:00～20:00
公休日：全年無休　http://www.ysroad.net/

東京
06

由涉谷站出站後，步行約2分鐘，即可在街道中間的位置發現本店。店內陳列眾多款式的摺疊小徑車以及公路車等，豐富的新車展示正為其特色所在。由於每天有許多單速車玩家造訪本店，因此店內陳列了許多具有不同色系的酷炫配件供顧客挑選。在進行愛車的改裝時，如果對於顏色有無比執著的讀者，相信來這裡一定會感到滿載而歸。

Cycling Shop Tsubasa

shop info.
地址：東京市世田谷區世田谷1-48-14
電話：03-3429-4177　營業時間：09:00～19:00
公休日：星期四

東京
07

在顧客購買自行車後，本店會針對車主的用途與目的，以最先進的技術與貼心的服務進行各項改裝，店內的改裝對象包含小徑車、混合車、公路車以及旅行車等車款，擁有挑戰精神不會拘泥於各種領域，尤其以旅行風的改裝技術深受顧客們的好評。擁有豐富知識的大野店長，總是會針對入門者的眾多疑問做最詳盡的解答。

老闆
大野元

於ARAYA的入門旅行自行車上，加裝前貨架以及擋泥板，並且透過輪胎的更換，讓旅行的風格與實用性大為提高。

LORO 世田谷

shop info.
地址：東京市世田谷區上用賀3-7-8
電話：03-3700-1765　營業時間：10:30～19:30
公休日：星期二（國定假日則隔日休息）
http://www.loro.co.jp/

東京
08

本店位於世田谷區上用賀寧靜的住宅區中，專門販售種類眾多小徑車與摺疊車等車款，此外也有販售斜躺車等獨特車種。無論是基本的保養或是特殊需求的改裝領域，本店都能秉持專業的態度與技術完美對應，也會幫顧客安裝原創的改裝零件，對於顏色的挑選及搭配更是具備獨特的見解，改裝時會依照顧客的要求與意見進行適當的調整。

店長
津田健太郎

於MASI的小徑車上安裝深溝輪圈，並且將煞車夾器與花鼓等零件替換為藍色。此外，前後輪上的四根藍色輻條也相當搶眼。

東京

09 長谷川自行車商會

shop info.
地址：東京市世田谷區世田谷1-45-5
電話：03-3420-3365　營業時間：10:30～19:30
公休日：星期一、四

老闆
長谷川弘

從日本開始引發自行車熱潮的黎明期開始，長谷川自行車商會就持續販賣運動型車款，至今已擁有多年的悠久歷史。現在已經成為中古零件的集散中心，而在國際上享有盛名，店內所擁有的法式零件數量龐大，堆滿於店內的景觀讓顧客嘖嘖稱奇，此外也有眾多Campagnolo與舊款的國產零件，如果欲尋找中古零件的讀者，務必親身來店造訪。

栃木

10 Orange Juice

shop info.
地址：栃木縣小山市城東6-19-22　TEL. 0285-22-3196
營業時間：10:00～20:00　公休日：星期二、三
http://orange.fem.jp

店長
山田康夫

於法式鋼管車架的單速自行車上，加裝車籃以及貨架，打造適合街頭騎乘的風格。俐落的造型任何人都感到愛不釋手。

下至一萬日圓的淑女車、上至百萬日圓的Moulton高階車，任何價格帶的車款本店皆有販售。店員們也擅長根據車子的原有性能以及車架顏色等要件，運用專業知識進行實用而兼具設計感的改裝，打造出極為搶眼的外觀。此外，本店也販售Moulton車款專用的整流罩以及大盤蓋等配件，原創的改裝配件一應俱全，不妨來店裡尋寶。

埼玉

11 AST

shop info.
地址：埼玉縣和光市白子1-24-21　電話：048-467-2370
營業時間：11:00～21:00
（星期一、日以及國定假日營業至19:00）
公休日：星期三　http://www.astbikes.com/

店長
高山芳

在單速的MTB車架中，搭載內變速的700c輪組，碟煞的線材也以白色風格為主，整體相當具有統一感。

深具歷史的老店，專賣BMX以及MTB等車款，也會贊助MTB職業車手的相關賽事與活動，推廣自行車運動不遺餘力。店內擁有競賽用BMX，以及翻山越嶺的MTB等車款，包括越野自行車款與相關配件堆滿了店內的每個角落。除此之外，本店擅長越野風格的改裝，不僅能奔走於平地上，甚至是崎嶇的惡劣路面與山林溪谷都能暢快地騎乘。

DEPOT Cycle & Recycle

千葉

12

shop info.　地址：千葉縣市川市南八凡幡1-13-12　電話：047-329-2902
營業時間：10:00～20:00
（星期六、日以及國定假日營業至19:00）
公休日：全年無休　　http://www.cycle-recycle-depot.com/

店長
湊誠也

與其他店家合作開發的獨創自行車品牌「TOMONI」，由於外觀採取簡單的色系，更簡約的突顯了坐墊套等配件的存在感。

店內除了販售廣受歡迎的原創車款，也有豐富的自行車配件與生活用品。以2010年2月的店面搬遷與擴大為契機，廣徵了具備改裝與修理經驗的專業店員，擅長各種機械結構原理，並協助客人進行各類改裝，搬遷之前的鮮明風格絲毫不減。此外，熱情的店長充分地展現了本店的特色—自由、快樂、親切！不妨到店裡與店長交流改裝的資訊。

C.H.Donkey

神奈川

13

shop info.　地址：神奈川縣伊勢原市伊勢原3-3-3 Laputa 1F
電話：0463-95-3841　營業時間：12:00～20:00
公休日：星期三　　http://www.chdbikes.com/

店長
菅沼克至

將Cannondale bad boy車款改裝為具有婉約女孩風格的女性用車，以時尚的配件強調豐富的生活機能。

鄰近小田急線伊勢原站，是充滿快樂風格的店家。店裡擁有輕巧的混合自行車、MTB以及公路車等琳瑯滿目的車款。店內的工作人員具備高度的機械結構技術以及各類改裝的敏銳度，不僅能夠進行零件平整化與彎曲化等加工，在顧客取車時也能進行各部位的微調作業。因此本店深受自行車新手、老手以及女性車手的高度信賴。

神奈川

Good Open Airs myX

14

shop info.

地址：神奈川縣橫濱市神奈川區榮町7-1 myX大樓
電話：045-459-2288　營業時間：10:00〜20:00
公休日：星期二　http://www.goodmyx.com/

MTB櫃位負責人
田中康弘

將Surly的29英吋MTB改裝為適合行駛於柏油路上的款式。使用大口徑輪組以及厚輪胎的組合，也同樣可騎乘於崎嶇不平的路面上。

在myX店內販售眾多露營與釣魚等戶外休閒用品，至於自行車專櫃位於地下一樓，擁有龐大的各類車款庫存量，開放式櫃位使得客人到店裡購物時，可親自挑選並試用喜愛的商品，為本店的魅力所在。身為戶外用品與腳踏車專賣店，除了有許多MTB車款，也聚集了很多稀有款式的零件與配件，在其他店家所難以買到。

靜岡

MISONOI Cycle 有樂街店

15

shop info.

地址：靜岡縣浜松市中區鍛冶町320-27
電話：053-454-7108　營業時間：10:00〜19:00
公休日：星期三、每月第三個星期二
http://www.misonoi.com/

店長
御薗井智三郎

德國製的獨特造型小徑車，車架為20英吋，可依照顧客的需求進行改裝。

位於浜松市的運動型自行車店，創業至今已超過一個世紀，在自行車業界獨享盛名。早期就開始倡導小徑車的獨特風格與優勢，並運用各類技術來進行小徑車的改裝，將自行車騎乘的樂趣廣傳於世人，至今構築了小徑車的改造文化。此外，店內擁有許多種類的配件以及運動自行車，是浜松市地區發揚自行車文化的名店。

愛知

Cycle Pit Inoue 岡崎店

16

shop info.

地址：愛知縣岡崎市綠丘2-6-16
電話：0564-55-5606　營業時間：8:30〜20:00
公休日：星期三　http://www.pit-inoue.com/

店長
井上仁

「本店的主力為運動自行車」是Cycle Pit Inoue的主要方向，近年來增加許多為了自身健康而開始進行自行車運動的顧客。本身也相當重視自行車運動與身心健康的店長井上仁先生，深知如何保持長時間輕鬆騎乘的訣竅，針對個人的身體結構進行坐墊選購的建議，並且傳授正確而輕鬆的騎乘姿勢，因此初學者到店裡都能獲益良多。

KATO☆CYCLE

愛知

17

shop info. 　地址：愛知縣名古屋市南區 上2-8-26　電話：052-811-3741
營業時間：10:00～20:00
（星期日以及國定假日營業至19:00）
公休日：星期三　　http://www.katocycle.com/

擁有輕鬆騎乘風格的混合自行車、小徑車、公路車、登山車，以及城市休閒車等豐富車款的知名老店，約100坪的寬廣店內空間裡，佈滿各式各樣的配件與展示車輛，簡直是令人目不暇給。可以在豐富的配件中挑選自己中意的顏色，也可挖掘到不少復古的零件，店員專業而親切的態度會隨時給予建議，這些都是本店大受歡迎的原因。

店員
谷口貴規

安裝70～80年代日製配件的東叡運動風公路車。此外，附帶刻度的變速器也能讓車手更容易掌握速度的狀況。

MOKU 2＋4

京都

18

shop info. 　地址：京都府京都市右京區極南大入町70
電話：075-326-3027　營業時間：10:00～18:30
公休日：星期二、三（遇國定假日另行變更）
http://www.2plus4.net/Top/MokuTune.

位於京都的小徑車專賣店，擅長改裝Moulton與BD-1等小徑車，且店內有許多獨自開發的專屬零件。店長林基行先生原為英國Mini cooper的工程師，具備許多不為人知的高超技術，由他所改裝的車款被顧客稱為「Moku tune」，於日本關西的小徑車界，可謂無人不知無人不曉。個性爽朗技術高明的店長，在改裝界中也擁有眾多忠實粉絲。

店長
林基行

以高角度管材Moulton AM speed S MK II為對象，進而改裝為精悍而簡潔的外型，呈現出獨特風格的小徑車。

一條 Ultimate Factory

大阪

19

shop info. 　地址：大阪府大阪市西區北堀江2-2-25
電話：06-6110-9701　營業時間：10:00～20:00
公休日：星期四　　http://www.1jyo.com/ultimate/

採用白色塗裝的Surly 29英吋MTB車架，輪圈也同樣選用白色以提升整體一致性。

專業的店員們熟知MTB、BMX、公路車以及小徑車等車款知識，替顧客提供強大的支援與協助，為大阪北堀江地區自行車流行的發源地，也是自行車車迷們改裝的聖地。位於吹田的本店，創業至今已超過30年，以其深厚的技術以及知識提供顧客最完善的改裝建議與服務，深受當地車手的信賴，此外也接受客人所需求的特殊改裝服務。

大阪
20　Bici・Termini

shop info.
地址：大阪府大阪市中央區上町C-7
電話：06-6761-1732　營業時間：11:00～20:00
公休日：星期二、三　http://www.bicitermini.com

店長
宮崎浩二

只有優質店家認證才能販賣的BROMPTON M3L，在此運用了皮革擋泥板與車架套進行改裝，成為獨一無二的專屬車款。

本店主要販售BROMPTON與Dahon等摺疊式小徑車，但在店裡也可以看到許多顧客委託改裝的MTB與公路車。Bici・Termini的店名本為義大利文，其意義為「自行車的休息站」，就像是字面所代表的意義，店裡總是聚集了許多不同款式的車種，店家也很有耐心地一一改裝。宮崎店長高明的技術與改裝眼光，總是能夠博取顧客的信賴。

福岡
21　正屋

shop info.
地址：福岡縣福岡市南區向野1-3-9　電話：092-553-2262
營業時間：12:00～20:00
　　　　（遇星期日以及國定假日營業至18:00）
公休日：星期四　http://www.masaya.com

店長
岩崎正史

將Gary Fisher最新RIG單速車款塗裝為20年前所流行的紅黃相間復古色，只有資深玩家才能了解其中的意義。

店長原為TREK團隊的技術人員，具備高度的知識與能力，因此店家的改裝技術是無庸置疑的。以原木建築風格所構成的店內空間，除了販售入門款的公路車之外、也擁有高規格的登山車。充滿行動力與熱情的店長，深受許多職業車手的信賴，與他的談話過程總是充滿許多樂趣，對本店有興趣的讀者，不妨利用空檔時間親身造訪。

Taipei International Cycle Show

TAIPEI CYCLE

台北國際自行車展覽會

TAIWAN — Where Bikes Set the Future!

U0023574

think BICYCLE   think TAIWAN

CyCle

2011
3月16-19日
台北世界貿易中心南港展覽館

www.TaipeiCycle.com.tw

For further information, please find your nearest TAITRA office online :
http://branch.taiwantrade.com.tw

Organizer:

 TAITRA

Co-organizers:

 TBEA

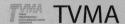 TVMA

 TRIA